CAXA 2019
电子图板和实体设计完全学习手册（微课精编版）

张云杰　尚蕾　编著

清华大学出版社
北京

内 容 简 介

CAXA CAD电子图板是北京北航海尔软件有限公司开发的二维绘图通用软件，功能强大，而CAXA 3D实体设计是与之配合的一款优秀三维设计软件，本书主要讲解其最新版本CAXA CAD电子图板和CAXA 3D实体设计的设计方法。全书共13章，从软件入门开始讲解，详细介绍了电子图板的基本操作和绘图设置、绘制图形、文字操作、图形操作、尺寸标注、块和库、CAXA实体设计入门基础、二维草图、实体特征、特征修改、曲面设计、钣金件设计、标准件、装配设计、工程图设计等诸多内容，并讲解了多个精美实用的设计范例。

本书内容广泛、通俗易懂、语言规范、实用性强，使读者能够快速、准确地掌握CAXA电子图板和实体设计的绘图方法与技巧，特别适合初、中级用户学习，是广大读者快速掌握CAXA电子图板和实体设计的实用指导书和工具手册，也可作为大专院校计算机辅助设计课程的指导教材。

图书在版编目(CIP)数据

CAXA 2019电子图板和实体设计完全学习手册：微课精编版 / 张云杰，尚蕾编著. —北京：清华大学出版社，2020.1（2024.2 重印）

ISBN 978-7-302-54112-7

Ⅰ.①C… Ⅱ.①张… ②尚… Ⅲ. ①自动绘图—软件包—教材 Ⅳ.①TP391.72

中国版本图书馆CIP数据核字（2019）第239159号

责任编辑：张彦青
封面设计：李 坤
责任校对：吴春华
责任印制：杨 艳

出版发行：清华大学出版社
    网 址：https://www.tup.com.cn, https://www.wqxuetang.com
    地 址：北京清华大学学研大厦A座   邮 编：100084
    社 总 机：010-83470000   邮 购：010-62786544
    投稿与读者服务：010-62776969，c-service@tup.tsinghua.edu.cn
    质量反馈：010-62772015，zhiliang@tup.tsinghua.edu.cn
印 装 者：三河市龙大印装有限公司
经 销：全国新华书店
开 本：200mm×260mm   印 张：18.25   字 数：456千字
版 次：2020年1月第1版   印 次：2024年2月第6次印刷
定 价：49.00 元

产品编号：083308-01

前言

　　CAXA CAD 电子图板是北京北航海尔软件有限公司开发的一款二维绘图软件，已被国内广泛采用。作为绘图和设计的平台，它具有易学易用、符合工程师设计习惯、功能强大、兼容 CAXA 的特点，是普及率较高的 CAD 软件之一。为配合这款 CAD 软件，北京北航海尔软件有限公司又开发了一款优秀的三维设计软件——CAXA 3D 实体设计，它功能强大，是国内普及率较高的三维 CAD 软件，与国外一些绘图软件相比，切合我国国情，易学、好用、够用是 CAXA 实体设计的最大优势。目前已推出的最新版本是 CAXA CAD 电子图板 2019 和 CAXA 3D 实体设计 2019。

　　为了使读者能更好地学习，同时尽快熟悉 CAXA CAD 电子图板和 CAXA 3D 实体设计最新版本的设计功能，云杰漫步科技 CAX 教研室根据多年应用该软件进行设计和教学的经验精心编写了本书。本书以 CAXA CAD 电子图板 2019 和 CAXA 3D 实体设计 2019 为基础，根据用户的实际需求，从学习的角度由浅入深、循序渐进、详细地讲解了该软件的设计和加工功能。

　　全书共分为 13 章，从软件入门开始讲解，详细介绍了电子图板基本操作和绘图设置、绘制图形、文字操作、图形操作、尺寸标注、块和库、CAXA 实体设计基础、二维草图、实体特征、特征修改、曲面设计、钣金件设计、标准件、装配设计、工程图设计等诸多内容，并讲解了多个精美实用的设计范例。

　　云杰漫步科技 CAX 设计教研室数年来承接了大量的项目，参与 CAXA 电子图板和实体设计的教学和培训工作，积累了丰富的实践经验。本书就像一位专业设计师，将设计项目时的思路、流程、方法和技巧、操作步骤面对面地与读者交流。本书内容广泛、通俗易懂、语言规范、实用性强，使读者能够快速、准确地掌握 CAXA 电子图板和实体设计的绘图方法与技巧，特别适合初、中级用户的学习，是广大读者快速掌握 CAXA 电子图板和实体设计的实用指导书和工具手册，也可作为大专院校计算机辅助设计课程的指导教材。

　　本书由云杰漫步科技 CAX 设计教研室组织编写，参加编写工作的有张云杰、尚蕾、靳翔、张云静、郝利剑、贺安、贺秀亭、宋志刚、董闯、李海霞、焦淑娟等。书中的范例均由云杰漫步多媒体科技公司 CAX 设计教研室设计制作，教学资源由云杰漫步多媒体科技公司提供技术支持，同时要感谢出版社的编辑和老师们的大力协助。

由于本书编写时间紧张，编写人员的水平有限，因此在编写过程中难免有不足之处，在此，编写人员对广大用户表示歉意，望广大用户不吝赐教，对书中的不足之处给予指正。

本书赠送的视频以二维码的形式提供，读者可以使用手机扫描下面的二维码下载并观看。

编　者

目录
CONTENTS

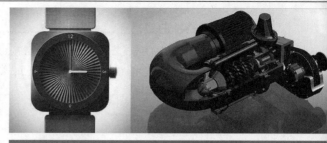

第 3 章
图形编辑和操作

第 4 章
界面和图纸设置

第 5 章
工程标注和编辑

第 6 章
块与库操作

第 7 章
CAXA 三维实体设计基础和草图绘制

第 8 章
实体特征设计

第12章
装配设计

第13章
工程图设计和标准件

第 **1** 章

CAXA 电子图板基础

本章导读

CAXA CAD 电子图板是优秀的国产二维绘图软件，作为绘图和设计平台，它具有易学易用、符合工程师设计习惯、功能强大、兼容 AutoCAD 的特点，是普及率较高的 CAD 软件之一。CAXA CAD 电子图板的界面风格是完全开放的，用户可以进行界面定制，使界面的风格更加符合个人的使用习惯。软件界面操作主要包括切换界面、保存和加载界面配置和界面重置等操作方法。

本章首先介绍 CAXA CAD 电子图板的基础知识，之后介绍界面和基本操作，然后对软件文件基本操作和绘图设置等内容做了详细的介绍。

1.1 CAXA 电子图板概述

1.1.1 CAXA 电子图板系统特点

CAXA CAD 电子图板是一个开放的二维 CAD 平台，易学易用，稳定高效，性能优越，是由数码大方自主开发、具有完全自主知识产权、荣获软件行业"二十年金软件奖"的二维 CAD 软件产品。CAXA CAD 电子图板可以零风险替代各种 CAD 平台，比普通 CAD 平台设计效率提升 100% 以上。CAXA 电子图板作为目前国内最有影响力的本土 CAD 软件，经过多年的完善和发展，具有以下特点。

（1）CAXA CAD 电子图板软件已经累计更新十几个大版本，三十多个小版本。随时适配最新的硬件和操作系统，支持图纸数据管理要求的变化，支持最新制图标准，支持最新的交互风格等。

（2）CAXA CAD 电子图板的界面精心设计，交互方式简单快捷，符合国内工程师的设计习惯，上手简单，操作效率高。

（3）CAXA CAD 电子图板的绘图、图幅、标注、图库等都符合最新标准要求，并能大大提高标准化制图的效率。

（4）CAXA CAD 电子图板数据接口兼容最新的 DWG 格式，支持 PDF、JPG 等格式输出；提供与其他信息系统集成的浏览和信息处理组件；支持图纸的云分享和协作。

（5）提供三种界面颜色，包括蓝色、深灰色和白色；提供经典界面、选项卡方式的界面；属性编辑、图库、设计中心等都可直接在专用面板中操作；立即菜单并行操作方式，实时反映用户交互状态，调整交互流程不受交互深度的限制，节省大量的交互时间。

（6）提供多种便捷图形绘制功能，如直线、圆、圆弧、平行线、中心线、表格等；提供孔/轴、齿轮、公式曲线、样条曲线、局部放大、多边形等复杂图形的快速绘制功能；提供多种图形编辑功能，如平移、镜像、旋转、阵列、裁剪、拉伸，以及各种圆角、倒角过渡等。

（7）一键智能尺寸标注，自动识别标注对象特征，一个命令完成多种类型的标注；提供符合最新制图标准的多种工程标注功能；尺寸标注时可进行公差和各种符号的查询和输入，相关数值和符号位置都可随图形的变化而自动关联，杜绝人为原因导致的错误。

（8）CAXA CAD 电子图板除了基本的 CAD 功能外，还提供了 PDM 集成组件和 CRX 二次开发接口。其中：PDM 集成组件包括浏览和信息处理组件，并提供了通用的集成方案，适用于与各类 PDM 系统的集成应用；CRX 二次开发接口提供了丰富的接口函数、开发实例、开发向导以及帮助说明。

（9）全面兼容 AutoCAD R12 ~ 2019 版本文件格式，除可以直接打开、保存编辑外，还可进行批量转换；提供专门的"兼容模式"，在拾取、键盘和鼠标操作、命令执行等方面匹配 AutoCAD 用户的使用习惯。

（10）提供符合最新国标的参数化图库，包含 50 多个大类，4600 余种，几十万规格的标准图符，并提供完全开放式的图库管理和定制手段；针对机械设计中频繁出现的构件图形提供完整的构件库。

（11）提供开放的图纸幅面设置系统，快速设置、填写图纸属性信息；快速生成符合标准的各种样式的零件序号和明细表，并可保持相互关联；用户可根据需求进行绘图模板、图框、标题栏等的自定义，使设计过程标准化。

（12）文件比较，提高审图效率；文件检索，快速搜索 CAD 文件；文件打包，支持打包相关的字体文件、链接的外部参照或图片文件等；将 CAD 图纸输出为高质量的 PDF 和图片文件。

（13）支持市场上主流的 Windows 驱动打印机和绘图仪，提供指定打印参数快速打印 CAD 图纸，打印时提供预览缩放、幅面检查等功能；除单张打印，还提供了自动智能排版、批量打印等多种方式。

1.1.2 启动 CAXA CAD 电子图板 2019

本书以 Windows 10 系统中安装的 CAXA CAD 电子图板 2019 为例，进行课程知识的讲解。当用户安装好软件后，可以通过以下两种方法来启动 CAXA 电子图板应用程序。

1. 通过快捷方式启动

在电脑中安装好 CAXA CAD 电子图板应用程序后，桌面上将显示其快捷方式图标，双击该快捷方式图标，可快速启动 CAXA CAD 电子图板应用程序。

2. 通过开始菜单启动

选择【开始】|CAXA|【CAXA CAD 电子图板 2019（x64）】命令，可以启动 CAXA CAD 电子图板 2019 应用程序。

1.2 CAXA CAD 电子图板 2019 界面及操作

1.2.1 CAXA CAD 电子图板 2019 的工作界面

工作界面（简称界面）是交互式绘图软件与用户进行信息交流的中介。系统通过界面反映当前信息状态或将要执行的操作，只需按照界面提供的信息做出判断，经输入设备进行下一步的操作即可。

CAXA CAD 电子图板 2019 系统采用了两种用户显示模式，提供给用户进行选择：一种是时尚风格，借鉴了 Office 2007 软件的设计风格，将界面按照各个"功能"分成几个区域；另一种是传统界面模式，对于习惯使用以前版本的用户，这种模式还是很方便的。界面切换的操作方法如下。

（1）按下 F9 键，进行双向切换。

（2）从时尚风格到传统风格：单击【视图】选项卡的【界面操作】组中的【切换界面】按钮▨。

（3）从传统风格到时尚风格：选择【工具】|【界面操作】|【切换】菜单命令。

CAXA CAD 电子图板 2019 的时尚风格用户界面如图 1-1 所示。

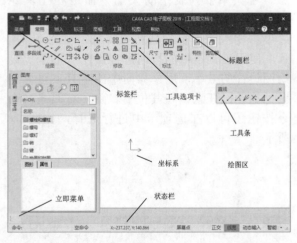

图 1-1

1. 标题栏

标题栏位于应用程序窗口最上方，用于显示当前正在运行的程序和文件的名称等信息。

2. 标签栏

单击【菜单】标签可以打开【菜单】列表，如图 1-2 所示。CAXA CAD 电子图板使用的大多数命令均可在【菜单】列表中找到，它包含了文件管理菜单、文件编辑菜单、绘图菜单以及信息帮助菜单等。菜单的配置可通过典型的 Windows 设置方式实现。

图 1-2

3. 工具条和选项卡

【菜单】列表中的大部分命令在工具条中都有对应的按钮，在工具条中，用户可以通过单击相应的图标按钮执行操作，如图 1-3 所示。使用工具条中的按钮进行操作有助于提高绘图设计的效率，用户界面中的工具条可以用鼠标拖动，任意调整其位置。除了工具条，命令按钮还可以在选项卡中进行选择，如图 1-4 所示。

图 1-3

图 1-4

4. 绘图区

绘图区主要是图形绘制和编制的区域，光标在这个区域中是一个十字游标的形式，用来定位。在某些特定的情况下，光标也会变成方框或其他形状。绘图区的坐标系和指针如图 1-5 所示。

5. 命令行

命令行默认是关闭的，可以右键单击选项

卡，在弹出的快捷菜单中选择【命令行】命令来打开。它用来接收用户输入的命令或数据，同时显示命令、系统变量、选项等信息，以引导用户进行下一步操作，如更正或重复命令等。命令行如图 1-6 所示。

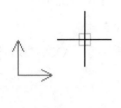

图 1-5

图 1-6

6. 状态栏

状态栏位于界面底部，主要用于显示目前系统的操作状态，包括操作信息提示、点工具状态提示、命令提示区及当前点坐标显示区等，如图 1-7 所示。

（1）操作信息提示：位于状态栏最左侧，用于提示当前命令执行情况或提醒用户输入。

（2）点工具状态提示：当前工具点设置及拾取状态，自动提示当前点的性质以及拾取方式。如点可能为屏幕点、切点、端点等，拾取方式有添加状态、移出状态等。

（3）命令提示区：显示目前执行的功能、键盘输入命令的提示，便于用户快速掌握电子图板的键盘命令。

（4）当前点坐标显示区：显示当前点的坐标值，该值随光标的移动而动态变化。

（5）【正交】状态切换：单击该按钮可以打开或关闭"正交模式"，也可以通过按下 F8 键进行切换。

（6）【线宽】状态切换：单击该按钮可以在"按线宽显示"和"细线显示"状态间切换。

（7）【动态输入】工具开关：单击该按钮可以打开或关闭"动态输入"工具。

（8）点捕捉状态设置区：位于状态栏最右侧，在此区域内设置点的捕捉状态，有【自由】、【智能】、【栅格】和【导航】4 种。

图 1-7

7. 立即菜单

立即菜单用来描述当前命令执行的各种情况

和使用条件。根据当前的绘图要求，正确地选择某一选项，即可得到准确的响应。例如，绘制直线时，单击【常用】选项卡中的【直线】按钮✏，弹出如图 1-8 所示的立即菜单。用户可根据当前的绘图要求选择立即菜单中适当的选项。

图 1-8

1.2.2 CAXA CAD 电子图板 2019 的基本操作

CAXA 电子图板基本操作包括命令的执行、点的输入、立即菜单的操作、公式的输入操作等，下面将具体介绍。

1. 命令的执行

CAXA CAD 电子图板 2019 命令的执行有以下两种方法。

（1）鼠标选择：根据窗口显示的状态或提示信息，用选择菜单命令或单击工具条按钮的方法来执行相应的操作。

（2）键盘输入：通过键盘输入所需的命令和数据完成操作的方式。

2. 点的输入

CAXA 电子图板提供了以下 3 种点的输入方式。

（1）由键盘输入点的坐标。点在屏幕上的坐标有绝对坐标和相对坐标两种，它们在输入方法上是完全不同的。绝对坐标直接输入（X,Y）即可。

相对坐标是指相对系统当前点的距离坐标，与坐标系原点无关。在输入时，为了区分不同性质的坐标，在 CAXA 电子图板中对相对坐标的输入做了如下规定：输入相对坐标时，必须在第一个数值前面加"@"，以表示相对，如"@30,40"表示输入点相对于系统当前点的坐标为"30,40"。另外，相对坐标也可用极坐标的方式来表示，如"@60<80"表示输入了一个相对当前点的极坐标，其极坐标半径是 60，半径与 X 轴的逆时针夹角为 80 度。

（2）用鼠标输入的点，可以通过移动十字光标来选择需要点的位置，然后单击，该点的坐标即被输入。

（3）工具点的捕捉。在绘图过程中使用按 Space 键弹出的快捷菜单进行捕捉，可以捕捉具有某些几何特征的点，如圆心点、曲线端点、切点等。

3. 拾取实体

在绘图区所绘制的图形（如直线、圆、图框等）均称为实体。在 CAXA 电子图板中拾取实体的方式有以下两种。

（1）点选：单击要拾取的实体，实体加亮显示（用户可以通过【选项】对话框中的【显示】

选项卡对其进行设置），则表明该实体被选中。可连续拾取多个实体。

（2）窗口拾取：除点选方式外，还可用窗口方式一次拾取多个实体。当窗口从左向右拉开时，被窗口完全包含的实体被选中，部分被包含的实体不被选中；当窗口从右向左拉开时，被窗口完全包含和部分包含的实体都将被选中，如图 1-9 和图 1-10 所示。

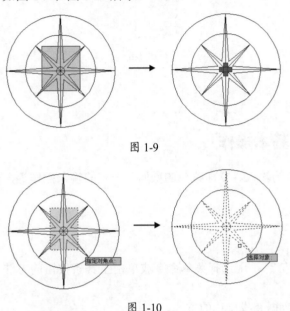

图 1-9

图 1-10

4. 右键直接操作功能

利用鼠标拾取一个或多个实体后，单击鼠标右键，系统弹出如图 1-11 所示的右键快捷菜单，可以利用其中的命令对选中的实体进行相关操作。

图 1-11

> **提示**
>
> 拾取的实体或实体组不同，弹出的快捷菜单也会有所不同。

5. 立即菜单的操作

对立即菜单的操作主要是适当地选择或填入各项内容。根据当前的作图要求，可以单击立即菜单中的下拉箭头，适当选择立即菜单的内容。

6. 公式的输入操作

CAXA 系统提供了计算功能，在图形绘制过程中，在操作提示区，系统提示输入数据时，既可以直接输入数据，也可以输入一些公式或表达式，系统会自动完成公式的计算。

1.3　文件基本操作

1.3.1　图形文件管理

在 CAXA 电子图板中，对图形文件的管理一般包括创建新文件、打开已有的图形文件、保存文件、并入图形文件等操作。

1. 创建新文件

在 CAXA CAD 电子图板 2019 中创建新文件，有以下几种方法。

- 单击快速启动工具栏中的【新建】按钮 。
- 选择【文件】|【新建】菜单命令。
- 在命令行中直接输入 New 命令后按下 Enter 键。
- 按下 Ctrl+N 组合键。

通过使用以上的任意一种方式，系统会打开如图 1-12 所示的【新建】对话框，从其列表中选择一个模板后，单击【确定】按钮或直接双击选中的模板，即可建立一个新文件。

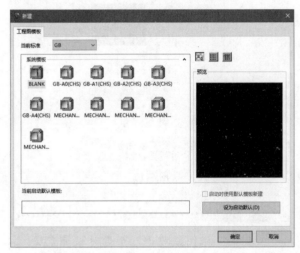

图 1-12

2. 打开文件

在 CAXA 电子图板中打开现有文件，有以下几种方法。

- 选择【文件】|【打开】菜单命令。
- 在命令行中直接输入 Open 命令后按下 Enter 键。
- 按下 Ctrl+O 组合键。
- 在快速启动工具栏中单击【打开】按钮 。

通过使用以上的任意一种方式进行操作后，系统会打开如图 1-13 所示的【打开】对话框，从其列表中选择一个用户想要打开的现有文件

后，单击【打开】按钮或直接双击想要打开的文件。

图 1-13

如果用户希望打开其他格式的数据文件，可以在【文件类型】下拉列表框中选择所需文件格式。电子图板支持的文件格式有 DWG/DXF、HPGL、IGES、DAT 和 WMF 等。

（1）DWG/DXF 文件。CAXA 电子图板提供了 DWG/DXF 文件的读入功能，可以将绘制的 CAXA 图形以及其他 CAD 软件所能识别的 DWG 或 DXF 格式的图形读入到 CAXA 电子图板中进行编辑。

（2）HPGL 文件。如果用户选择 HPGL 格式，将图形输出到指定的文件中（文件名后缀一般为".plt"），则可用此功能将文件再读入到 CAXA 电子图板中。

（3）IGES 文件。此功能用于读入其他 CAD 软件输出的文本形式的 IGES 文件。IGES 文件描述的是三维模型信息。由于电子图板是二维软件，本质上是三维的实体（如曲面等）在转化时只能舍弃，其余实体（如曲线等）如果是空间曲线或其所在的平面不与 XY 平面平行的平面，则转化后由于 Z 轴不起作用，实体将产生变形。因此，要达到理想的转化效果，用户应在输出 IGES 文件的 CAD 系统中将三维模型投影到各个坐标平面上，得到二维视图，并将各二维视图变换到 XY 平面，再输出为 IGES 文件。

（4）DAT 文件。如果用户选择此类型，可打开以文本形式生成的数据文件，以获取模型数据。

（5）WMF 文件。如果用户选择此类型，可打开 Windows 系统常用的 WMF 图形文件。

3. 保存文件

在 CAXA 电子图板中保存现有文件，有以下几种方法。

（1）选择【文件】|【保存】菜单命令。

（2）在命令行中直接输入 Save 命令后按下 Enter 键。

（3）按下 Ctrl+S 组合键。

（4）在快速启动工具栏中单击【保存】按钮■。

通过使用以上的任意一种方式进行操作后，系统会打开如图 1-14 所示的【另存文件】对话框，从【保存在】下拉列表中选择保存位置后，单击【保存】按钮，即可完成保存文件的操作。

图 1-14

4. 并入文件

并入文件功能用于将其他的电子图板文件合并到当前文件中。

在 CAXA 电子图板中并入文件，有以下两种方法。

● 选择【文件】|【并入】菜单命令。

● 在命令行中输入 merge 命令后按下 Enter 键。

通过使用以上的任意一种方式进行操作后，系统会打开如图 1-15 所示的【并入文件】对话框。

图 1-15

选择要并入的电子图板文件，单击【打开】按钮，弹出另一个【并入文件】对话框，进行图纸选择，如图 1-16 所示。选中【并入到当前图纸】单选按钮时，只能选择一张图纸；选中【作为新图纸并入】单选按钮，可以选择一张或多张图纸。如果并入的图纸名称和当前文件的图纸名称相同，系统将提示修改图纸名称，最后单击【确定】按钮。

屏幕左下角弹出【并入文件】立即菜单，如图 1-17 所示，在立即菜单 1 中选择【定点】或【定区域】命令，在立即菜单 2 中选择【保持原态】或【粘贴为块】命令，在立即菜单 3 中输入并入文件的比例系数，再根据系统提示，输入图形的定位点即可。

图 1-16

图 1-17

提示

如果一张图纸要由多个设计人员完成，可以要求每一名设计人员使用相同的模板进行设计，最后将每名设计人员设计的图纸并入到一张图纸上即可。还应该注意的是，在开始设计之前，定义好一个模板，模板中定义好这张图纸的参数设置、系统配置以及图层、线型、颜色的定义和设置，以保证最后并入时，每张图纸的参数设置及图层、线型、颜色的定义都是一致的。

1.3.2 文件输出、检索和关闭退出程序

1. 部分存储

部分存储功能用于将当前绘制的图形中的

一部分图形以文件的形式存储到磁盘上。

在 CAXA 电子图板中部分存储文件，有以下两种方法。

（1）选择【文件】|【部分存储】菜单命令。

（2）在命令行中输入 partsave 命令后按下 Enter 键。

通过使用以上的任意一种方式进行操作后，根据系统提示拾取要存储的图形，用鼠标右键确认，根据命令行提示给定图形基点，系统会打开如图 1-18 所示的【部分存储文件】对话框。在【文件名】下拉列表框中输入文件的名称，并单击【保存】按钮即可。

> **提示**
>
> 部分存储命令只存储图形的实体数据，不存储图形的属性数据（系统设置、系统配置及图层、线型、颜色的定义和设置），而保存命令可将图形的实体数据和属性数据都存储到文件中。

图 1-18

2. 文件检索

文件检索的主要功能是从本地计算机或网络计算机上查找符合条件的文件。

选择【文件】|【文件检索】菜单命令，系统弹出【文件检索】对话框，如图 1-19 所示。

在【文件检索】对话框中设定检索条件，如搜索路径、文件名称、是否包含子文件夹等，单击【开始搜索】按钮。

图 1-19

搜索完毕后，将在【查找结果】列表框中显示文件检索结果。

在设定检索条件时，可以指定路径、文件名称、电子图板文件标题栏中的属性等条件。

（1）【搜索路径】：指定查找的范围，可以直接输入路径，也可以单击【浏览】按钮通过【路径浏览】对话框选择，通过【包含子文件夹】复选框决定只在当前目录下检索还是包括其下的子文件夹中的检索。

（2）【文件名称】：指定查找文件的名称和扩展名条件，支持通配符"*"。

（3）【条件关系】：指定检索出的条件之间的逻辑关系（【与】或【或】）。

（4）【查找结果】：实时显示查找到的文件信息和文件总数。选择一个结果可以在右侧的属性区查看标题栏内容和预显图形，通过双击可以用电子图板打开该文件。

（5）【当前文件】：在查找过程中显示正在分析的文件路径和名称。

（6）【编辑条件】按钮：单击【编辑条件】按钮，弹出【编辑条件】对话框，可以对检索条件进行编辑。

3. 图形输出

图形输出功能用于打印当前绘图区的图形。

在 CAXA 电子图板中打印文件，有以下几种方法。

（1）选择【文件】|【打印】菜单命令。

（2）在命令行中直接输入 plot 命令后按下 Enter 键。

（3）按下 Ctrl+P 组合键。

（4）在快速启动工具栏中单击【打印】按钮🖨。

通过使用以上的任意一种方式进行操作后，系统会打开如图 1-20 所示的【打印对话框】对话框。设置完成后，单击【打印】按钮，即可打印图纸。

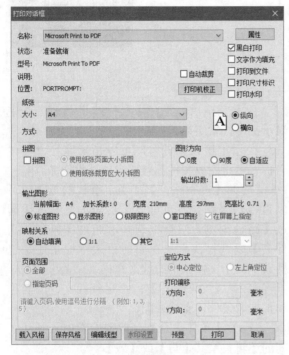

图 1-20

如果希望更改打印线型，单击对话框底部的【编辑线型】按钮，在系统弹出的【线型设置】

对话框中进行设置；如果希望将一张大图用多张较小的图纸分别输出，则启用【打印对话框】对话框中的【拼图】复选框，并在【页面范围】选项组的【指定页码】文本框中指定要输出的页码。

4. 关闭文件和退出程序

在 CAXA 电子图板中关闭图形文件，有以下几种方法。

（1）选择【文件】|【关闭】菜单命令。

（2）在命令行中直接输入 Close 命令后按下 Enter 键。

（3）按下 Ctrl+W 组合键。

（4）单击工作窗口右上角的【关闭】按钮✖。

退出 CAXA 电子图板有以下几种方法。

（1）选择【文件】|【退出】菜单命令。

（2）在命令行中直接输入 Quit 命令后按下 Enter 键。

（3）单击 CAXA 电子图板系统窗口右上角的【关闭】按钮✖。

（4）按下 Ctrl+Q 组合键。

执行以上任意一种操作后，会退出 CAXA 电子图板，若当前文件未保存，则系统会自动弹出提示对话框，单击选择相应的按钮即可。

1.4 绘图设置

1.4.1 图层

在对图形的图层进行设置之前需先打开【层设置】对话框，然后再进行设置。【层设置】对话框用来显示图形中的图层列表及其特性。

在 CAXA 电子图板中，使用【层设置】对话框不仅可以创建图层，设置图层的颜色、线型和线宽，还可以对图层进行更多的设置与管理，如图层的切换、重命名、删除及图层的显示控制、修改图层特性或添加说明。

利用以下 3 种方法中的任一种方法都可以打开【层设置】对话框，【层设置】对话框如图 1-21 所示。

（1）单击【常用】选项卡中的【图层】按钮 🔳。

（2）在命令行中输入 Layer 后按下 Enter 键。

（3）选择【格式】|【图层】菜单命令。

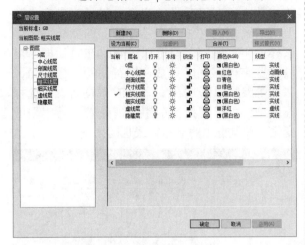

图 1-21

1. 设置当前图层

要想提高绘图的速度和质量，必须有一个合理的、适合自己绘图习惯的参数配置。

当前图层是指当前绘图正在使用的图层，要想在某图层上绘图，首先要将该图层设置为当前层，其设置方法有以下两种。

（1）在【常用】选项卡的【特性】组中，单击【颜色】或【线型】下拉列表的向下箭头可直接改变当前图层的颜色和线型，如图 1-22 所示。

（2）在【层设置】对话框中，单击所需的图层，然后再单击【设为当前】按钮即可。

图 1-22

2. 新建图层和删除图层

（1）新建图层：在【层设置】对话框中，单击【新建】按钮，弹出【新建风格】对话框，如图 1-23 所示。输入一个新图层名称，并选择一个基准图层，单击【下一步】按钮后在图层列表框的最后一行即可看到新建的图层，新建图层的默认设置采用所选基准图层的设置。

图 1-23

（2）删除图层：在【层设置】对话框中，选择要删除的图层，然后单击【删除】按钮即可。

提 示

系统的当前图层和初始图层不能被删除。

（3）修改层名：在【层设置】对话框左侧的图层列表中选择要修改名称的图层，单击鼠标右键，在弹出的快捷菜单中选择【重命名图层】命令，该图层名称将变为可编辑状态，然后在对话框空白处单击即可完成图层名称的修改。

（4）改变层状态：在要打开或关闭图层的层状态处，单击 💡 图标，进行图层打开或关闭的切换。

（5）改变颜色：在【颜色】列单击要修改颜色的图层，弹出【颜色选取】对话框，如图 1-24 所示，在其中选择或定制该图层的颜色，然后单击【确定】按钮即可。

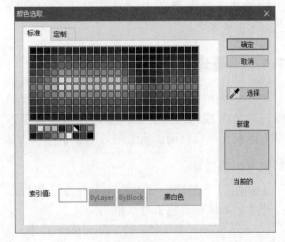

图 1-24

（6）改变线型：在【线型】列单击要修改线型的图层，弹出【线型】对话框，如图 1-25 所示，在其中选择该图层的线型，然后单击【确定】按钮即可。

（7）改变层冻结：在要冻结或解冻图层的层状态处，单击❄图标，可以进行图层冻结或解冻的切换。

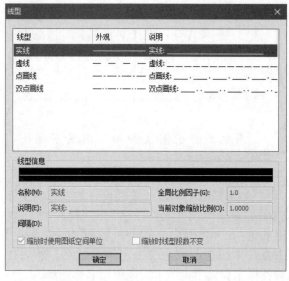

图 1-25

（8）改变层锁定：在要锁定或解锁图层的层状态处，单击❏图标，可以进行图层锁定或解锁的切换。

（9）改变层打印：在要设置为打印或不打印图层的层状态处，单击❏图标，可进行图层打印或不打印的切换。图层不打印状态的图标为❏，此图层的内容打印时不会打印在图纸上。

1.4.2 基本图形对象设置

在绘图过程中，用户仍然可以根据需要对图形单位、线型、图层等内容进行重新设置，以免因设置不合理而影响绘图效率。

1. 文本风格设置

利用以下两种方法中的任一种方法都可以打开【文本风格设置】对话框。

（1）在命令行中输入 textpara 后按下 Enter 键。

（2）选择【格式】|【文字】菜单命令。

执行上述操作之一后，系统弹出【文本风格设置】对话框，如图 1-26 所示。通过该对话框可以设置绘图区文字的各种参数，设置完毕后，单击【确定】按钮即可。

在【文本风格设置】对话框中，列出了当前文件中所有已定义的字型。如果尚未定义字型，系统预定义了一个【标准】的默认样式，该样式不可删除，但可以编辑。在对话框中可以设置字体、宽度系数、字符间距、倾斜角、字高等参数。通过在文本框或下拉列表中选择不同项，可以切换当前字型，随着当前字型的变化，预览框中的显示样式也随之变化。

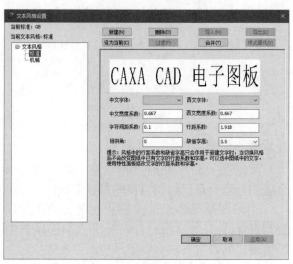

图 1-26

2. 点样式设置

利用以下两种方法中的任一种方法都可以打开【点样式】对话框。

（1）在命令行中输入 ddptype 后按下 Enter 键。

（2）选择【格式】|【点】菜单命令。

执行上述操作之一后，系统弹出【点样式】对话框，如图 1-27 所示。在该对话框中，用户可选择 20 种不同样式的点，还可设置点的大小。当选中【按屏幕像素设置点的大小（像素）】单选按钮时，【点大小】指的是像素值，即点相对于屏幕的大小；当选中【按绝对单位设置点的大小（毫米）】单选按钮时，【点大小】指的是实际点的大小，以 mm 为单位。设置完成后单击【确定】按钮。

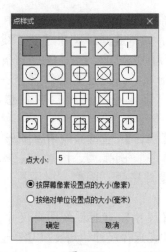

图 1-27

1.4.3 用户坐标系

绘制图形时，合理使用用户坐标系可以使坐标点的输入更方便，从而提高绘图效率。

1. 新建用户坐标系

利用以下两种方法中的任一种方法都可以新建 UCS 坐标系。

（1）在命令行中输入 newucs 后按下 Enter 键。

（2）选择【工具】|【新建】|ucs 菜单命令。

执行上述操作之一后，根据系统提示输入用户坐标系的基点，然后根据提示输入坐标系的旋转角，新坐标系设置完成。

2. 管理用户坐标系

选择【工具】|【坐标系管理】菜单命令，可以打开【坐标系】对话框，如图 1-28 所示，在该对话框中可以对坐标系进行重命名和删除。

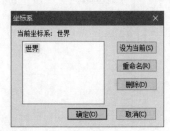

图 1-28

3. 切换当前用户坐标系

利用以下两种方法中的任一种方法都可以切换当前坐标系。

（1）在命令行中输入 switch 后按下 Enter 键。

（2）使用快捷键 F5。

执行上述操作之一后，原当前坐标系失效，颜色变为非当前坐标系颜色；新的坐标系生效，坐标系颜色变为当前坐标系颜色。

1.4.4 辅助绘图工具

本节对捕捉点设置的方法和拾取过滤设置的方法进行讲解。

1. 捕捉点设置

利用以下两种方法中的任一种方法都可以打开【智能点工具设置】对话框。

（1）在命令行中输入 potset 后按下 Enter 键。

（2）选择【工具】|【捕捉设置】菜单命令。

执行上述操作之一，即可打开【智能点工具设置】对话框，如图 1-29 所示，通过该对话框可以设置光标在屏幕上的捕捉结果。

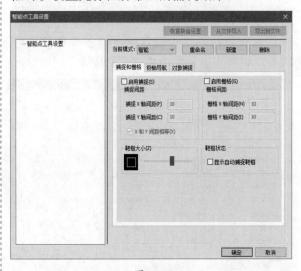

图 1-29

【捕捉和栅格】选项卡可以设置间距捕捉和栅格显示；【极轴导航】选项卡可以设置极轴导航参数；【对象捕捉】选项卡可以设置对象捕捉参数。

用户既可以通过【智能点工具设置】对话

框来设置智能点的捕捉方式，也可以通过单击状态栏中的点捕捉状态按钮下的选项来转换捕捉方式，如图 1-30 所示。

图 1-30

（1）【自由】：点的输入完全由光标当前的实际位置来确定。

（2）【栅格】：可以用光标捕捉栅格点并可设置栅格的可见与不可见。

（3）【智能】：光标自动捕捉一些特征点，如圆心、切点、中点等。

（4）【导航】：系统可以通过光标对若干特征点进行导航，如孤立点、中点等。

2. 拾取过滤设置

利用以下两种方法中的任一种方法都可以打开【拾取过滤设置】对话框。

（1）在命令行中输入 objectset 后按下 Enter 键。

（2）选择【工具】|【拾取设置】菜单命令。

执行上述操作之一后，系统弹出【拾取过滤设置】对话框，如图 1-31 所示。通过该对话框可以设置拾取图形元素的过滤条件和拾取盒大小，设置完成后单击【确定】按钮。

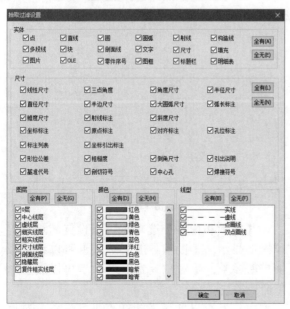

图 1-31

在【拾取过滤设置】对话框中，拾取过滤条件包括实体过滤、尺寸过滤、线型过滤、图层过滤和颜色过滤。这 5 种过滤条件的交集就是有效拾取，利用过滤条件组合进行拾取，可以快速、准确地从图中拾取到想要的图形元素。

（1）【实体】：包括系统所有图形元素种类，即点、直线、圆、圆弧、尺寸、文字、多段线、块、剖面线、零件序号、图框、标题栏、明细表和填充等。

（2）【尺寸】：包括系统所有尺寸标注类型，即线性尺寸、直径尺寸、角度尺寸、坐标标注、形位公差、基准代号、粗糙度、倒角尺寸等。

（3）【线型】：包括系统当前所有线型种类，即粗实线、细实线、虚线、点画线、双点画线、用户自定义线型等。

（4）【图层】：包括系统当前所有处于打开状态的图层。

（5）【颜色】：包括系统 64 种颜色。

3. 系统设置

要想提高绘图的速度和质量，必须有一个合理的并适合自己绘图习惯的参数配置。

（1）选择【工具】|【选项】菜单命令，打开【选项】对话框，在左侧导航栏中选中某个选项，在右侧将会显示对应的选项卡。

（2）选择【路径】选项，如图 1-32 所示，在该选项设置界面中可以对文件路径进行设置。

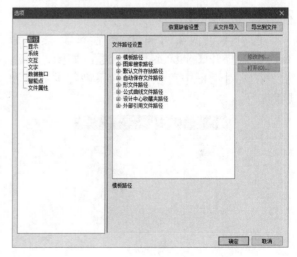

图 1-32

（3）选择【显示】选项，如图 1-33 所示，在该选项设置界面中可以对系统颜色和光标进行设置。

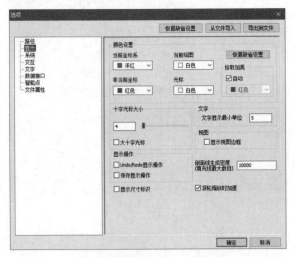

图 1-33

（4）选择【系统】选项，如图 1-34 所示，在该选项设置界面中可以对系统参数进行设置。

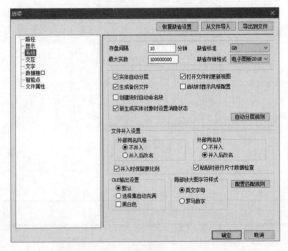

图 1-34

（5）选择【交互】选项，如图 1-35 所示，在该选项设置界面中可以设置拾取框和夹点的大小。

（6）选择【文字】选项，如图 1-36 所示，在该选项设置界面中可以设置系统的文字参数。

（7）选择【数据接口】选项，如图 1-37 所示，在该选项设置界面中可以设置系统的接口参数。

图 1-35

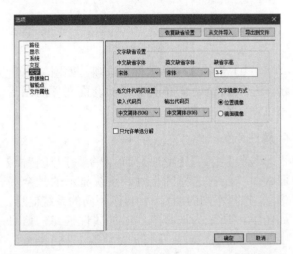

图 1-36

图 1-37

（8）选择【智能点】选项，如图 1-38 所示，在该选项设置界面中可以设置点捕捉参数。

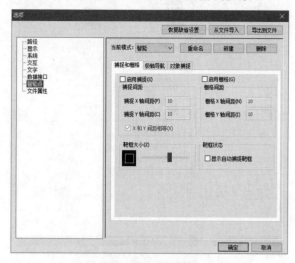

图 1-38

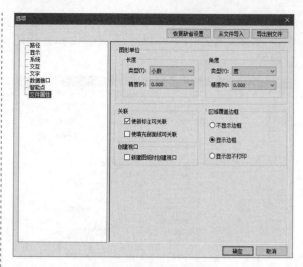

图 1-39

（9）选择【文件属性】选项，如图 1-39 所示，在该选项设置界面中可以设置文件的图形单位。

4.属性查看

选择【工具】|【特性】菜单命令，打开【特性】面板，当没有选择图素时，系统显示的是全局信息，选择不同的图素，则显示不同的系统信息。如图 1-40 所示为选择直线时的属性信息，信息中的内容除灰色项外都可进行修改。

图 1-40

1.5 本章小结

本章主要介绍了 CAXA 电子图板软件界面的组成、软件操作、文件基本操作和绘图设置等知识。这些内容都是 CAXA 电子图板最基础的部分，只有灵活掌握这些内容，才能在之后的学习中继续提高。

第 **2** 章

绘制图形

本章导读

　　CAXA 电子图板为用户提供了功能齐全的绘制图形方式，利用它可以绘制各种复杂的工程图纸。图形是由一些基本的元素组成，如圆、直线和多边形等，而绘制这些图形是作图的基础。

　　本章主要介绍各种二维图形的绘制方法，包括直线、平行线、圆、圆弧、椭圆、矩形、多边形，以及各种曲线等，同时介绍了剖面线和图案填充，添加文字和孔轴绘制，最后介绍了局部放大图。

2.1 绘制直线和平行线

2.1.1 绘制直线

直线命令调用方法有以下几种。

（1）单击【常用】选项卡中的【直线】按钮╱。

（2）在命令行中输入 line 后按下 Enter 键。

（3）选择【绘图】|【直线】菜单命令。

执行上述操作之一后，系统进入绘制直线状态，在屏幕左下角的操作提示区出现绘制直线的立即菜单，单击立即菜单 1，可选择绘制直线的不同方式，如图 2-1 所示，有【两点线】、【角度线】、【角等分线】、【切线】/【法线】、【等分线】几个选项可供选择；单击立即菜单 2，该项内容由【连续】变为【单根】。【连续】选项表示每段直线段相互连接，前一直线段的终点将作为下一直线段的起点；【单根】选项表示每次绘制的直线段相互独立，互不相连。

图 2-1

1. 绘制两点线

在非正交方式下绘制两点线的方法如下。

（1）选择【绘图】|【直线】菜单命令，在屏幕左下角弹出绘制直线的立即菜单。

（2）在立即菜单 1 中选择【两点线】选项，在立即菜单 2 中选择【单根】选项。

（3）根据系统提示，在操作提示区输入第一点坐标为（0,0），输入第二点坐标为（60,80），如图 2-2 所示。

在正交方式下绘制两点线的方法如下。

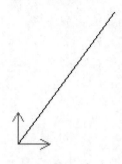

图 2-2

（1）选择【绘图】|【直线】菜单命令。在屏幕左下角弹出绘制直线的立即菜单。

（2）在立即菜单 1 中选择【两点线】选项，在立即菜单 2 中选择【连续】选项，单击状态栏中的【正交】按钮或按 F8 键。

（3）根据系统提示，输入第一点坐标为（0,0），输入第二点坐标为（0,80），输入第三点坐标为（-80,80），绘制的两条正交直线如图 2-3 所示。

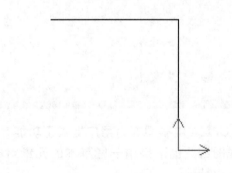

图 2-3

2. 绘制角度线

（1）选择【绘图】|【直线】菜单命令，在屏幕左下角弹出绘制直线的立即菜单。

（2）在立即菜单 1 中选择【角度线】选项，其余几项立即菜单的设置如图 2-4 所示。

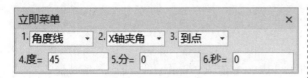

图 2-4

（3）根据提示输入直线的起点坐标为（0,0），即为坐标系原点。

（4）移动光标到直线的终点位置单击，结果如图 2-5 所示。

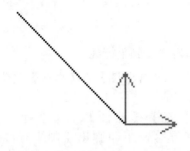

图 2-5

3. 绘制角等分线

（1）选择【绘图】|【直线】菜单命令，绘制两条起点在圆点的角等分线上。

（2）选择【绘图】|【直线】菜单命令，在屏幕左下角弹出绘制直线的立即菜单。

（3）在立即菜单 1 中选择【角等分线】选项，其余几项立即菜单的设置如图 2-6 所示。

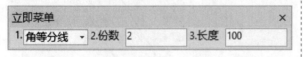

图 2-6

（4）根据提示依次拾取两条角等分线，绘制的角等分线如图 2-7 所示。

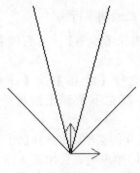

图 2-7

4. 绘制切线／法线

（1）选择【绘图】|【圆】菜单命令，绘制一个圆。

（2）选择【绘图】|【直线】菜单命令。在屏幕左下角弹出绘制直线的立即菜单。

（3）在立即菜单 1 中选择【切线／法线】选项，在立即菜单 2 中选择【切线】选项，其余几项立即菜单的设置如图 2-8 所示。

图 2-8

（4）当系统提示拾取曲线时，单击图中的圆弧，系统提示选择输入点，单击第一点处，系统提示输入第二点或长度，这时单击图中第二点处，切线绘制完成，如图 2-9 所示。

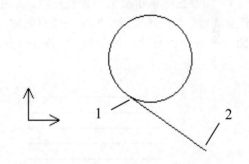

图 2-9

绘制圆的法线，则在立即菜单 2 中选择【法线】选项，然后根据系统提示拾取圆，绘制的法线如图 2-10 所示。

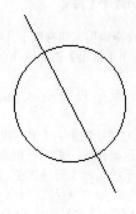

图 2-10

提示

在 CAXA 电子图板中拾取点时，可充分利用工具点、智能点、导航点、栅格点等功能。

5. 绘制等分线

（1）选择【绘图】｜【直线】菜单命令，绘制等分线。

（2）选择【绘图】｜【直线】菜单命令。在屏幕左下角弹出绘制等分线的立即菜单。

（3）在立即菜单 1 中选择【等分线】选项，其余几项立即菜单的设置如图 2-11 所示。

图 2-11

（4）当系统提示拾取第一条直线时，单击图中任意直线，当系统提示拾取另一条直线时，单击图中另外一条直线，等分线绘制完成，如图 2-12 所示。

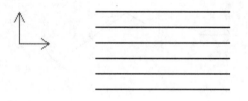

图 2-12

2.1.2 绘制平行线

平行线命令调用方法有以下几种。

（1）单击【常用】选项卡中的【平行线】按钮∥。

（2）在命令行中输入 parallel 后按下 Enter 键。

（3）选择【绘图】｜【平行线】菜单命令。

执行上述操作之一后，在屏幕左下角弹出如图 2-13 所示的绘制平行线的立即菜单，在立即菜单 1 中选择绘制平行线的两种方式，即【偏移方式】和【两点方式】。在【偏移方式】下，

单击立即菜单 2，在其中可以选择【单向】或者【双向】选项。

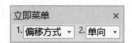

图 2-13

1. 以偏移方式绘制平行线

（1）选择【绘图】｜【直线】菜单命令，绘制一条直线。

（2）选择【绘图】｜【平行线】菜单命令，在屏幕左下角弹出绘制平行线的立即菜单。

（3）在立即菜单 1 中选择【偏移方式】选项，在立即菜单 2 中选择【双向】选项。

（4）根据提示后输入偏移距离或在所需位置单击，生成平行线如图 2-14 所示。

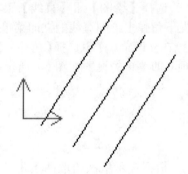

图 2-14

2. 以两点方式绘制平行线

（1）选择【绘图】｜【直线】菜单命令，绘制两条相交直线。

（2）选择【绘图】｜【平行线】菜单命令，在屏幕左下角弹出绘制平行线的立即菜单。

（3）在立即菜单 1 中选择【两点方式】选项，其余几项立即菜单的设置如图 2-15 所示。

图 2-15

（4）根据提示指定平行线的起点和长度，生成的平行线如图 2-16 所示。

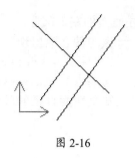

图 2-16

2.2 绘制圆、圆弧和椭圆

2.2.1 绘制圆

圆是构成图形的基本元素之一。它的绘制方法有多种，下面将依次介绍。

调用绘制圆命令的方法如下。

（1）单击【常用】选项卡中的【圆】按钮⊙。

（2）在命令行中输入 circle 后按下 Enter 键。

（3）选择【绘图】|【圆】菜单命令。

执行上述操作之一后，在屏幕左下角弹出绘制圆的立即菜单，单击立即菜单 1，可选择绘制圆的不同方式，如图 2-17 所示。单击立即菜单 2，该项内容由【直径】变为【半径】，【直径】表示输入的值为圆的直径值。单击立即菜单 3，该项内容由【无中心线】变为【有中心线】，并且在立即菜单 4 中可以输入中心线的延伸长度。

图 2-17

1. 已知圆心、半径绘制圆

（1）选择【绘图】|【圆】菜单命令，在屏幕左下角弹出绘制圆的立即菜单。

（2）在立即菜单 1 中选择【圆心-半径】选项，在立即菜单 2 中选择【半径】选项，在立即菜单 3 中选择【无中心线】选项。

（3）根据系统提示，输入圆的圆心坐标

（0,0），绘图区会生成一个有固定圆心、半径由鼠标拖动改变的动态圆，这时系统提示输入圆的半径，继续输入 30，然后按 Enter 键完成绘制，如图 2-18 所示。

图 2-18

2. 绘制两点圆

（1）选择【绘图】|【直线】菜单命令，绘制直线。

（2）选择【绘图】|【圆】菜单命令，在屏幕左下角弹出绘制圆的立即菜单。

（3）在立即菜单 1 中选择【两点】选项，在立即菜单 2 中选择【无中心线】选项，如图 2-19 所示。

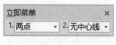

图 2-19

（4）根据系统提示，按下 Space 键后，在弹出的工具点菜单中选择【端点】命令。

（5）单击直线的左下部分，一个以直线左下端点为圆上一点的动态圆出现在绘图区，系统提示输入第二点坐标，再次按Space键，在工具点菜单中选择【端点】命令，单击直线的另一端，一个以已知直线为直径的圆绘制完成，如图2-20所示。

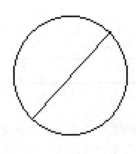

图 2-20

3. 绘制三点圆

（1）选择【绘图】|【直线】菜单命令，绘制首尾相接的三条闭合直线。

（2）选择【绘图】|【圆】菜单命令，在屏幕左下角弹出绘制圆的立即菜单。

（3）在立即菜单1中选择【三点】选项，在立即菜单2中选择【无中心线】选项。

（4）绘制内切圆。根据系统提示，输入圆的第一点坐标，按下Space键，在工具点菜单中选择【切点】命令，然后单击三角形的第一条边，系统提示输入第二点坐标，再次按下Space键并在工具点菜单中选择【切点】命令，然后单击三角形的第二条边，这时绘图区会生成一个与边相切且过光标点的动态圆，系统提示输入第三点坐标，再次按下Space键并在工具点菜单中选择【切点】命令，再单击三角形的第三条边，绘图区生成一个与三条边均相切的圆，如图2-21所示。

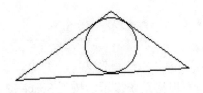

图 2-21

（5）绘制外接圆。重复圆命令，立即菜单设置不变。系统提示输入圆的第一点坐标，按下Space键，在工具点菜单中选择【交点】命令，然后单击三角形的第一个顶点，系统提示输入第二点坐标，再次按下Space键并在工具点菜单中选择【交点】命令，然后单击三角形的第二个顶点，这时绘图区会生成一个过两个顶点且过光标点的动态圆，系统提示输入第三点坐标，再次按下Space键并在工具点菜单中选择【交点】命令，再单击三角形的第三个顶点，绘图区生成一个过三个顶点的外接圆，如图2-22所示。

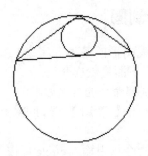

图 2-22

4. 已知两点、半径绘制圆

（1）选择【绘图】|【直线】菜单命令，绘制两条同起点有夹角直线。

（2）选择【绘图】|【圆】菜单命令，在屏幕左下角弹出绘制圆的立即菜单。

（3）在立即菜单1中选择【两点－半径】选项，在立即菜单2中选择【无中心线】选项。

（4）系统提示输入圆的第一点坐标，按下Space键，在工具点菜单中选择【切点】命令。

（5）单击任意一条直线，系统提示输入第二点坐标，再次按下Space键并在工具点菜单中选择【切点】命令。

（6）单击另一条直线，这时绘图区生成一个与两边均相切且过光标点的动态圆，系统提示输入第三点或圆的半径，输入50，生成如图2-23所示的圆。

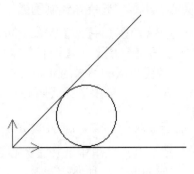

图 2-23

2.2.2 绘制圆弧

圆弧命令调用方法如下。

（1）单击【常用】选项卡中的【圆弧】按钮 。

（2）在命令行中输入 arc 后按下 Enter 键。

（3）选择【绘图】｜【圆弧】菜单命令。

执行上述操作之一后，在屏幕左下角弹出绘制圆弧的立即菜单，单击立即菜单 1，可选择绘制圆弧的不同方式，如图 2-24 所示。

图 2-24

CAXA 电子图板提供了 6 种绘制圆弧的方式：三点圆弧、圆心－起点－圆心角、两点－半径、圆心－半径－起终角、起点－终点－圆心角、起点－半径－起终角。

1. 已知三点绘制圆弧

（1）选择【绘图】｜【直线】菜单命令，绘制两条角度直线。

（2）选择【绘图】｜【圆弧】菜单命令，在屏幕左下角弹出绘制圆弧的立即菜单。

（3）在立即菜单中选择【三点圆弧】选项。

（4）系统提示输入圆弧的第一点坐标，按下 Space 键，在工具点菜单中选择【端点】命令，然后单击上侧直线端点，系统提示输入第二点坐标，再次按下 Space 键并在工具点菜单中选择【交点】命令，然后单击对角线的顶点，这时绘图区会生成一个动态圆弧，系统提示输入第三点坐标，按下 Space 键，在工具点菜单中选择【端点】命令，再单击下侧直线端点，绘制的圆弧如图 2-25 所示。

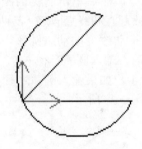

图 2-25

> **提示**
>
> 三点选取的顺序不同，绘制的圆弧也不同。

2. 已知圆心、起点、圆心角绘制圆弧

（1）选择【绘图】｜【点】菜单命令，绘制两点。

（2）选择【绘图】｜【圆弧】菜单命令，在屏幕左下角弹出绘制圆弧的立即菜单。

（3）在立即菜单中选择【圆心－起点－圆心角】选项。

（4）系统提示输入圆心坐标，单击左侧点所在的位置，系统提示输入圆弧的起点，单击右侧点所在的位置，这时绘图区会生成一个以左侧点为圆心，以右侧点为起点，终点由鼠标拖动的动态圆弧，系统提示输入圆弧的角度，输入 300，绘制的圆弧如图 2-26 所示。

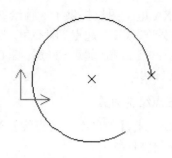

图 2-26

3. 已知两点和半径绘制圆弧

（1）选择【绘图】|【圆】菜单命令，绘制两个圆。

（2）选择【绘图】|【圆弧】菜单命令。在屏幕左下角弹出绘制圆弧的立即菜单。

（3）在立即菜单中选择【两点-半径】选项。

（4）系统提示输入第一点坐标，按下 Space 键，在工具点菜单中选择【切点】命令，然后单击左侧的圆，这时系统提示输入第二点坐标，再次按下 Space 键，在工具点菜单中选择【切点】命令，然后单击右侧的圆，这时绘图区会生成一段起点和终点固定（与两圆相切）、半径由鼠标拖动改变的动态圆弧，移动鼠标使圆弧成凹形时，输入圆弧半径 -10，绘制的圆弧如图 2-27 所示。如果输入圆弧半径为 10，绘制的圆弧则如图 2-28 所示。

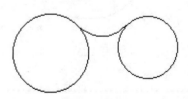

图 2-27

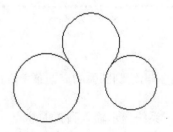

图 2-28

4. 已知圆心、半径、起终角绘制圆弧

（1）选择【绘图】|【圆】菜单命令，绘制圆。

（2）选择【绘图】|【圆弧】菜单命令，在屏幕左下角弹出绘制圆弧的立即菜单。

（3）在立即菜单中选择【圆心-半径-起终角】选项。

（4）系统提示输入圆心点坐标，按下 Space 键，在工具点菜单中选择【圆心】命令，单击圆，生成如图 2-29 所示的圆弧。

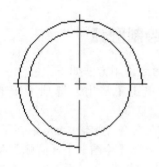

图 2-29

5. 已知起点、终点、圆心角绘制圆弧

（1）选择【绘图】|【点】菜单命令，绘制两点。

（2）选择【绘图】|【圆弧】菜单命令，在屏幕左下角弹出绘制圆弧的立即菜单。

（3）在立即菜单 1 中选择【起点-终点-圆心角】选项。在立即菜单 2 中输入圆弧的圆心角度为 60 度。

（4）系统提示输入圆弧的起点，单击左侧点所在的位置，绘图区生成一段起点固定、圆心角固定的圆弧，用鼠标拖动圆弧的终点并单击右侧点所在的位置，结果如图 2-30 所示。

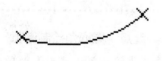

图 2-30

2.2.3 绘制椭圆

椭圆命令调用方法有以下几种。

（1）单击【常用】选项卡中的【椭圆】按钮◯。

（2）在命令行中输入 ellipse 后按下 Enter 键。

（3）选择【绘图】|【椭圆】菜单命令。

执行上述操作之一后，在屏幕左下角弹出绘制椭圆的立即菜单，如图 2-31 所示。单击立即菜单 1，可选择绘制椭圆的不同方式，下面分别予以介绍。

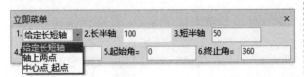

图 2-31

1. 给定长短轴绘制椭圆

（1）选择【绘图】|【椭圆】菜单命令，在屏幕左下角弹出绘制椭圆的立即菜单。

（2）在立即菜单 1 中选择【给定长短轴】选项。

（3）输入以上条件后，就会生成一段符合以上条件的椭圆，用鼠标拖动椭圆的中心点到合适的位置后单击，即可完成椭圆（弧）的绘制，如图 2-32 所示。

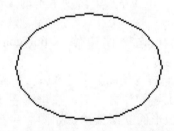

图 2-32

2. 通过轴上两点绘制椭圆

（1）选择【绘图】|【直线】菜单命令，绘制一条直线。

（2）选择【绘图】|【椭圆】菜单命令，在屏幕左下角弹出绘制椭圆的立即菜单。

（3）在立即菜单 1 中选择【轴上两点】选项。

（4）系统提示输入轴上第一点坐标，按下 Space 键，在工具点菜单中选择【端点】命令，然后单击直线左下部分，系统提示输入轴上第二点坐标，再次按下 Space 键，在工具点菜单中选择【端点】命令，然后单击直线右上部分，绘图区生成一个一轴固定、另一轴随鼠标拖动而改变的动态椭圆，用鼠标拖动椭圆的未定轴到合适的长度单击，绘制的椭圆如图 2-33 所示。

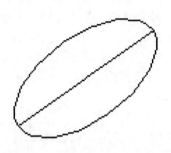

图 2-33

3. 通过中心点和起点绘制椭圆

（1）选择【绘图】|【椭圆】菜单命令，在屏幕左下角弹出绘制椭圆的立即菜单。

（2）在立即菜单 1 中选择【中心点 - 起点】选项。

（3）根据系统提示通过鼠标或键盘输入的方式确定椭圆的中心点和一个轴的端点，绘制生成一个一轴固定、另一轴随鼠标拖动而变化的动态椭圆，如图 2-34 所示。用鼠标拖动圆的未定轴到合适的位置单击，或用键盘输入未定半轴长度即可确定椭圆。

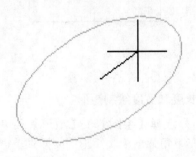

图 2-34

2.3 绘制矩形和正多边形

2.3.1 绘制矩形

矩形命令调用方法有以下几种。

（1）单击【常用】选项卡中的【矩形】按钮 ▭。

（2）在命令行中输入 rect 后按下 Enter 键。

（3）选择【绘图】|【矩形】菜单命令。

执行上述操作之一后，在屏幕左下角弹出绘制矩形的立即菜单，如图 2-35 所示。单击立即菜单 1，可选择绘制椭圆的不同方式，下面分别予以介绍。

图 2-35

1. 通过两角点绘制矩形

（1）选择【绘图】|【矩形】菜单命令，在屏幕左下角弹出绘制矩形的立即菜单。

（2）在立即菜单 1 中选择【两角点】选项，在立即菜单 2 中选择【有中心线】选项，在立即菜单 3 中输入中心线延伸长度值为 3。

（3）根据提示利用鼠标或键盘输入的方式，确定矩形的第一角点和第二角点，绘制的矩形如图 2-36 所示。

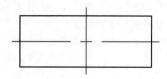

图 2-36

2. 已知长度和宽度绘制矩形

（1）选择【绘图】|【矩形】菜单命令，在屏幕左下角弹出绘制矩形的立即菜单。

（2）在立即菜单 1 中选择【长度和宽度】选项，其余几项设置如图 2-37 所示。

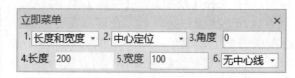

图 2-37

（3）给定上述参数后，绘图区出现一个由给定参数生成的动态矩形，系统提示输入矩形的定位点，利用鼠标或键盘输入矩形的定位点即可，如图 2-38 所示。

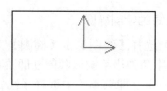

图 2-38

2.3.2 绘制正多边形

多边形命令调用方法有以下几种。

（1）单击【常用】选项卡中的【多边形】按钮 ⬠。

（2）在命令行中输入 polygon 后按下 Enter 键。

（3）选择【绘图】|【多边形】菜单命令。

执行上述操作之一后，在屏幕左下角弹出绘制正多边形的立即菜单，如图 2-39 所示。单击立即菜单 1，可选择绘制正多边形的不同方式，下面分别予以介绍。

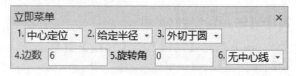

图 2-39

1. 以中心定位的方式绘制正多边形

（1）选择【绘图】|【正多边形】菜单命令，在屏幕左下角弹出绘制正多边形的立即菜单。

（2）在立即菜单 1 中选择【中心定位】选项。

（3）根据系统提示输入一个中心定位点，接着系统继续提示输入圆上点或内切圆半径，这时输入半径或输入圆上一点，由立即菜单所确定的正六边形被绘制出来，如图 2-40 所示。

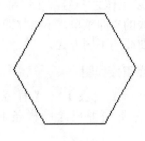

图 2-40

2. 以底边定位的方式绘制正多边形

（1）选择【绘图】|【正多边形】菜单命令，在屏幕左下角弹出绘制正多边形的立即菜单。

（2）在立即菜单1中选择【底边定位】选项，其余几项设置如图 2-41 所示。

图 2-41

（3）根据系统提示输入第一点坐标，接着系统继续提示输入【第二点或边长】，这时输入第二点或边长后，由立即菜单所确定的正五边形被绘制出来，如图 2-42 所示。

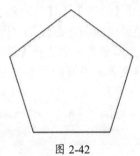

图 2-42

2.4 绘制曲线

2.4.1 绘制等距线

CAXA 可以按等距方式生成一条或同时生成数条给定曲线的等距线。

等距线命令调用方法有以下几种。

（1）单击【常用】选项卡中的【等距线】按钮。

（2）在命令行中输入 offset 后按下 Enter 键。

（3）选择【绘图】|【等距线】菜单命令。

执行上述操作之一后，在屏幕左下角的操作提示区出现绘制等距线的立即菜单，单击立即菜单1可选择绘制等距线的不同方式，如图 2-43 所示。

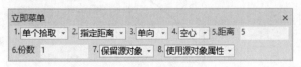

图 2-43

1. 单个拾取绘制等距线

（1）使用【直线】和【圆弧】命令，绘制直线和圆弧。

（2）选择【绘图】|【等距线】菜单命令，在屏幕左下角弹出绘制等距线的立即菜单。

（3）在立即菜单1中选择【单个拾取】选项。

（4）根据系统提示，拾取圆弧部分，系统显示等距方向的箭头，如图 2-44 所示，并提示选择方向，选择向下箭头，生成图 2-45 所示的等距线。

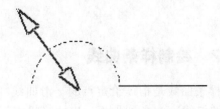

图 2-44

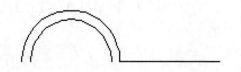

图 2-45

2. 链拾取绘制等距线

（1）使用【直线】和【圆弧】命令，绘制直线和圆弧。

（2）选择【绘图】｜【等距线】菜单命令，在屏幕左下角弹出绘制等距线的立即菜单。

（3）在立即菜单 1 中选择【链拾取】选项，其余几项立即菜单的设置如图 2-46 所示。

图 2-46

（4）根据系统提示，拾取曲线，系统显示等距方向箭头，如图 2-47 所示，选择向下箭头，即生成图 2-48 所示的等距线。

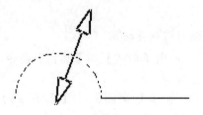

图 2-47

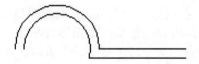

图 2-48

2.4.2　绘制样条曲线

样条曲线是指过给定点的平滑曲线。样条曲线通过给定一系列顶点，由计算机根据这些给定点按插值方式生成一条平滑曲线。

样条命令调用方法有以下几种。

（1）单击【常用】选项卡中的【样条】按钮〜。

（2）在命令行中输入 spline 后按下 Enter 键。

（3）选择【绘图】｜【样条】菜单命令。

执行上述操作之一后，在屏幕左下角弹出绘制样条曲线的立即菜单，单击立即菜单 1 可转换绘制样条曲线的不同方式。

1. 通过屏幕点直接作图

（1）选择【绘图】｜【样条】菜单命令，在屏幕左下角弹出绘制样条曲线的立即菜单。

（2）在立即菜单 1 中选择【直接作图】选项，在立即菜单 2 中选择【缺省切矢】选项，在立即菜单 3 中选择【开曲线】选项，如图 2-49 所示。

图 2-49

（3）根据系统提示输入第一点的坐标为（0,0）按下 Enter 键，依次输入后面各插值点的坐标为（2,5）、（8,12）和（40,30），并按下 Enter 键确认，最后单击鼠标右键结束操作，绘制结果如图 2-50 所示。

在立即菜单 2 中，可以选择【缺省切矢】或【给定切矢】选项；在立即菜单 3 中可以选择【开曲线】或【闭曲线】选项。如果选择【缺省切矢】选项，那么系统将根据数据点的性质，自动确定端点切矢；如果选择【给定切矢】选项，那么右键单击结束输入插值点后，由用户利用鼠标或键盘输入一点，该点与端点形成的矢量作为给定的端点切矢。

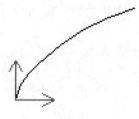

图 2-50

2. 通过从文件读入数据绘制样条曲线

（1）选择【绘图】|【样条】菜单命令，在屏幕左下角弹出绘制样条曲线的立即菜单。

（2）在立即菜单1中选择【从文件读入】选项，系统弹出如图2-51所示的【打开样条数据文件】对话框。

（3）样条文件中存储的是样条曲线的插值点坐标，从该对话框中选择一个样条数据文件，单击【打开】按钮，系统自动生成样条曲线。

图 2-51

2.4.3 绘制公式曲线

CAXA可以绘制数学表达式的曲线图形，也就是根据数学公式或参数表达式绘制出相应的数学曲线。公式的给出既可以是直角坐标形式的，也可以是极坐标形式的。

公式曲线命令调用方法有以下几种。

（1）单击【常用】选项卡中的【公式曲线】按钮。

（2）在命令行中输入formula后按下Enter键。

（3）选择【绘图】|【公式曲线】菜单命令。绘制公式曲线的操作如下。

（1）选择【绘图】|【公式曲线】菜单命令，弹出【公式曲线】对话框，如图2-52所示。

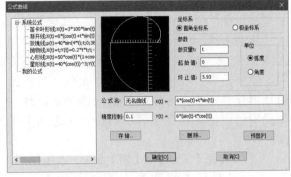

图 2-52

（2）在【系统公式】选项组中选中需要的曲线公式，单击【确定】按钮。也可以自己输入公式进行设置。

（3）绘图区生成公式曲线，根据系统提示输入曲线的定位点（0,0）并按下Enter键，此曲线的起始点在坐标系原点定位，如图2-53所示。

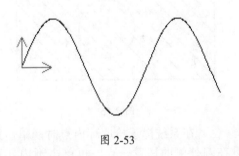

图 2-53

2.5 绘制剖面线和图案填充

2.5.1 绘制剖面线

剖面线命令调用方法有以下几种。

（1）单击【常用】选项卡中的【剖面线】按钮。

（2）在命令行中输入hatch后按下Enter键。

（3）选择【绘图】|【剖面线】菜单命令。

执行上述操作之一后，在屏幕左下角的操作提示区出现绘制剖面线的立即菜单，单击立即菜单1可选择绘制剖面线的不同方式，如图 2-54 所示。

图 2-54

1. 通过拾取环内点绘制剖面线

根据拾取点搜索最小封闭环，再根据环生成剖面线。搜索方向为从拾取点向左的方向，如果拾取点在环外，则操作无效。单击封闭环内任意一点，可以同时拾取多个封闭环，如果所拾取的环相互包容，则在两环之间生成剖面线。

（1）使用【矩形】和【圆】命令，绘制图形。

（2）选择【绘图】｜【剖面线】菜单命令，在屏幕左下角弹出绘制剖面线的立即菜单。

（3）在立即菜单1中选择【拾取点】选项。

（4）根据系统提示单击拾取环内任意一点，单击矩形内且在圆外侧的任意一点，即可自动生成如图 2-55 所示的剖面线。

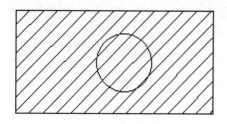

图 2-55

（5）在系统提示拾取环内点时，单击矩形内且在圆外侧的任意一点，再单击圆内任意一点，使得矩形和圆均成为绘制剖面线区域的边界线，绘制的剖面线如图 2-56 所示。

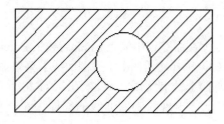

图 2-56

2. 通过拾取封闭环的边界绘制剖面线

以"拾取边界"方式生成剖面线，需要根据拾取到的曲线搜索封闭环，再根据封闭环生成剖面线。如果拾取的曲线不能生成互不相交的封闭环，则操作无效。

（1）使用【矩形】和【圆】命令，绘制图形。

（2）选择【绘图】｜【剖面线】菜单命令，在屏幕左下角弹出绘制剖面线的立即菜单。

（3）在立即菜单1中选择【拾取边界】选项，其余几项立即菜单的设置如图 2-57 所示。

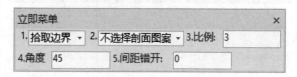

图 2-57

（4）若在系统提示拾取边界曲线时，用窗口方式拾取矩形和圆为绘制剖面线的边界线如图 2-58 所示，则生成如图 2-59 所示的剖面线。

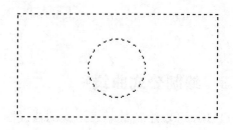

图 2-58

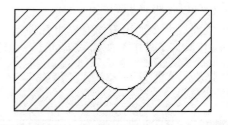

图 2-59

> **提示**
>
> 系统总是在拾取的所有线条（也就是边界）内部绘制剖面线，所以在拾取环内点或拾取边界以后，一定要仔细观察哪些线条被选中了。通过调整被选中的边界线，就可以调整剖面线的形成区域。

2.5.2 图案填充

填充是指将封闭区域用一种颜色填满。根据系统提示用鼠标拾取封闭区域内的一点,系统即以当前颜色填充整个区域。填充实际是一种图形类型,其填充方式类似于剖面线的填充,对于某些零件剖面需要涂黑时可用此功能。

填充命令调用方法有以下几种。

(1)单击【常用】选项卡中的【填充】按钮。

(2)在命令行中输入 solid 后按下 Enter 键。

(3)选择【绘图】|【填充】菜单命令。

执行上述操作之一后,系统提示拾取环内点。单击要填充区域内的任一点即可,如图 2-60 所示。

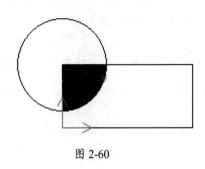

图 2-60

2.6 添加文字

文字标注用于在图形中标注说明文字。文字可以是多行,可以横排或竖排,并可以根据指定的宽度进行自动换行。

文字命令调用方法有以下几种。

(1)单击【常用】选项卡中的【文字】按钮A。

(2)在命令行中输入 text 后按下 Enter 键。

(3)选择【绘图】|【文字】菜单命令。

执行上述操作之一后,在屏幕左下角的操作提示区出现标注文字的立即菜单,单击立即菜单 1 可选择标注文字的不同方式,如图 2-61 所示。

图 2-61

2.6.1 多行文字

(1)选择【绘图】|【文字】菜单命令,在屏幕左下角弹出标注文字的立即菜单。

(2)在立即菜单 1 中选择【指定两点】选项。

(3)根据系统提示依次指定图中标注文字的矩形区域的第一角点和第二角点,系统弹出

【文本编辑器】对话框。

(4)编辑框用于输入文字,在编辑器上方显示当前文字的参数设置,可修改文字参数。输入文字,如图 2-62 所示,在空白处单击之后完成。

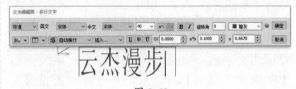

图 2-62

> **提示**
>
> 如果框填充方式是自动换行,同时相对于指定区域大小来说文字比较多,那么实际生成的文字可能超出指定区域,如对齐方式为左上对齐时,文字可能超出指定区域下边界。

2.6.2 区域内文字

(1)使用【矩形】命令,绘制图形。

(2)在立即菜单 1 中选择【搜索边界】选项,在立即菜单 2 中输入边界缩进系数,如图 2-63 所示。

图 2-63

（3）根据系统提示指定矩形边界内一点，系统弹出【文本编辑器】对话框。

（4）参照"多行文字"所讲步骤输入文字，此处不再赘述，输入的文字如图 2-64 所示。

图 2-64

2.6.3 曲线文字

（1）选择【绘图】|【样条曲线】菜单命令，绘制样条曲线。

（2）在标注文字的立即菜单 1 中选择【曲线文字】选项。

（3）根据系统提示拾取曲线，然后指定文字所在的方向，如图 2-65 所示。在曲线上指定要标注文字的起点位置和终点位置，系统弹出【曲线文字参数】对话框，并进行参数设置，如图 2-66 所示。

（4）单击【确定】按钮，结果如图 2-67 所示。

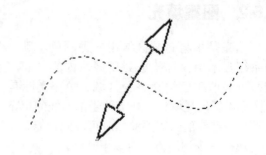

图 2-65

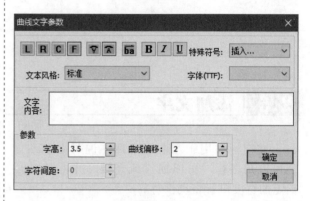

图 2-66

图 2-67

2.7 绘制特殊曲线

CAXA 电子图板中的特殊曲线包括中心线、多段线、波浪形、双折线和箭头，下面将一一介绍。

2.7.1 绘制中心线

中心线是用以标识中心的线条，表示中点的一组线段。在工业制图中，常常在物体的中点用一种线型绘出，用以表述与之相关的信息。

中心线命令调用方法有以下几种。

（1）单击【常用】选项卡中的【中心线】按钮 。

（2）在命令行中输入 centerl 后按下 Enter 键。

（3）选择【绘图】|【中心线】菜单命令。

执行上述操作之一后，在屏幕左下角的操作提示区出现绘制中心线的立即菜单，在立即菜单 4 中可输入中心线的延伸长度，如图 2-68 所示。

图 2-68

绘制中心线的操作如下。

（1）选择【绘图】|【圆】菜单命令，绘制圆。

（2）选择【绘图】|【中心线】菜单命令，在屏幕左下角弹出绘制中心线的立即菜单。

（3）在立即菜单4中输入中心线的延伸长度后，系统提示拾取圆（圆弧、椭圆）或第一条直线。

（4）拾取圆，生成圆的中心线，如图2-69所示。

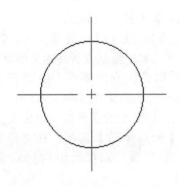

图 2-69

2.7.2 绘制多段线

多段线是由几段线段或圆弧构成的连续线条。它是一个单独的图形对象，CAXA可以生成由直线和圆弧构成的首尾相接或不相接的一条多段线。

多段线命令调用方法有以下几种。

（1）单击【常用】选项卡中的【多段线】按钮。

（2）在命令行中输入contour后按下Enter键。

（3）选择【绘图】|【多段线】菜单命令。

绘制多段线的操作如下。

（1）选择【绘图】|【多段线】菜单命令，在屏幕左下角弹出绘制多段线的立即菜单。

（2）在立即菜单1中选择【直线】选项，

在立即菜单2中选择【不封闭】选项，如图2-70所示。

图 2-70

（3）根据系统提示输入多段线的"第一点"坐标为（0,0），系统继续提示输入"下一点"，输入（20,0），再依次根据提示输入坐标（20,5）和（15,5）。

（4）单击立即菜单1，选择【圆弧】多段线绘制方式，在立即菜单2中选择【不封闭】选项，如图2-71所示，再根据系统提示输入点的坐标（15,7）。

图 2-71

（5）单击立即菜单1，选择【直线】多段线绘制方式，在立即菜单2中选择【封闭】选项，根据系统提示输入点的坐标为(10,7)，然后右击，多段线自动封闭，结果如图2-72所示。

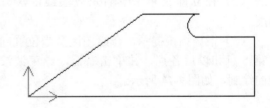

图 2-72

轮廓为直线时，在立即菜单2中可选择轮廓的封闭与否，如选择封闭，则多段线的最后一点可省略（不输入），直接右击结束操作，系统将自行连接最后一点和第一点，使轮廓图形封闭（但对正交封闭轮廓的最后一段直线不保证正交）。

轮廓为圆弧时，相邻两圆弧为相切的关系，在立即菜单2中可以选择轮廓的封闭与否，如选择封闭，则多段线的最后一点可省略（不输入），直接右击结束操作，系统将自行使最后一点回到第一点，使轮廓图形封闭（封闭轮廓的最后一段圆弧与第一段圆弧不保证相切关系）。

2.7.3　绘制波浪线

CAXA 电子图板可以给定方式生成波浪曲线。此功能常用于绘制剖面线的边界线，线型一般选用细实线。

波浪线命令调用方法有以下几种。

（1）单击【常用】选项卡中的【波浪线】按钮 。

（2）在命令行中输入 waved 后按下 Enter 键。

（3）选择【绘图】|【波浪线】菜单命令。

执行上述操作之一后，在屏幕左下角弹出绘制波浪线的立即菜单。在立即菜单 1 中输入波浪线的波峰高度（即波峰到平衡位置的垂直距离），如图 2-73 所示。

图 2-73

绘制波浪线的操作如下。

（1）选择【绘图】|【波浪线】菜单命令，在屏幕左下角弹出绘制波浪线的立即菜单。

（2）在立即菜单 1 中输入波浪线的波峰高度。

（3）根据系统提示，在绘图区适当位置确定第一点和以后各点，并单击右键，结束波浪线的绘制，如图 2-74 所示。

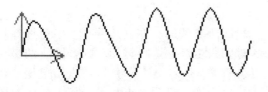

图 2-74

2.7.4　绘制双折线

基于图幅大小的限制，有些图形元素无法按比例在图纸上画出，可以用双折线表示。用户可通过两点画出双折线，也可以直接拾取一条现有直线将其改变为双折线。

双折线命令调用方法有以下几种。

（1）单击【常用】选项卡中的【双折线】按钮 。

（2）在命令行中输入 condup 后按下 Enter 键。

（3）选择【绘图】|【双折线】菜单命令。

执行上述操作之一后，在屏幕左下角弹出绘制双折线的立即菜单。单击立即菜单 1 可以选择【折点个数】或【折点距离】方式，如图 2-75 所示。

图 2-75

绘制双折线的操作如下。

（1）选择【绘图】|【双折线】菜单命令，在屏幕左下角弹出绘制双折线的立即菜单。

（2）如果在立即菜单 1 中选择【折点距离】选项，在立即菜单 2 中输入距离值，则按给定的折点距离生成双折线；如果在立即菜单 1 中选择【折点个数】选项，在立即菜单 2 中输入折点的个数，则按给定的折点个数生成双折线。

（3）根据系统提示拾取直线或输入第一点坐标。如拾取直线则直线按立即菜单中的参数变为双折线；如依次输入两点的坐标，系统按立即菜单中的参数在两点间生成双折线，如图 2-76 所示。

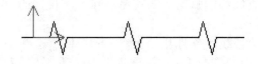

图 2-76

TIPS 提示

双折线根据图纸幅面将有不同的延伸长度，A0、A1 的延伸长度为 1.75，其余图纸幅面的延伸长度为 1.25。

2.7.5　绘制箭头

箭头命令调用方法有以下几种。

（1）单击【常用】选项卡中的【箭头】按钮 ➚。

（2）在命令行中输入 arrow 后按下 Enter 键。

（3）选择【绘图】|【箭头】菜单命令。

执行上述操作之一后，在屏幕左下角弹出绘制箭头的立即菜单，如图 2-77 所示。单击立即菜单 1 可以选择【正向】或【反向】方式绘制箭头。

图 2-77

绘制箭头的操作如下。

（1）选择【绘图】|【箭头】菜单命令，在屏幕左下角弹出绘制箭头的立即菜单。

（2）在立即菜单 1 中选择箭头生成方向。

（3）系统提示拾取第一点，按提示单击第一点后，继续拾取第二点，单击第二点后即可绘出带引线的实心箭头。如果拾取了圆弧或直线，系统自动生成正向或反向的动态箭头，用鼠标拖动箭头到需要的位置单击即可，如图 2-78 所示。

图 2-78

> **提示**
>
> 　为圆弧或直线添加箭头时，箭头方向定义如下：若是直线，则以坐标系 X、Y 轴的正方向作为箭头的正方向，X、Y 轴的负方向作为箭头的反方向；若是圆弧，则以逆时针方向作为箭头的正方向，顺时针方向作为箭头的反方向。

2.8　绘制孔/轴和放大图

2.8.1　绘制孔/轴

CAXA 可以在给定位置画出带有中心线的孔和轴，或带有中心线的圆锥孔、圆锥轴。

绘制孔/轴命令的调用方法有以下几种。

（1）单击【常用】选项卡中的【孔/轴】按钮。

（2）在命令行中输入 hole 后按下 Enter 键。

（3）选择【绘图】|【孔/轴】菜单命令。

单击【常用】选项卡中的【孔/轴】按钮，在屏幕左下角弹出绘制孔/轴的立即菜单，如图 2-79 所示。单击立即菜单 1 可选择绘制【孔】或【轴】选项，单击立即菜单 2 可以选择【直接给出角度】或【两点确定角度】方式。

图 2-79

1. 绘制轴

利用此功能，可以绘制圆柱轴、圆锥轴和阶梯轴，轴的中心线可以水平、竖直或倾斜。

（1）选择【绘图】|【孔/轴】菜单命令，在屏幕左下角弹出绘制孔/轴的立即菜单，在立即菜单 1 中选择【轴】选项，设置【起始直径】为 30。

（2）向右移动光标，一个以直径为默认值

的动态轴出现在绘图区上，这时在变化了的立即菜单 3 中均输入 30，在立即菜单 4 中选择【有中心线】选项，再输入中心线的延伸长度为 3，如图 2-80 所示，并根据系统提示输入轴的长度为 30，然后按下 Enter 键，轴绘制完毕，如图 2-81 所示。

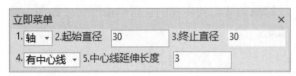

图 2-80

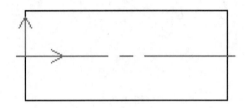

图 2-81

2. 绘制孔

利用此功能，可以绘制圆柱孔、圆锥孔和阶梯孔，孔的中心线可以水平、竖直或倾斜。

（1）选择【绘图】|【孔 / 轴】菜单命令，在屏幕左下角弹出绘制孔 / 轴的立即菜单，在立即菜单 1 中选择【孔】选项，在立即菜单 2 中选择【直接给出角度】选项，在立即菜单 3 中输入【中心线角度】为 0，如图 2-82 所示。根据系统提示，输入起始点坐标为（0,0），然后按下 Enter 键。

图 2-82

（2）向右移动光标，一个以直径为默认值的动态孔出现在绘图区，这时在变化了的立即菜单 2 和立即菜单 3 中均输入 30，在立即菜单 4 中选择【有中心线】选项，再输入中心线延伸长度为 3，如图 2-83 所示，并根据提示输入孔的长度为 30，然后按下 Enter 键，第一段孔绘制完毕，如图 2-84 所示。

图 2-83

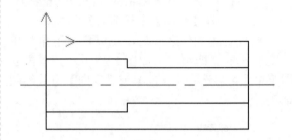

图 2-84

2.8.2 绘制局部放大图

局部放大图命令调用方法有以下几种。

（1）单击【常用】选项卡中的【局部放大】按钮 。

（2）在命令行中输入 enlarge 后按下 Enter 键。

（3）选择【绘图】|【局部放大图】菜单命令

执行上述操作之一后，在屏幕左下角弹出局部放大图立即菜单。

1. 采用圆形边界方式绘制局部放大图

（1）选择【绘图】|【齿形】菜单命令，绘制齿轮。

（2）选择【绘图】|【局部放大图】菜单命令，在屏幕左下角弹出局部放大图立即菜单。在立即菜单 1 中选择【圆形边界】选项，在立即菜单 2 中选择【加引线】选项，在立即菜单 3 中输入放大倍数 2，在立即菜单 4 中输入局部放大图的符号 A，如图 2-85 所示。

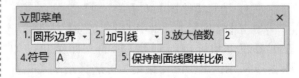

图 2-85

　　立即菜单 3 中的放大倍数范围为 0.001 ～ 1000，小于 1 时为缩小；在立即菜单 4 中输入局部视图的符号名称。

　　（3）在绘图区齿形的合适位置处单击以输入局部放大图的圆心点，然后输入圆形边界上的一点或圆形边界的半径以确定要放大区域的大小。

　　（4）根据系统提示选择符号插入点，移动光标到合适位置后，单击插入符号文字（如果不需要标注符号文字，则右击略过），如图 2-86 所示。

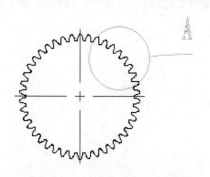

图 2-86

　　（5）系统提示指定"实体插入点"，已放大的局部放大图虚像随着光标的移动动态显示，选择合适的位置输入实体插入点后，系统继续提示输入图形的旋转角度，此时输入局部放大图的旋转角为 0，生成局部放大图。移动光标在绘图区的合适位置输入符号文字插入点，生成符号文字，局部放大图即可绘制完成，如图 2-87 所示。

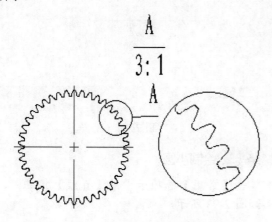

图 2-87

2. 采用矩形边界方式绘制局部放大图

　　（1）选择【绘图】|【齿形】菜单命令，绘制齿轮。

　　（2）选择【绘图】|【局部放大图】菜单命令，在屏幕左下角弹出局部放大图立即菜单。在立即菜单 1 中选择【矩形边界】选项，其余几项立即菜单的设置如图 2-88 所示。

图 2-88

　　（3）其余操作参考上一例，结果如图 2-89 所示。

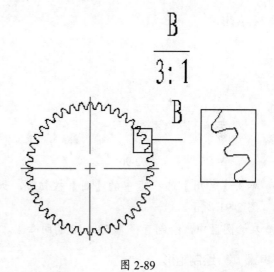

图 2-89

　　局部放大图中标注的比例是此局部放大图的尺寸与真实零件尺寸之间的比例，与图幅的比例无关。

2.9 设计范例

2.9.1 座套范例

⚠ **案例分析**

本节的范例是绘制一个座套图纸，首先绘制同心圆，之后绘制左侧部分，并进行镜像，最后进行修剪。

⚠ **案例操作**

步骤 01 绘制同心圆

① 单击【常用】选项卡中的【直线】按钮 ╱，如图 2-90 所示。

② 在绘图区中，绘制中心线。

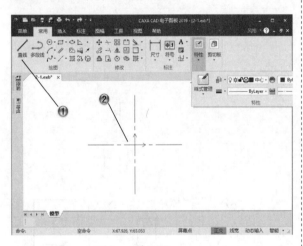

图 2-90

③ 单击【常用】选项卡中的【圆】按钮 ⊙，如图 2-91 所示。

④ 在绘图区中，绘制直径为 53、48 的同心圆。

步骤 02 绘制矩形

① 单击【常用】选项卡中的【矩形】按钮 ▢，如图 2-92 所示。

② 在绘图区中，绘制矩形。

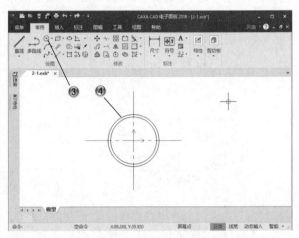

图 2-91

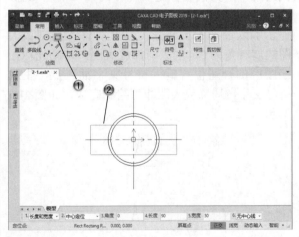

图 2-92

步骤 03 绘制小圆

① 单击【常用】选项卡中的【直线】按钮 ╱，如图 2-93 所示。

② 在绘图区中，绘制中心线。

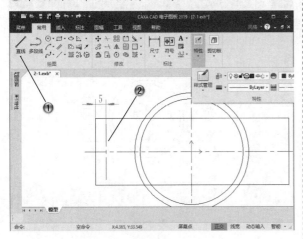

图 2-93

③ 单击【常用】选项卡中的【圆】按钮 ⊙ ，如图 2-94 所示。

④ 在绘图区中，绘制直径为 14 的小圆。

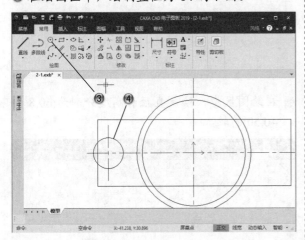

图 2-94

步骤 04 裁剪圆形

① 单击【常用】选项卡中的【直线】按钮 ／ ，如图 2-95 所示。

② 在绘图区中，绘制两条直线。

③ 单击【常用】选项卡中的【裁剪】按钮 ，如图 2-96 所示。

④ 在绘图区中，裁剪直线和圆图形。

步骤 05 镜像图形

① 单击【常用】选项卡中的【镜像】按钮 ，

如图 2-97 所示。

② 在绘图区中，镜像图形。

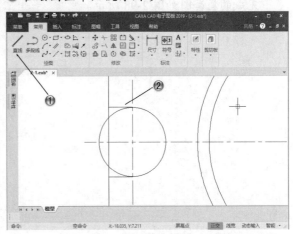

图 2-95

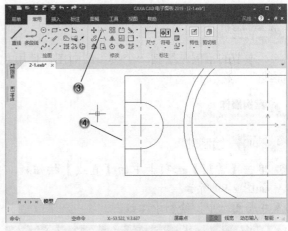

图 2-96

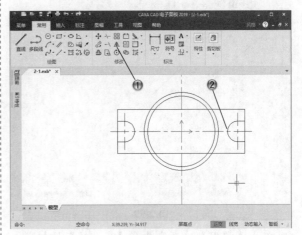

图 2-97

步骤 06 完成座套图

完成的座套图如图 2-98 所示。

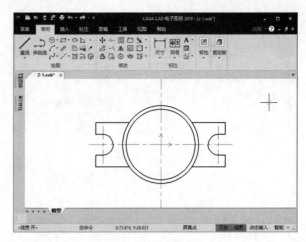

图 2-98

2.9.2 接头范例

⚠ 案例分析

本节的范例是绘制一个接头剖面图，使用孔 / 轴命令绘制主体部分，再进行修剪，最后绘制剖面线。

⚠ 案例操作

步骤 01 绘制轴

❶ 单击【常用】选项卡中的【直线】按钮 ╱，如图 2-99 所示。

❷ 在绘图区中，绘制中心线。

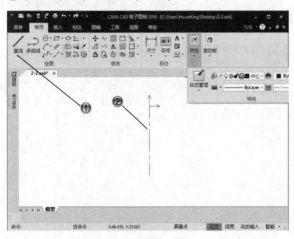

图 2-99

❸ 单击【常用】选项卡中的【孔 / 轴】按钮 ，如图 2-100 所示。

❹ 在绘图区中，绘制直径和高度分别为 60,8 和 40,50 的轴。

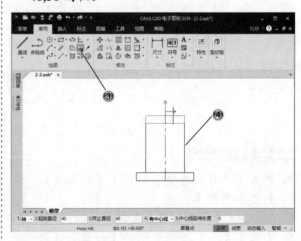

图 2-100

步骤 02 绘制矩形

❶ 单击【常用】选项卡中的【矩形】按钮 □，如图 2-101 所示。

❷ 在绘图区中，绘制矩形。

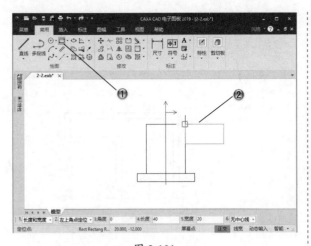

图 2-101

步骤 03 绘制等距线

① 单击【常用】选项卡中的【等距线】按钮，
如图 2-102 所示。

② 在绘图区中，绘制两个轴的等距线。

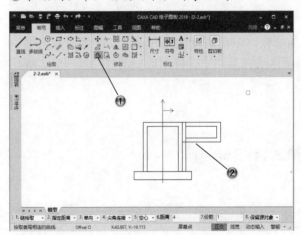

图 2-102

步骤 04 裁剪图形

① 单击【常用】选项卡中的【裁剪】按钮，
如图 2-103 所示。

② 在绘图区中，裁剪图形。

步骤 05 延伸直线

① 单击【常用】选项卡中的【延伸】按钮，
如图 2-104 所示。

② 在绘图区中，延伸直线。

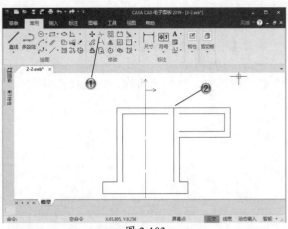

图 2-103

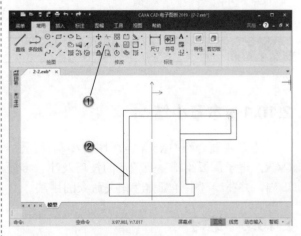

图 2-104

步骤 06 裁剪图形

① 单击【常用】选项卡中的【裁剪】按钮，
如图 2-105 所示。

② 在绘图区中，裁剪图形。

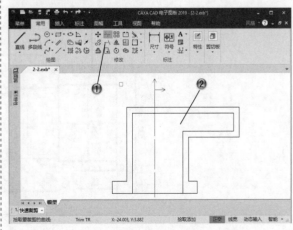

图 2-105

步骤 **07** 绘制剖面线

① 单击【常用】选项卡中的【剖面线】按钮，如图 2-106 所示。

② 在绘图区中，绘制剖面线，完成接头绘制。

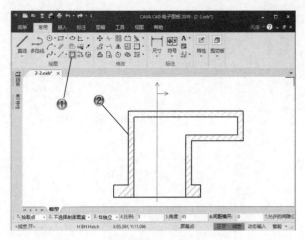

图 2-106

2.10 本章小结和练习

2.10.1 本章小结

本章主要介绍 CAXA 电子图板绘制平面图形的命令，以及图案填充和添加文字等附属内容。CAXA 电子图板绘制复杂图形的技巧及注意事项，可以通过案例中零件图的绘制过程来加深了解和巩固，并在绘制中详细体会相关命令的用法。

2.10.2 练习

使用本章学过的各种命令来绘制图 2-107 所示的轴零件草图。

一般创建步骤如下。

（1）绘制中心线。

（2）绘制外轮廓。

（3）绘制内孔。

（4）标注尺寸。

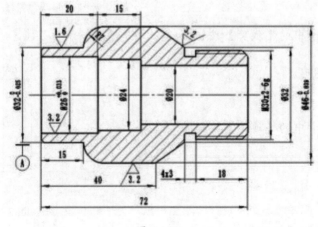

图 2-107

第 **3** 章

图形编辑和操作

本章导读

　　图形编辑修改功能是 CAD 绘图软件不可缺少的功能，它对提高绘图速度和质量都具有至关重要的作用。CAXA 电子图板充分考虑了用户的需求，提供了功能齐全、操作灵活的编辑修改功能。对图形进行编辑的主要目的是提高绘图效率以及删除在绘图过程中产生的多余线条。图形操作功能是图形编辑命令的继续，在应用范围上比图形编辑更广。图形操作功能包括一般图形编辑功能和一些特殊操作。

　　本章主要介绍图形的编辑命令，包括曲线的裁剪、打断、延伸、复制、平移、旋转、镜像、过渡等；操作命令包括一般编辑功能、插入与链接、对象属性、鼠标右键编辑功能等。

3.1 裁剪、打断和延伸

3.1.1 裁剪

利用【裁剪】命令可以对给定曲线（一般称为被裁剪线）进行修整，删除不需要的部分，得到新的曲线。

裁剪命令调用方法有以下几种。

（1）单击【常用】选项卡中的【裁剪】按钮。

（2）在命令行中输入 trim 后按下 Enter 键。

（3）选择【修改】|【裁剪】菜单命令。

执行上述操作之一后，在屏幕左下角的操作提示区出现裁剪的立即菜单，单击立即菜单 1 可选择裁剪的不同方式，如图 3-1 所示。

图 3-1

1. 快速裁剪

单击直接拾取被裁剪的曲线，系统自动判断边界并做出裁剪响应，系统将裁剪边视为与该曲线相交的曲线。快速裁剪一般用于比较简单的边界情况（如一条线段只与两条以下的线段相交）。

（1）选择【绘图】|【圆】菜单命令，绘制如图 3-2 所示的圆。

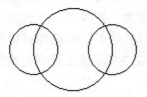

图 3-2

（2）选择【修改】|【裁剪】菜单命令。在屏幕左下角弹出裁剪的立即菜单，在立即菜单 1 中选择【快速裁剪】选项。

（3）根据系统提示，拾取图中要裁剪的曲线，单击完成裁剪操作，如图 3-3 所示。

图 3-3

> **提示**
>
> 对于与其他曲线不相交的一条单独的曲线不能使用【裁剪】命令，只能用【删除】命令将其删除。

2. 拾取边界裁剪

CAXA 允许以一条或多条曲线作为剪刀线，对一系列被裁剪的曲线进行裁剪。

（1）使用【直线】和【圆】菜单命令，绘制如图 3-4 所示的图形。

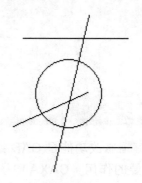

图 3-4

（2）选择【修改】|【裁剪】菜单命令。在屏幕左下角弹出裁剪的立即菜单，在立即菜单 1 中选择【拾取边界】选项。

（3）系统提示拾取剪刀线，拾取图中的边界，右键单击确认，如图 3-5 所示。

（4）系统提示拾取要裁剪的曲线，拾取要裁剪的曲线，拾取曲线部分被裁剪掉，而圆形另一侧的部分被保留，如图 3-6 所示。

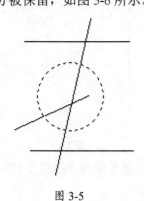

图 3-5

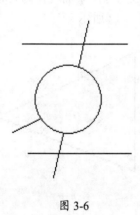

图 3-6

3. 批量裁剪

当要修剪的曲线较多时，可以对曲线或曲线组进行批量裁剪。

（1）使用【直线】和【矩形】命令，绘制如图 3-7 所示的图形。

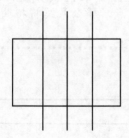

图 3-7

（2）选择【修改】|【裁剪】菜单命令。在屏幕左下角弹出裁剪的立即菜单，在立即菜单 1 中选择【批量裁剪】选项。

（3）根据系统提示拾取剪刀链（剪刀链可以是一条曲线，也可以是首尾相连的多条曲线），拾取矩形作为剪刀链，如图 3-8 所示。

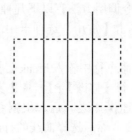

图 3-8

（4）系统继续提示拾取要裁剪的曲线，依次拾取各段直线（用窗口方式拾取也可），右键单击确认。

（5）系统提示选择要裁剪的方向，如图 3-9 所示。选择内向方向，裁剪完成，结果如图 3-10 所示。

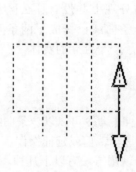

图 3-9

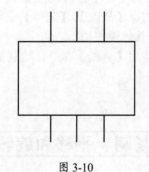

图 3-10

3.1.2 打断

利用【打断】命令可以将一条曲线在指定点处打断成两条曲线，以便于分别对两条曲线进行操作。

打断命令调用方法有以下几种。

（1）单击【常用】选项卡中的【打断】按钮。

（2）在命令行中输入 break 后按下 Enter 键。

（3）选择【修改】|【打断】菜单命令。

执行上述操作之一后，根据系统提示拾取要打断的曲线，然后选择曲线的打断点即可。

打断点最好选在需打断的曲线上，为了使作图准确，可充分利用智能点、导航点、栅格点和工具点菜单。为了更灵活地使用此功能，软件也允许把点设在曲线外，使用规则如下：若打断对象为直线，则系统从选定点向直线作垂线，设定垂足点为打断点；若打断对象为圆弧或圆，则从圆心向选定点作直线，该直线与圆弧的交点被设定为打断点。另外，打断后的曲线与打断前外观上并没有什么区别，但实际上，原来的一条曲线已变成了两条互不相干的曲线，各自成了一个独立的实体。

3.1.3　延伸

利用【延伸】命令可以以一条曲线为边界，对一系列曲线进行裁剪或延伸操作。

延伸命令调用方法有以下几种。

（1）单击【常用】选项卡中的【延伸】按钮。

（2）在命令行中输入 edge 后按下 Enter 键。

（3）选择【修改】|【延伸】菜单命令。

延伸的具体操作如下。

（1）使用【直线】命令，绘制如图 3-11 所示的直线。

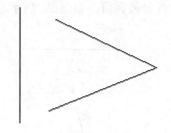

图 3-11

（2）根据系统提示拾取左侧的垂直直线作为边界线。

（3）拾取另外两条曲线作为要延伸的曲线，延伸结果如图 3-12 所示。

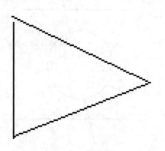

图 3-12

提示

如果选取的要延伸的曲线与边界曲线有交点，则系统按【裁剪】命令进行操作，即系统将所拾取的曲线裁剪至和边界曲线交点的位置。如果被裁剪的曲线与边界曲线没有交点，那么系统将把曲线延伸至边界。

3.2　复制、平移和旋转

3.2.1　复制

利用复制命令可以对拾取到的图形进行复制。

复制命令调用方法有以下几种。

（1）单击【常用】选项卡中的【平移复制】按钮。

（2）在命令行中输入 copy 后按下 Enter 键。

（3）选择【修改】|【平移复制】菜单命令。

执行上述操作之一后，系统弹出复制立即

菜单，单击立即菜单1可选择不同的复制方式，下面分别予以介绍。

1. 给定两点复制图形

CAXA可以通过给定两点的定位方式完成图形元素的复制。

（1）使用【多边形】命令，绘制多边形。

（2）选择【修改】|【平移复制】菜单命令，在屏幕左下角弹出平移复制的立即菜单。

（3）在立即菜单1中选择【给定两点】选项，其余几项立即菜单的设置如图3-13所示。

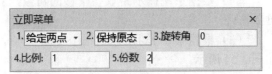

图3-13

（4）根据系统提示拾取要平移复制的对象，右键单击确认。

（5）根据系统提示，在绘图区选定两点，如图3-14所示。

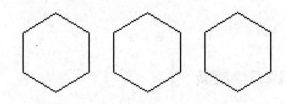

图3-14

2. 给定偏移复制图形

CAXA可以通过给定偏移量的方式完成图形元素的复制。

（1）使用【多边形】命令，绘制多边形。

（2）选择【修改】|【平移复制】菜单命令，在屏幕左下角弹出平移复制的立即菜单。

（3）在立即菜单1中选择【给定偏移】选项，其余几项立即菜单的设置如图3-15所示。

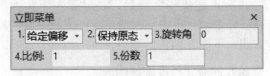

图3-15

（4）根据系统提示拾取正六边形，右键单击确认。

（5）根据系统提示，输入X或Y方向的偏移量，或者直接在复制的位置点单击，如图3-16所示。

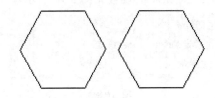

图3-16

3.2.2　平移

利用平移命令可以对拾取的图形进行平移操作。

平移命令调用方法有以下几种。

（1）单击【常用】选项卡中的【平移】按钮。

（2）在命令行中输入move后按下Enter键。

（3）选择【修改】|【平移】菜单命令。

执行上述操作之一后，系统弹出平移立即菜单，单击立即菜单1可选择不同的平移方式，下面分别予以介绍。

1. 以给定偏移的方式平移图形

移动图形对象是使某一图形沿着基点移动一段距离，使对象到达合适的位置。CAXA可以用给定偏移量的方式进行平移图形。

（1）使用【直线】和【多边形】命令，绘制如图3-17所示的图形。

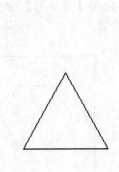

图3-17

（2）选择【修改】|【平移】菜单命令，在

屏幕左下角弹出平移的立即菜单。

（3）在立即菜单1中选择【给定偏移】选项，其余几项立即菜单的设置如图 3-18 所示。

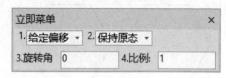

图 3-18

（4）根据系统提示拾取左侧的直线，单击鼠标右键确认。

（5）根据系统提示，输入 X 轴和 Y 轴方向的偏移量为（@5,0），将多边形移动到适当位置，如图 3-19 所示。

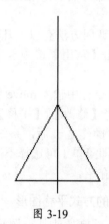

图 3-19

2. 以给定两点的方式平移图形

CAXA 可以以给定两点的方式进行复制或平移图形，以给定的两点作为复制或平移的位置依据。可以在任意位置输入两点，系统将两点间的距离作为偏移量，进行复制或平移操作。

（1）使用【多边形】命令，绘制如图 3-20 所示的多边形。

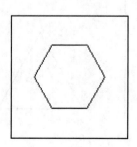

图 3-20

（2）选择【修改】|【平移】菜单命令，在屏幕左下角弹出平移的立即菜单。

（3）在立即菜单1中选择【给定两点】选项，其余几项立即菜单的设置如图 3-21 所示。

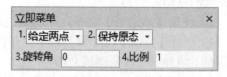

图 3-21

（4）根据系统提示拾取要平移的对象，右键单击确认。

（5）根据系统提示，在绘图区选定两点，如图 3-22 所示。

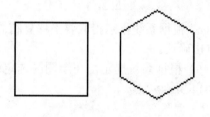

图 3-22

3.2.3　旋转

旋转对象是指用户将图形对象转一个角度使之符合用户的要求，旋转后的对象与原对象的距离取决于旋转的基点与被旋转对象的距离。

执行旋转命令有以下 3 种方法。

（1）单击【常用】选项卡中的【旋转】按钮⊙。

（2）在命令行中输入 rotate 命令后按下 Enter 键。

（3）选择【修改】|【旋转】菜单命令。

执行上述操作之一后，在屏幕左下角弹出旋转立即菜单，单击立即菜单1可选择不同的旋转方式，下面分别予以介绍。

1. 以给定的旋转角度旋转图形

（1）使用【圆】和【多边形】命令，绘制如图 3-23 所示的图形。

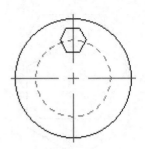

图 3-23

（2）选择【修改】|【旋转】菜单命令，在屏幕左下角弹出旋转的立即菜单。

（3）在立即菜单 1 中选择【给定角度】选项，在立即菜单 2 中选择【旋转】选项，如图 3-24 所示。

图 3-24

（4）根据系统提示拾取正六边形，右键单击确认。

（5）根据系统提示输入基准点（旋转的中心），拾取圆心。

（6）根据系统提示输入旋转角为"45"，旋转结果如图 3-25 所示。

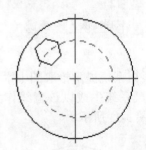

图 3-25

（7）在立即菜单 2 中选择【拷贝】（保留原来图形）选项，重复步骤（4）～（6）的操作，旋转复制结果如图 3-26 所示。

2. 以给定的起始点和终止点旋转图形

CAXA 可以根据给定的两点和基准点之间的角度对图形进行复制或旋转操作。

（1）使用【多边形】命令，绘制如图 3-27 所示的多边形。

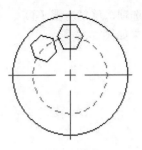

图 3-26

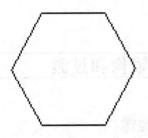

图 3-27

（2）选择【修改】|【旋转】菜单命令，在屏幕左下角弹出旋转的立即菜单。

（3）在立即菜单 1 中选择【起始终止点】选项，在立即菜单 2 中选择【旋转】选项，如图 3-28 所示。

图 3-28

（4）根据系统提示拾取正六边形，右键单击确认。

（5）根据系统提示，依次指定基点、起始点和终止点，则所选图形旋转过 3 点确定夹角，旋转结果如图 3-29 所示。

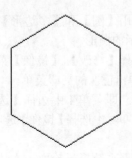

图 3-29

（6）在立即菜单 2 中选择【拷贝】（保留

原来图形）选项，重复步骤（4）、（5）的操作，旋转复制结果如图 3-30 所示。

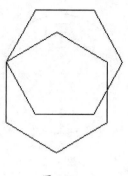

图 3-30

3.3 镜像和过渡

3.3.1 镜像

镜像图形是对拾取到的图形元素进行镜像复制或镜像移动的操作，镜像轴可以是已有直线，也可以是由用户给出的两点构成的直线。

执行镜像命令有以下 3 种方法。

（1）单击【常用】选项卡上的【镜像】按钮⚎。

（2）在命令行中输入 mirror 后按下 Enter 键。

（3）选择【修改】|【镜像】菜单命令。

执行上述操作之一后，在屏幕左下角弹出镜像立即菜单，单击立即菜单 1 可选择不同的镜像方式，下面分别予以介绍。

1. 选择轴线镜像

CAXA 能以拾取的直线作为镜像轴生成镜像图形。

（1）使用【圆】和【多边形】命令，绘制如图 3-31 所示的图形。

（2）选择【修改】|【镜像】菜单命令，在屏幕左下角弹出镜像的立即菜单。

（3）在立即菜单 1 中选择【选择轴线】选项，在立即菜单 2 中选择【镜像】选项，如图 3-32 所示。

（4）根据系统提示拾取正六边形，右键单击确认。

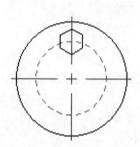

图 3-31

图 3-32

（5）根据系统提示拾取图中水平中心线作为镜像轴线，系统生成以该直线作为镜像轴的新图形，如图 3-33 所示。

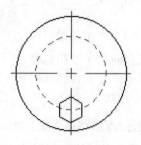

图 3-33

（6）在立即菜单 2 中选择【拷贝】（保留原来图形）选项，重复步骤（4）、（5）的操作，镜像复制结果如图 3-34 所示。

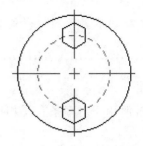

图 3-34

2. 拾取两点镜像

CAXA 也可以拾取的两点构成的直线作为镜像轴生成镜像图形。

（1）使用【圆】和【多边形】命令，绘制如图 3-35 所示的图形。

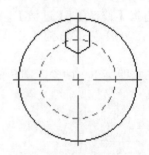

图 3-35

（2）选择【修改】|【镜像】菜单命令，在屏幕左下角弹出镜像的立即菜单。

（3）在立即菜单 1 中选择【拾取两点】选项，在立即菜单 2 中选择【镜像】选项，如图 3-36 所示。

图 3-36

（4）根据系统提示拾取正六边形，右键单击确认。

（5）根据系统提示拾取图中水平中心线上的两点作为镜像轴线，系统自动生成以两点连线作为镜像轴的新图形，如图 3-37 所示。

（6）在立即菜单 2 中选择【拷贝】（保留原来图形）选项，重复步骤（4）、（5）的操作，

镜像复制结果如图 3-38 所示。

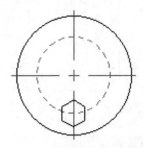

图 3-37

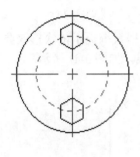

图 3-38

3.3.2 过渡

CAXA 中的过渡命令包含了一般 CAD 软件的圆角、尖角、倒角过渡等功能。

1. 圆角过渡

圆角过渡用于对两曲线（直线、圆弧或圆）进行圆弧光滑过渡。曲线可以被裁剪或向角的方向延伸。

圆角命令调用方法有以下几种。

（1）单击【常用】选项卡中的【圆角】按钮⬦。

（2）在命令行中输入 fillet 后按下 Enter 键。

（3）选择【修改】|【过渡】|【圆角】菜单命令。

圆角过渡的具体操作方法如下。

（1）使用【直线】命令，绘制如图 3-39 所示的直线。

（2）选择【修改】|【过渡】|【圆角】菜单命令，在屏幕左下角弹出圆角的立即菜单。

（3）在立即菜单 1 中选择【裁剪】选项，其余几项立即菜单的设置如图 3-40 所示。

图 3-39

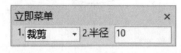

图 3-40

（4）根据系统提示依次拾取要进行圆角过渡的两条曲线，如图 3-41 所示。

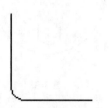

图 3-41

（5）如果在立即菜单1中选择【裁剪始边】选项，拾取两条曲线后，如图 3-42 所示。

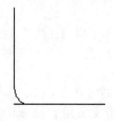

图 3-42

（6）如果在立即菜单1中选择【不裁剪】选项，拾取两条曲线后，如图 3-43 所示。

图 3-43

> **提示**
>
> 　　拾取曲线的位置不同，得到的结果也会不同。

2. 多圆角过渡

　　多圆角过渡用于对多条首尾相连的直线进行圆弧光滑过渡。

　　多圆角命令调用方法有以下几种。

　　（1）单击【常用】选项卡中的【多圆角】按钮。

　　（2）在命令行中输入 fillets 后按下 Enter 键。

　　（3）选择【修改】|【过渡】|【多圆角】菜单命令。

　　多圆角过渡的具体操作方法如下。

　　（1）使用【多段线】命令，绘制折线图形。

　　（2）选择【修改】|【过渡】|【多圆角】菜单命令，在屏幕左下角弹出多圆角的立即菜单。

　　（3）在立即菜单1中输入圆角的半径，如图 3-44 所示。

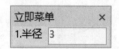

图 3-44

　　（4）根据系统提示依次拾取要进行过渡的首尾相连的直线，如图 3-45 所示。

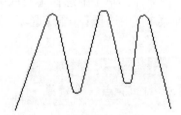

图 3-45

3. 倒角过渡

　　倒角过渡用于对两条直线进行直线倒角过渡，直线可以被裁剪或向角的方向延伸。

　　倒角命令调用方法有以下几种。

　　（1）单击【常用】选项卡中的【倒角】按钮。

（2）在命令行中输入 chamfer 后按下 Enter 键。

（3）选择【修改】|【过渡】|【倒角】菜单命令。

倒角过渡的具体操作如下。

（1）使用【直线】命令，绘制如图 3-46 所示的直线。

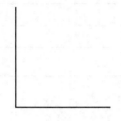

图 3-46

（2）选择【修改】|【过渡】|【倒角】菜单命令，在屏幕左下角弹出倒角的立即菜单。

（3）在立即菜单 1 中选择【长度和角度方式】选项，其余几项立即菜单的设置如图 3-47 所示。

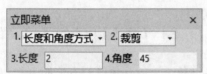

图 3-47

（4）根据系统提示依次拾取要进行倒角过渡的两条曲线，如图 3-48 所示。

图 3-48

（5）如果在立即菜单 2 中选择【裁剪始边】选项，拾取两条曲线后，如图 3-49 所示。

（6）如果在立即菜单 2 中选择【不裁剪】选项，拾取两条曲线后，如图 3-50 所示。

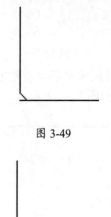

图 3-49

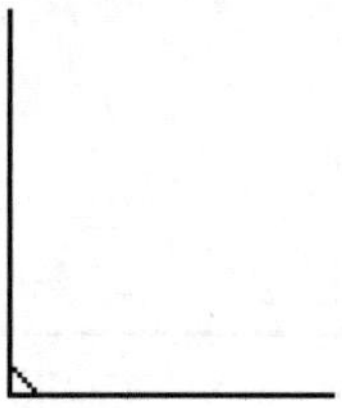

图 3-50

4. 外倒角过渡

外倒角过渡用于对轴端等有 3 条正交的直线进行倒角过渡。

外倒角命令调用方法有以下几种。

（1）单击【常用】选项卡中的【外倒角】按钮。

（2）在命令行中输入 chamferaxle 后按下 Enter 键。

（3）选择【修改】|【过渡】|【外倒角】菜单命令。

外倒角过渡的具体操作如下。

（1）使用【直线】命令，绘制如图 3-51 所示的直线。

图 3-51

（2）选择【修改】|【过渡】|【外倒角】菜单命令，在屏幕左下角弹出外倒角的立即菜单。

（3）在立即菜单 2 中输入外倒角长度 2，其余立即菜单的设置如图 3-52 所示。

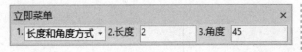

图 3-52

（4）根据系统提示依次拾取要生成外倒角的曲线，结果如图 3-53 所示。

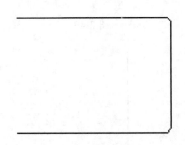

图 3-53

5. 内倒角过渡

内倒角过渡用于对孔端等有 3 条两两垂直的直线进行倒角过渡。

内倒角命令调用方法有以下几种。

（1）单击【常用】选项卡中的【内倒角】按钮。

（2）在命令行中输入 chamferhole 后按下 Enter 键。

（3）择【修改】|【过渡】|【内倒角】菜单命令。

内倒角过渡的具体操作方法如下。

（1）使用【直线】和【矩形】命令，绘制如图 3-54 所示的图形。

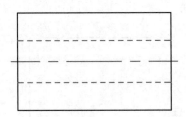

图 3-54

（2）选择【修改】|【过渡】|【内倒角】菜单命令，在屏幕左下角弹出内倒角的立即菜单。

（3）在立即菜单 1 中选择【长度和角度方式】选项，其余几项立即菜单的设置如图 3-55 所示。

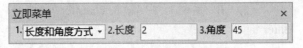

图 3-55

（4）根据系统提示依次拾取要生成内倒角的正交曲线，结果如图 3-56 所示。

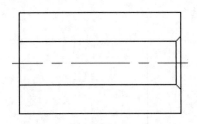

图 3-56

6. 多倒角过渡

多倒角过渡用于对多条首尾相连的直线进行倒角过渡。

多倒角命令调用方法有以下几种。

（1）单击【常用】选项卡中的【多倒角】按钮。

（2）在命令行中输入 chamfers 后按下 Enter 键。

（3）选择【修改】|【过渡】|【多倒角】菜单命令。

多倒角过渡的具体操作方法如下。

（1）使用【多段线】命令，绘制如图 3-57 所示的图形。

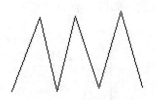

图 3-57

（2）选择【修改】|【过渡】|【多倒角】菜单命令，在屏幕左下角弹出多倒角的立即菜单。

（3）在立即菜单 1 中输入倒角的长度，在立即菜单 2 中输入倒角的角度，如图 3-58 所示。

图 3-58

（4）根据系统提示依次拾取要进行过渡的首尾相连的直线，如图 3-59 所示。

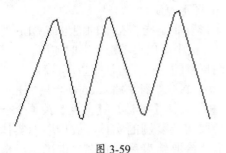

图 3-59

7. 尖角过渡

尖角过渡在第一条曲线与第二条曲线（直线、圆弧、圆）的交点处形成尖角。曲线在尖角处可被裁剪或向角的方向延伸。

尖角命令调用方法有以下几种。

（1）单击【常用】选项卡中的【尖角】按钮□。

（2）在命令行中输入 sharp 后按下 Enter 键。

（3）选择【修改】|【过渡】|【尖角】菜单命令。

尖角过渡的具体操作方法如下。

（1）使用【直线】命令，绘制如图 3-60 所示的直线。

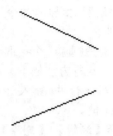

图 3-60

（2）根据系统提示依次拾取两条直线，尖角结果如图 3-61 所示。

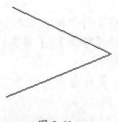

图 3-61

3.4 图形操作

3.4.1 图形编辑

1. 撤销与恢复

在绘制过程中，有时并不是当时就能发现错误，而要等绘制了多步后才发现，此时就不能用【恢复】命令，只能使用【撤销】命令，放弃前几步所绘制的图形。在进行机械设计时，一次性设计成功的概率往往很小，这时用户可以利用【撤销】或【恢复】命令来完成图形的绘制。

1）撤销操作

撤销操作是指取消最近一次发生的编辑动作，如绘制图形、编辑图形、删除实体、修改尺寸风格和文字风格等。该命令用于取消一次误操作，即利用该命令取消删除操作。撤销操作命令具有多级回退功能，可以回退至任意一次操作的状态。

撤销命令调用方法有以下几种。

● 单击快速启动工具栏中的【撤销操作】按钮◄。

● 在命令行中输入 undo 后按下 Enter 键。

● 选择【编辑】|【撤销】菜单命令。

2）恢复操作

恢复操作是取消操作的逆过程，用来取消最近一次的撤销操作。恢复操作也具有多级重复功能，能够退回（恢复）到任一次取消操作的状态。

恢复命令调用方法有以下几种。

● 单击快速启动工具栏中的【恢复操作】按钮➡。

● 在命令行中输入 redo 后按下 Enter 键。

● 选择【编辑】|【恢复】菜单命令。

2. 删除命令

在绘图的过程中，删除一些多余的图形是常见的，这时就要用到删除命令。

1）删除对象

删除对象是指删除一个拾取到的 OLE 对象。删除对象的执行方法如下。

● 在命令行中输入 delobject 后按下 Enter 键。

● 选择【编辑】|【删除】菜单命令。

2）拾取删除

利用拾取删除命令可以删除拾取到的实体。拾取删除的执行方法如下。

● 单击【常用】选项卡中的【删除】按钮 。

● 在命令行中输入 E 后按下 Enter 键。

● 选择【修改】|【删除】菜单命令。

3）删除所有

利用删除所有命令可以删除所有系统拾取设置所选中的实体。

删除所有的执行方法如下。

● 在命令行中输入 delall 后按下 Enter 键。

● 选择【编辑】|【删除所有】菜单命令。

3. 剪贴板的应用

剪贴板包括图形剪切、图形复制、图形粘贴等选项，下面将一一介绍。

1）图形剪切

图形剪切是指将选中的图形或 OLE（连接和嵌入的）对象剪切到剪贴板中，以供图形粘贴时使用。

图形剪切的执行方法有以下两种。

● 在命令行中输入 cut 后按下 Enter 键。

● 选择【编辑】|【剪切】菜单命令。

拾取需要剪切的实体，被拾取的实体呈红色显示。拾取结束后，右键单击确定，根据系统提示确定图形的定位基点，用来定位图形被剪切后再次导入时的位置。用户拾取的图形在屏幕上消失，被拾取的图形已存入剪贴板中。

图形剪切与图形复制不论在功能上还是在使用上都十分相似，只是图形复制不删除用户拾取的图形，而图形剪切是在图形复制的基础上再删除掉用户拾取的图形。

2）图形复制

图形复制是指将拾取的图形或 OLE 对象复制到剪贴板中，以供图形粘贴时使用。

图形复制的执行方法有以下两种。

● 在命令行中输入 copy 后按下 Enter 键。

● 选择【编辑】|【复制】菜单命令。

拾取需要复制的实体，被拾取的实体呈红色显示。拾取结束后，右键单击确定，根据系统提示确定图形的定位基点。这时，屏幕上看不到什么变化，确定后的实体重新恢复到原来的颜色，但是在剪贴板中已存在拾取的实体，并等待发出【粘贴】命令来使用它。

【复制】命令区别于曲线编辑中的【平移复制】命令，它相当于一个临时存储区，可将选中的图形存储，以供粘贴使用。【复制】命令与【粘贴】命令配合使用，除了可以在不同的电子图板文件中进行复制和粘贴外，还可以将所选图形或 OLE 对象送入 Windows 剪贴板中，以粘贴到其他支持 OLE 的软件（如 Word）中。【平移复制】命令只能在同一个电子图板文件中进行复制、粘贴。

3）图形粘贴

图形粘贴是将剪贴板中的图形或 OLE 对象粘贴到文档中，如果剪贴板中的内容是由其他支持 OLE 软件的【复制】命令送入的，则粘贴到文件中的为对应的 OLE 对象。

图形粘贴的执行方法有以下两种。

● 在命令行中输入 paste 后按下 Enter 键。

● 选择【编辑】|【粘贴】菜单命令。

执行上述操作之一后，在屏幕左下角弹出粘贴立即菜单，如图 3-62 所示。在立即菜单 1 中选择【定点】或【定区域】选项，在立即菜单 2 中选择【保持原态】或【粘贴成块】选项，在立即菜单 3 中输入比例。

图 3-62

4）选择性粘贴

选择性粘贴是指将 Windows 剪贴板中的

内容按照所需的类型和方式粘贴到文件中的操作。

选择性粘贴的执行方法有以下几种。

- 在命令行中输入 specialpaste 后按下 Enter 键。
- 选择【编辑】|【选择性粘贴】菜单命令。
- 在其他支持 OLE 的 Windows 软件中选择一部分内容复制到剪贴板中。启动【选择性粘贴】命令，系统弹出【选择性粘贴】对话框，如图 3-63 所示。

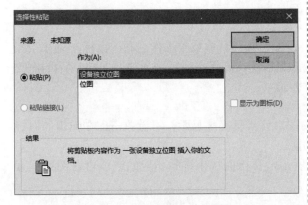

图 3-63

在对话框中列出了复制内容的来源，即来自哪一个文件夹。

选中【粘贴】单选按钮，则所选内容将作为嵌入对象插入文件中，在【作为】列表框中用户可以选择以什么类型插入文件中。选中【粘贴链接】单选按钮，则选中的文本将作为链接对象插入文件中。

3.4.2　特殊操作

1. 插入与链接

1）插入

CAXA 允许在文件中插入一个 OLE 对象。这个对象可以是新创建的对象，也可以从现有文件中创建；新创建的对象可以是嵌入的对象，也可以是链接的对象。

插入的执行方法有以下两种。

- 在命令行中输入 insertobject 后按下 Enter 键。

- 选择【编辑】|【插入对象】菜单命令。

2）链接

实现以链接方式插入文件中对象的有关链接操作，包括立即更新（更新文档）、打开源（编辑链接对象）、更改源（更换链接对象）和断开链接等操作。

链接的执行方法：选择【编辑】|【链接】菜单命令。

3）OLE 对象

在【编辑】主菜单中，OLE 对象的内容随选中对象的不同而不同，如选中的对象是一个链接的 Word 文档，则菜单项显示为"已链接的文档对象"。不论该菜单项如何显示，单击该菜单项后，都将弹出下一级子菜单，子菜单中包括编辑、打开和转换命令。如果是 MIDI 对象或 AVI 对象，则还有一个【播放】命令。通过这些命令，可以对选中的对象进行测试、编辑和转换类型等操作。

OLE 对象的执行方法：选择【编辑】|【OLE 对象】菜单命令。

2. 特性匹配

特性匹配使目标对象依照源对象的属性进行变化。通过特性匹配功能，用户可以大批量更改软件中的图形元素属性。

特性匹配的执行方法有以下几种。

（1）单击【常用】选项卡上的【特性匹配】按钮。

（2）在命令行中输入 match 后按下 Enter 键。

（3）选择【修改】|【特性匹配】菜单命令。

选择【绘图】|【圆】菜单命令，绘制如图 3-64 所示的圆。

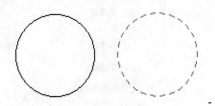

图 3-64

选择【修改】|【特性匹配】菜单命令，根据系统提示依次拾取源对象和目标对象，则目

标对象依照源对象的属性进行变化（目标对象由虚线变为实线），如图 3-65 所示。

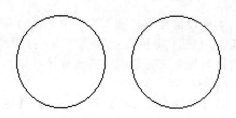

图 3-65

提示

使用该功能对"图形""文字""标注"等对象均可进行属性修改。

3. 快捷菜单

CAXA 电子图板提供了面向对象右键直接操作的功能，即可直接对图形元素进行属性查询、属性修改、删除、平移、复制、粘贴、旋转、镜像等操作。

1）曲线编辑

对拾取的曲线进行删除、平移、复制、旋转、镜像、阵列、缩放等操作。利用鼠标左键在绘图区拾取一个或多个图形元素，被拾取的图形元素呈高亮显示，右键单击，弹出如图 3-66 所示的右键快捷菜单，在其中可选择相应的命令，对曲线进行编辑。

2）属性操作

在绘图区拾取一个或多个图形元素，被拾取的图形元素呈高亮显示，右键单击，在弹出的右键快捷菜单中，系统提供了属性查询和属性修改的功能。

打开绘图区左侧的【特性】面板，如图 3-67 所示，在该面板中选择相应的选项可对图形元素的图层、线型和颜色等进行修改。

图 3-66

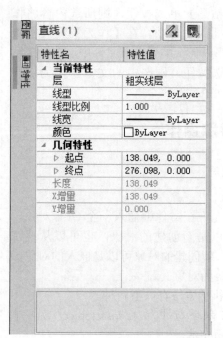

图 3-67

3.5 设计范例

3.5.1 轴套俯视图范例

⚠ 案例分析

本节的范例是绘制一个轴套的俯视图，首先绘制中间的多个同心圆，之后绘制直线并进行裁剪，最后绘制小圆部分，并进行旋转和镜像。

⚠ 案例操作

步骤 01 绘制同心圆

① 单击【常用】选项卡中的【直线】按钮 ╱，如图 3-68 所示。

② 在绘图区中，绘制中心线。

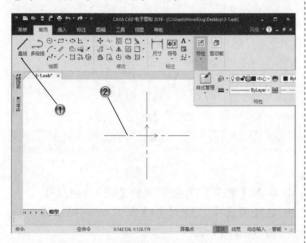

图 3-68

③ 单击【常用】选项卡中的【圆】按钮 ⊙。

④ 在绘图区中，绘制直径为 150、146 的同心圆，如图 3-69 所示。

步骤 02 绘制两组同心圆

① 单击【常用】选项卡中的【圆】按钮 ⊙。

② 在绘图区中，绘制直径为 60、56 的同心圆，如图 3-70 所示。

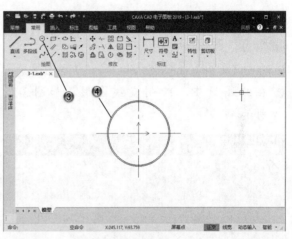

图 3-69

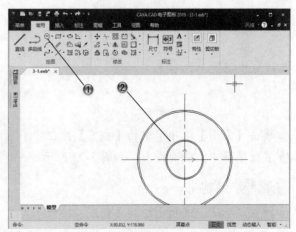

图 3-70

③ 单击【常用】选项卡中的【圆】按钮 ⊙。

④ 在绘图区中，绘制直径为 90、86 的同心圆，如图 3-71 所示。

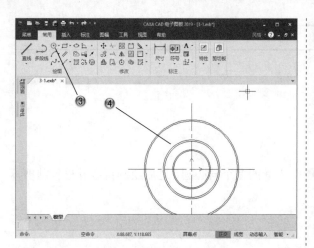

图 3-71

步骤 03 裁剪圆形

① 单击【常用】选项卡中的【直线】按钮 ／ 。

② 在绘图区中，绘制直线图形，如图 3-72 所示。

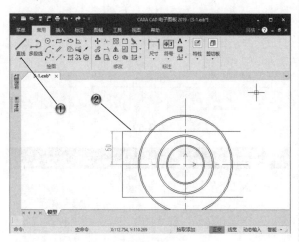

图 3-72

③ 单击【常用】选项卡中的【裁剪】按钮 ╲ 。

④ 在绘图区中，裁剪图形，如图 3-73 所示。

步骤 04 绘制孔

① 单击【常用】选项卡中的【直线】按钮 ／ 。

② 在绘图区中，绘制角度线，如图 3-74 所示。

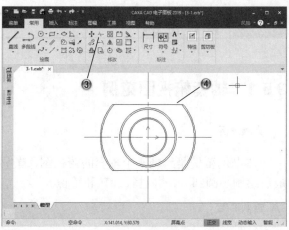

图 3-73

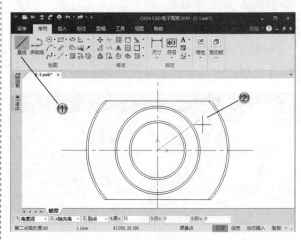

图 3-74

③ 单击【常用】选项卡中的【圆】按钮 ⊙ 。

④ 在绘图区中，绘制直径为 9、6 的同心圆，如图 3-75 所示。

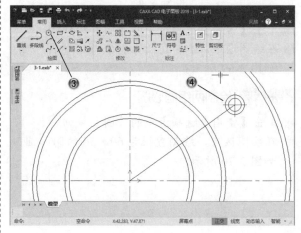

图 3-75

步骤 **05** 旋转图形

① 单击【常用】选项卡中的【旋转】按钮 🔄。

② 在绘图区中，选择小圆进行旋转复制，如图 3-76 所示。

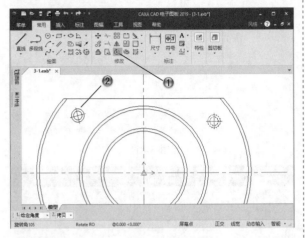

图 3-76

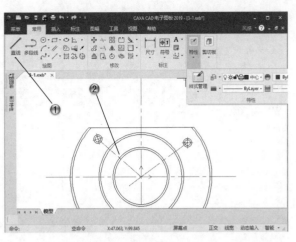

图 3-77

步骤 **06** 绘制中心线

① 单击【常用】选项卡中的【直线】按钮 ✏️。

② 在绘图区中，绘制中心线，如图 3-77 所示。

步骤 **07** 镜像图形

① 单击【常用】选项卡中的【镜像】按钮 ⚖️，如图 3-78 所示。

② 在绘图区中，镜像中心线和圆形，完成轴套俯视图绘制。

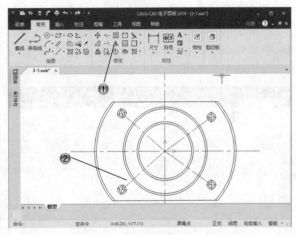

图 3-78

3.5.2 轴套剖视图范例

⚠️ **案例分析**

　　本节的范例是绘制轴套的剖视图，首先绘制图形的孔轴部分，之后绘制内部的倒角，最后进行剖面线的绘制。

⚠️ **案例操作**

步骤 **01** 绘制轴

① 单击【常用】选项卡中的【直线】按钮 ✏️。

② 在绘图区中，绘制中心线，如图 3-79 所示。

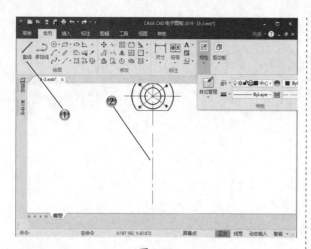

图 3-79

③ 单击【常用】选项卡中的【孔/轴】按钮🗗，如图 3-80 所示。

④ 在绘图区中，绘制直径和长度分别为 150,50 和 100,150 的轴。

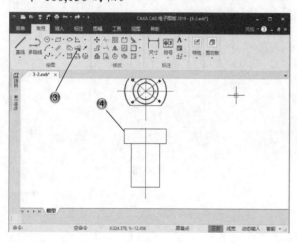

图 3-8

步骤 02 绘制孔

① 单击【常用】选项卡中的【孔/轴】按钮🗗，如图 3-81 所示。

② 在绘图区中，绘制直径和长度分别为 86,10 和 56,40 的孔。

步骤 03 绘制等距线

① 单击【常用】选项卡中的【等距线】按钮🗗，如图 3-82 所示。

② 在绘图区中，绘制孔的等距线。

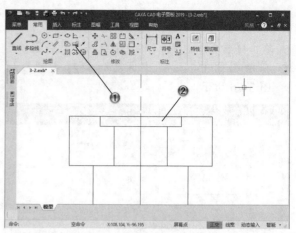

图 3-81

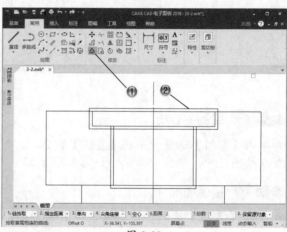

图 3-82

步骤 04 裁剪图形

① 单击【常用】选项卡中的【直线】按钮╱。

② 在绘图区中，绘制角度线，如图 3-83 所示。

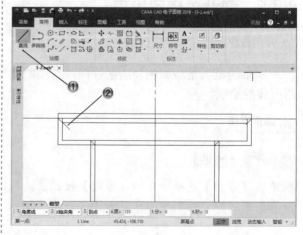

图 3-83

③ 单击【常用】选项卡中的【裁剪】按钮。

④ 在绘图区中，裁剪图形，如图 3-84 所示。

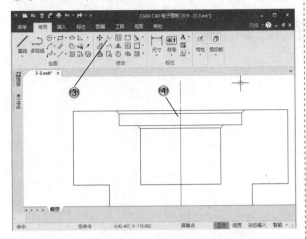

图 3-84

步骤 **05** 创建倒角

① 单击【常用】选项卡中的【倒角】按钮。

② 在绘图区中，创建 4 个倒角，如图 3-85 所示。

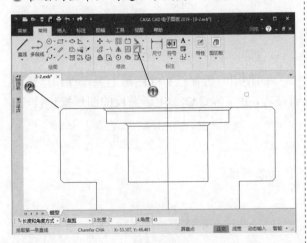

图 3-85

步骤 **06** 绘制孔

① 单击【常用】选项卡中的【孔/轴】按钮。

② 在绘图区中，绘制直径和高度为 60、50 的孔，如图 3-86 所示。

步骤 **07** 绘制剖面线

① 单击【常用】选项卡中的【剖面线】按钮。

② 在绘图区中，绘制剖面线，如图 3-87 所示。

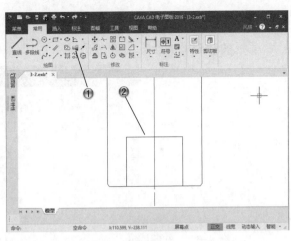

图 3-86

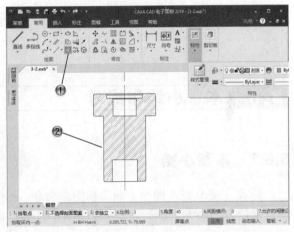

图 3-87

步骤 **08** 绘制箭头

① 单击【常用】选项卡中的【箭头】按钮。

② 在绘图区中，绘制两个箭头，如图 3-88 所示。

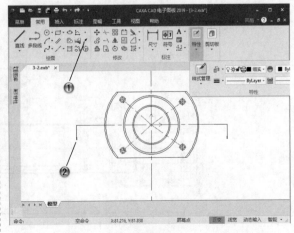

图 3-88

步骤 **09** 完成轴套图纸

完成的轴套图纸如图 3-89 所示。

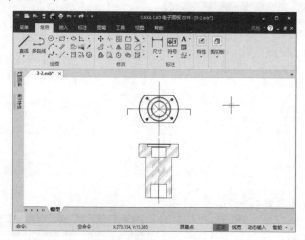

图 3-89

3.6 本章小结和练习

3.6.1 本章小结

本章主要介绍了图形的编辑和操作命令，这些命令的使用一般在已有的图形上进行操作，是绘图命令的有力补充。结合范例学习 CAXA 的图形编辑技巧，并了解 CAXA 电子图板的图形操作技巧。

3.6.2 练习

使用本章学过的各种命令来绘制图 3-90 所示的传动轴图纸。

一般创建步骤和方法如下。

（1）绘制中心线。

（2）绘制轴部分。

（3）标注尺寸。

（4）标注公差。

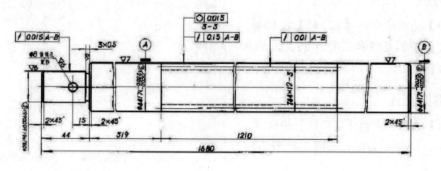

图 3-90

第 4 章

界面和图纸设置

本章导读

　　CAXA 电子图板的界面风格是完全开放的，用户可以随心所欲地进行界面定制和界面操作，使界面的风格更加符合个人的使用习惯。另外，CAXA 电子图板提供了一些控制图形显示的命令以便于观察图形，这对提高绘图效率和观察图形效果具有重要的作用。按照国标的规定，CAXA 电子图板在系统内部设置了 A0、A1、A2、A3、A4 共 5 种标准图幅以及相应的图框、标题栏和明细表。系统还允许用户自定义图幅和图框，并可将自定义的图幅、图框制成模板文件，以备其他文件调用。

　　本章将介绍软件界面的定制和操作，以及控制图形显示的操作方法，并介绍各种图纸的属性设置以及图纸附属内容。

4.1 界面定制和操作

4.1.1 界面定制

界面定制主要是对界面的一些工具栏、外部工具、快捷键等进行自定义的设置。CAXA电子图板提供了一组默认的菜单和工具栏命令组织方案，一般情况下这是一组比较合理和易用的组织方案，但是用户也可以根据自己的需要通过使用界面定制工具重新组织菜单和工具栏，即可以在菜单和工具栏中添加和删除命令。

1. 显示 / 隐藏工具栏

将光标移动到工具栏并右键单击，弹出如图 4-1 所示的右键快捷菜单，其中列出了主菜单、工具条、立即菜单和状态条等菜单项，其中带"√"的表示当前工具栏正在显示，单击菜单中的菜单项可以使相应的工具栏或主菜单，在显示和隐藏的状态之间进行切换。

2. 在主菜单和工具栏中添加命令

选择【工具】|【自定义界面】菜单命令，弹出【自定义】对话框，单击【命令】标签，切换到【命令】选项卡，如图 4-2 所示。

在对话框的【类别】列表框中，按照主菜单的组织方式列出了命令所属的类别，在【命令】列表框中列出了在该类别中所有的命令，选择其中一个命令后，在【说明】栏中显示对该命令的说明。这时，可以利用鼠标左键拖动所选择的命令到需要的菜单中，当菜单显示命令列表时，拖动鼠标至放置命令的位置，然后松开鼠标。

3. 在主菜单和工具栏中删除命令

选择【工具】|【自定义界面】菜单命令，弹出【自定义】对话框，切换到【命令】选项卡，然后在相应的主菜单或工具栏中选中所要删除的命令，然后利用鼠标将该命令拖出主菜单或工具栏即可。

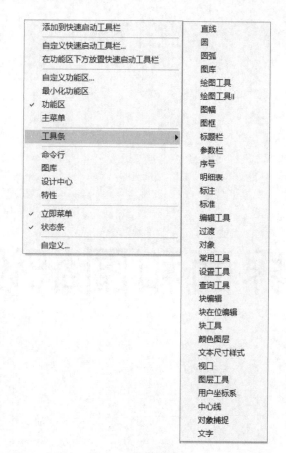

图 4-1

图 4-2

4.快速定制主菜单和工具栏

除了上面介绍的方法以外，还可以通过一种快捷的方法定制主菜单和工具栏中的内容，利用 Alt 键和鼠标，可以进行移动、复制、删除命令的操作。

（1）移动命令。首先利用鼠标在主菜单或工具栏中选择需要移动的命令，然后按住 Alt 键，再按住鼠标左键将命令拖动到所要移动的位置，松开鼠标左键即可。

（2）复制命令。复制命令和移动命令的操作基本相同，只是在按住 Alt 键的同时还需按住 Ctrl 键，再进行鼠标拖动。

（3）删除命令。首先利用鼠标在主菜单或工具栏中选择需要删除的命令，然后按住 Alt 键，再按住鼠标左键将命令拖出主菜单或工具栏后松开鼠标左键即可。

5.定制工具栏

选择【工具】|【自定义界面】菜单命令，弹出【自定义】对话框，单击【工具栏】标签，切换到【工具栏】选项卡，如图 4-3 所示。

图 4-3

（1）显示 / 隐藏工具栏。在【工具栏】列表框中，列出了电子图板中所显示的工具栏，每个工具栏都对应一个复选框，勾选该复选框表示显示对应的工具栏，如果要隐藏某个工具栏，取消对相应复选框的勾选即可。

（2）重置工具栏。如果对工具栏中的内容进行修改后，还想回到工具栏的初始状态，可以利用重置工具栏功能，方法是在【工具栏】列表框中选中要进行重置的工具栏，然后单击【重新设置】按钮，在弹出的提示对话框中单击【是】按钮即可。

（3）重置所有工具栏。如果需要将所有工具栏恢复到初始的状态，可以直接单击【全部重新设置】按钮，在弹出的提示对话框中单击【是】按钮即可。

> **提示**
>
> 当工具栏被全部重置以后，所有的自定义界面信息将全部丢失，不可恢复，因此进行全部重置操作时应该慎重。

（4）新建工具栏，单击对话框中的【新建】按钮，弹出如图 4-4 所示的【工具条名称】对话框，在其文本框中输入新建工具条的名称，单击【确定】按钮，就可以新创建一个工具栏，通过这种方法可以将常用的功能按钮进行重新组合。

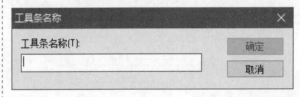

图 4-4

（5）重命名自定义工具栏。在【工具栏】列表框中选择要重命名的自定义工具栏，然后单击【重命名】按钮，在弹出的对话框中输入新的工具栏名称，单击【确定】按钮后就可以完成重命名操作。

（6）删除自定义工具栏。在【工具栏】列表框中选择要删除的自定义工具栏，然后单击【删除】按钮，在弹出的提示对话框中单击【是】按钮，即可完成删除操作。

> **提示**
>
> 用户只能对自己创建的工具栏进行重命名和删除操作，不能更改电子图板自带工具栏的名称，也不能删除电子图板自带的工具栏。

6. 按钮下方显示文本

在【工具栏】列表框中选中要显示文本的工具栏，然后启用【显示文本】复选框，这时主工具栏图标按钮的下方就会显示出文字说明；取消启用【显示文本】复选框后，文字说明也就不再显示了。

7. 定制外部工具

在电子图板中，通过外部工具定制功能，可以把一些常用的工具集成到电子图板中，使用起来会十分方便。

选择【工具】|【自定义界面】菜单命令，弹出【自定义】对话框，单击【工具】标签，切换到【工具】选项卡，如图4-5所示。

图 4-5

在【菜单目录】列表框中，列出了电子图板中已有的外部工具，每一项中的文字就是这个外部工具在【工具】菜单中显示的文字；列表框下面的【命令】文本框中记录的是当前选中外部工具的执行文件名，【行变量】文本框中记录的是程序运行时所需的参数，【初始目录】文本框中记录的是执行文件所存储的目录。通过此选项卡，用户可以进行以下操作。

（1）修改外部工具的菜单内容。在【菜单目录】列表框中双击要改变菜单内容的外部工具，在相应的位置会出现一个文本框，在该文

本框中可以输入新的菜单内容，输入完成后按下 Enter 键确认即可完成外部工具的更名操作。

（2）修改已有外部工具的执行文件。在【菜单目录】列表框中选择要改变执行文件的外部工具，【命令】文本框中会显示该外部工具所对应的执行文件，用户可以在文本框中输入新的执行文件名，也可以单击文本框右侧的按钮，弹出【打开】对话框，在对话框中选择所需的执行文件即可。

> **提示**
>
> 如果在【初始目录】文本框中输入了应用程序所在的目录，那么在【命令】文本框中只输入执行文件的文件名即可；如果在【初始目录】文本框中没有输入目录，那么在【命令】文本框中就必须输入完整的路径及文件名。

（3）添加新的外部工具。单击【新建】按钮，在【菜单目录】列表框的末尾一行会自动添加一个文本框，在文本框中输入新的外部工具在菜单中显示的名称，按下 Enter 键确认。然后在【命令】、【行变量】和【初始目录】文本框中输入外部工具的执行文件名、行变量参数和执行文件所在的目录。如果在【命令】文本框中输入了包含路径的全文件名，则【初始目录】文本框也可以不填。

（4）删除外部工具。在【菜单目录】列表框中选择要删除的外部工具，然后单击【删除】按钮，就可以将所选的外部工具删除掉。

（5）移动外部工具在主菜单中的位置。在【菜单目录】列表框中选择要改变位置的外部工具，然后单击上移一层按钮或下移一层按钮，调整该项在列表框中的位置即可。

8. 定制快捷键

在电子图板中，用户可以为每一个命令指定一个或多个快捷键，这样对于常用的功能，就可以通过快捷键来提高操作的速度和效率。

选择【工具】|【自定义界面】菜单命令，弹出【自定义】对话框，单击【键盘】标签，切换到【键盘】选项卡，如图4-6所示。

图 4-6

在【类别】下拉列表框中，可以选择命令的类别，命令的分类是根据主菜单的组织而划分的。在【命令】列表框中列出了在该类别中的所有命令，在选择了一个命令以后，会在右侧的【快捷键】列表框中列出该命令的快捷键。通过该选项卡可以实现以下功能。

（1）指定新的快捷键。在【命令】列表框中选中要指定快捷键的命令后，单击【请按新快捷键】文本框，然后输入要指定的快捷键，如果输入的快捷键已被其他命令使用了，则会弹出对话框提示重新输入快捷键，单击【指定】按钮就可以将这个快捷键添加到【快捷键】列表框中。关闭【自定义】对话框后，使用刚刚定义的快捷键，就可以执行相应的命令。

提示

在定义快捷键时，最好不要使用单个的字母作为快捷键，而是要加上 Ctrl 和 Alt 键，因为快捷键的级别比较高，如定义打开文件的快捷键为 O，则用户在命令行中输入平移命令 move 时，在输入 O 时就会激活打开文件。

（2）删除已有的快捷键。在【快捷键】列表框中，选中要删除的快捷键，然后单击【删除】按钮，就可以删除所选的快捷键。

（3）恢复快捷键的初始设置。如果需要将所有快捷键恢复到初始的设置，可以单击【重新设置】按钮，在弹出的提示对话框中单击【是】按钮重置即可。

9. 定制键盘命令

在电子图板中，除了可以为每一个命令指定一个或多个快捷键以外，还可以指定一个键盘命令，键盘命令不同于快捷键命令，快捷键命令只能使用一个键（可以同时包含功能键 Ctrl 和 Alt），按下快捷键以后立即响应，执行命令；而键盘命令可以由多个字符组成，不区分大小写，输入键盘命令以后需要按 Space 键或 Enter 键后才能执行，由于所能定义的快捷键比较少，因此键盘命令是快捷键命令的补充，两者相辅相成。

选择【工具】|【自定义界面】菜单命令，弹出【自定义】对话框，单击【键盘命令】标签，切换到【键盘命令】选项卡，如图 4-7 所示。

图 4-7

在【目录】下拉列表框中可以选择命令的类别，命令的分类是根据主菜单的组织而划分的。在【命令】列表框中列出了在该菜单中的所有命令，当选择了一个命令后，会在右侧的【键盘命令】列表框中列出该命令的命令键。通过该选项卡可以实现以下功能。

（1）指定新的键盘命令。在【命令】列表框中选中要指定键盘命令的命令后，在【输入新的键盘命令】文本框中单击，然后输入要指定的键盘命令，单击【指定】按钮，如果输入的键盘命令已被其他命令使用了，则会弹出对话框，提示重新输入，单击【指定】按钮，将定义的键盘命令添加到【键盘命令】列表框中。关闭【自定义】对话框以后，使用刚刚定义的键盘命令就可以执行相应的命令。

（2）删除已有的键盘命令。在【键盘命令】列表框中，选中要删除的键盘命令，然后单击【删除】按钮，就可以删除所选的键盘命令。

（3）恢复键盘命令的初始设置。如果需要将所有键盘命令恢复到初始的设置，可以单击【重置所有】按钮，在弹出的提示对话框中单击【是】按钮即可重置。

10. 其他界面定制选择

选择【工具】|【自定义界面】菜单命令，弹出【自定义】对话框，单击【选项】标签，切换到【选项】选项卡，如图 4-8 所示。

图 4-8

1）工具栏显示效果

在选项卡的上半部分是 3 个有关工具栏显示效果的选项，用户可以选择是否显示关于工具栏的提示、是否在屏幕提示中显示快捷方式、是否将按钮显示成大图标。

2）个性化菜单

在使用了个性化菜单风格以后，菜单中的内容会根据用户的使用频率而改变，常用的菜单会出现在菜单的前台，而总不使用的菜单将会隐藏到幕后，如图 4-9 所示，当光标在菜单上停留片刻或单击菜单下方的下拉箭头后，会列出整个菜单，如图 4-10 所示。

图 4-9

图 4-10

> **提示**
>
> CAXA 电子图板在初始设置中没有使用个性化菜单，如果用户需要使用个性化菜单，可以在【选项】选项卡中启用【在菜单中显示最近使用的命令】复选框。

3）重置个性化菜单

单击【重新配置用户设置】按钮后，会弹出一个对话框，询问是否需要重置个性化菜单，单击【是】按钮，则个性化菜单会恢复到初始状态。在初始设置中，提供了一组默认的菜单显示频率，自动将一些使用频率高的菜单放到前台显示。

4.1.2 界面操作

界面操作主要包括切换界面、保存界面、加载界面配置和界面重置等。

1. 切换界面

切换界面调用方法有以下几种。

（1）在命令行中输入 interface 后按下 Enter 键。

（2）选择【工具】|【界面操作】|【切换】菜单命令。

（3）按快捷键 F9。

利用上述执行方式，直接操作，即可实现新旧界面的切换。当用户切换到某种界面后正常退出，下次再启动 CAXA 电子图板时，系统将按照当前的界面方式显示。

2. 保存界面配置

选择【工具】|【界面操作】|【保存】菜单命令，系统弹出如图 4-11 所示的【保存交互配置文件】对话框，在【文件名】下拉列表框中输入相应的文件名称，单击【保存】按钮即可。

3. 加载界面配置

选择【工具】|【界面操作】|【加载】菜单命令，系统弹出如图 4-12 所示的【加载交互配置文件】对话框，从中选择相应的自定义界面文件并单击【打开】按钮即可。

图 4-11

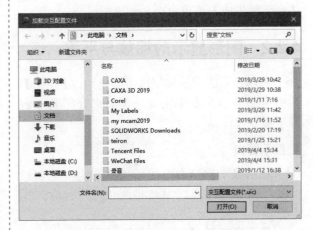

图 4-12

4. 界面重置

选择【工具】|【界面操作】|【重置】菜单命令，即可完成界面的重置。

4.2 显示控制

CAXA 电子图板提供了一些控制图形显示的命令，一般这些命令只能改变图形在屏幕上的显示方式，可以按照作者所期望的位置、比例和范围进行显示，以便于观察，但不能使图形产生实质性的改变，既不改变图形的实际尺寸，也不影响实体间的相对位置关系，其只是改变了主观的视觉效果。这些显示控制命令对提高绘图效率和观察图形效果具有重要的作用，在绘图过程中要适时运用它们。

4.2.1 重生成

1. 重生成命令

利用重生成命令可以将拾取到的显示失真图形，按当前窗口的显示状态进行重新生成。

重生成命令调用方法有以下几种。

（1）在命令行中输入 refresh 后按下 Enter 键。

（2）选择【视图】|【重生成】菜单命令。

2. 全部重生成

利用全部重生成命令可以将绘图区中所有显示失真的图形，按当前窗口的显示状态进行重新生成。

全部重生成命令调用方法：选择【视图】|【全部重生成】菜单命令。

4.2.2 图形显示的缩放与平移

图形显示的缩放和平移主要是通过【视图】菜单中的显示命令来实现，下面来介绍其中的各项命令操作。

1. 显示窗口

利用显示窗口命令提示用户确定一个窗口的上角点和下角点，系统将两角点所包含的图形充满绘图区显示。

显示窗口命令调用方法有以下几种。

（1）在命令行中输入 zoom 后按下 Enter 键。

（2）选择【视图】|【显示窗口】菜单命令。

（3）单击【视图】选项卡中的【显示窗口】按钮🔍。

执行上述操作之一后，按系统提示拾取显示窗口的第一角点和第二角点，界面显示变为拾取窗口内的图形，如图 4-13 所示。如图 4-14 所示为窗口显示的效果。

2. 显示平移

显示平移命令提示用户输入一个新的显示中心点，系统将以该点为屏幕显示的中心，平移待显示的图形。

显示平移命令调用方法有以下几种。

（1）在命令行中输入 pan 后按下 Enter 键。

（2）选择【视图】|【显示平移】菜单命令。

执行上述操作之一后，根据系统提示拾取屏幕的中心点，拾取点变为屏幕显示的中心。

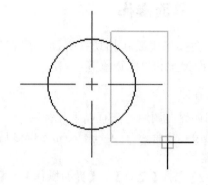

图 4-13

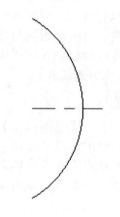

图 4-14

3. 显示全部

显示全部命令可将当前所绘制的图形全部显示在屏幕绘图区内。

显示全部命令调用方法有以下几种。

（1）在命令行中输入 zoomall 后按下 Enter 键。

（2）选择【视图】|【显示全部】菜单命令。

（3）单击【视图】选项卡中的【显示全部】按钮🔍。

执行上述操作之一后，系统将当前所绘制的图形全部显示在屏幕绘图区内。

4. 显示复原

显示复原命令用于恢复初始显示状态，即

当前图纸大小的显示状态。

显示复原命令调用方法有以下两种。

（1）在命令行中输入 home 后按下 Enter 键。

（2）选择【视图】|【显示复原】菜单命令。

5. 显示比例

显示比例命令用于按用户输入的比例系数，将图形缩放后重新显示。

显示比例命令调用方法有以下两种。

（1）在命令行中输入 vscale 后按下 Enter 键。

（2）选择【视图】|【显示比例】菜单命令。

执行上述操作之一后，系统提示输入比例系数，输入后按 Enter 键即可。

6. 显示上一步

显示上一步命令用于取消当前显示，返回到上一次显示变换前的状态。

显示上一步命令调用方法有以下几种。

（1）在命令行中输入 prev 后按下 Enter 键。

（2）在主菜单中，选择【视图】|【显示上一步】命令。

（3）单击【视图】选项卡中的【显示上一步】按钮。

7. 显示下一步

显示下一步命令用于取消之前返回变换前的显示，而显示到变换后的状态。

显示下一步命令调用方法有以下两种。

（1）在命令行中输入 next 后按下 Enter 键。

（2）选择【视图】|【显示下一步】菜单命令。

8. 显示放大

显示放大命令调用方法有以下两种。

（1）在命令行中输入 zoomin 后按下 Enter 键。

（2）选择【视图】|【显示放大】菜单命令。

执行上述操作之一后，光标会变成一个放大镜，每单击一次，就可以按固定比例（1.25 倍）放大显示当前图形，右键单击，结束放大操作。

9. 显示缩小

显示缩小命令调用方法有以下两种。

（1）在命令行中输入 zoomout 后按下 Enter 键。

（2）选择【视图】|【显示缩小】菜单命令。

执行上述操作之一后，光标会变成一个缩小镜，每单击一次，就可以按固定比例（0.8 倍）缩小显示当前图形，单击右键，结束缩小操作。

4.2.3 图形的动态缩放和平移

1. 图形的动态缩放

动态缩放命令调用方法有以下几种。

（1）在命令行中输入 dynscale 后按下 Enter 键。

（2）选择【视图】|【动态缩放】菜单命令。

（3）单击【视图】选项卡中的【动态缩放】按钮。

执行上述操作之一后，按住鼠标左键并拖动，可使整个图形跟随光标动态缩放，光标向上移动为放大，向下移动为缩小。

2. 图形的动态平移

动态平移命令调用方法有以下几种。

（1）在命令行中输入 dyntrabs 后按下 Enter 键。

（2）选择【视图】|【动态平移】菜单命令。

（3）单击【视图】选项卡中的【动态平移】按钮。

执行上述操作之一后，按住鼠标左键并拖动，可使整个图形随光标动态平移。另外，按住鼠标中键拖动也可以实现动态平移，而且这种方法更快捷、更方便。

3. 三视图导航

三视图导航命令调用方法有以下几种。

（1）在命令行中输入 guide 后按下 Enter 键。

（2）选择【工具】|【三视图导航】菜单命令。

（3）按快捷键 F7。

三视图导航是导航方式的扩充，可方便地确定投影关系，当绘制完两个视图后，可以利用三视图导航功能生成第三个图，下面举例说明。

（1）选择【绘图】|【矩形】菜单命令，绘制主视图，如图 4-15 所示。

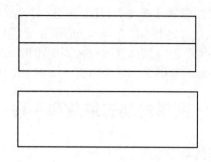

图 4-15

（2）选择【工具】|【三视图导航】菜单命令，根据提示给出第一点及第二点，绘图区出现一条 45 度的辅助导航线，如图 4-16 所示。

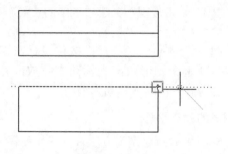

图 4-16

（3）选择【绘图】|【直线】菜单命令，利用导航功能找到第一点单击，然后移动光标到第二点再次单击，依次移动光标到第三点和第一点并单击，绘制结果如图 4-17 所示。

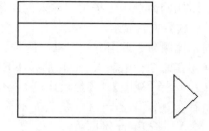

图 4-17

（4）选择【工具】|【三视图导航】菜单命令，黄色的导航线自动消失（因为黄色导航线和三角形的线重合，所以图中不会显示）。

4.3　图纸属性设置

4.3.1　图幅设置

图纸幅面是指绘图区的大小，在 CAXA 电子图板中提供了 A0、A1、A2、A3、A4 共 5 种标准的图纸幅面。系统还允许用户根据自己的需要自行定义幅面大小。

图幅设置命令调用方法有以下几种。

（1）在命令行中输入 setup 后按下 Enter 键。

（2）选择【幅面】|【图幅设置】菜单命令。

（3）单击【图幅】选项卡中的【图幅设置】按钮。

执行上述操作之一后，弹出如图 4-18 所示的【图幅设置】对话框。

（1）【图纸幅面】下拉列表框：设置绘图区的大小，包括 A0、A1、A2、A3、

A4 标准的图纸幅面，还提供了用户自定义功能。

（2）【加长系数】下拉列表框：用于设置对图纸幅面进行加长时常用的增长倍数。

（3）【绘图比例】下拉列表框：用于设置绘制图形时常用的比例。

（4）【图纸方向】选项组：有【横放】和【竖放】两种方式可供选择，即指图纸的长边是水平放置还是竖直放置。

对于【图框】、【调入】及【当前风格】选项组中的选项，后续会有专门案例介绍，此处不再赘述。

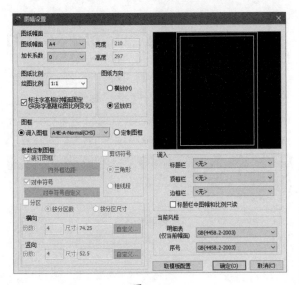

图 4-18

4.3.2 图框设置

图框表示一个图纸的有效绘图区域边界，它随图幅设置的变化而变化。

1. 调入图框

调入图框命令调用方法有以下几种。

（1）在命令行中输入 frmload 后按下 Enter 键。

（2）选择【幅面】|【图框】|【调入】菜单命令。

（3）单击【图幅】选项卡中的【调入图框】按钮。

执行上述操作之一后，弹出如图 4-19 所示的【读入图框文件】对话框。选择对话框中图框的图标，单击【导入】按钮，在绘图区显示选择的图框类型。

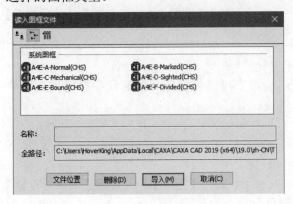

图 4-19

2. 定义图框

当系统提供的图框不能满足实际作图需要时，用户可以自定义一些图形作为新的图框。

定义图框命令调用方法有以下几种。

（1）在命令行中输入 frmder 后按下 Enter 键。

（2）选择【幅面】|【图框】|【定义】菜单命令。

（3）单击【图幅】选项卡中的【定义图框】按钮。

定义图框的具体操作如下。

（1）选择【绘图】|【多边形】菜单命令，绘制中心在原点的正六边形，如图 4-20 所示。

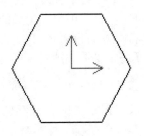

图 4-20

（2）选择【幅面】|【图框】|【定义】命令，根据系统提示选择绘制的正六边形。

（3）根据系统提示选择正六边形的中心点作为基点，弹出如图 4-21 所示的【选择图框文件的幅面】对话框。

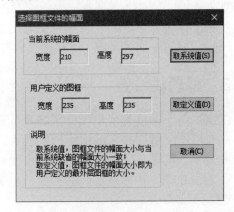

图 4-21

（4）单击【取定义值】按钮，弹出如图 4-22 所示的【另存为】对话框。

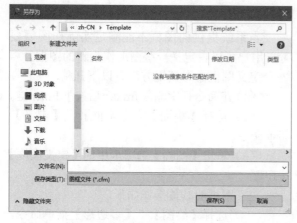

图 4-22

（5）输入图框文件名为"正六边形"，单击【保存】按钮，存储用户自定义的图框样式。定义图框功能同幅面设置的【图纸幅面】下拉列表框中的【自定义】选项实现同样的功能。

3. 存储图框

用户可以将自定义的图框存储到文件中以备后用。

存储图框命令调用方法有以下几种。

（1）在命令行中输入 frmsave 后按下 Enter 键。

（2）选择【幅面】|【图框】|【存储】菜单命令。

（3）单击【图幅】选项卡中的【存储图框】按钮。

执行上述操作之一后，弹出【另存为】对话框。输入要存储图框的名称，完成图框的存储。

4.3.3 标题栏设置

CAXA 电子图板为用户设计了多种标题栏供用户调用，使用这些标准的标题栏会大大提高绘图效率。同时，CAXA 电子图板也允许用户自定义标题栏，并将自定义的标题栏以文件的形式保存起来，以备后用。

1. 调入标题栏

调入标题栏命令调用方法有以下几种。

（1）在命令行中输入 headload 后按下 Enter 键。

（2）选择【幅面】|【标题栏】|【调入】

菜单命令。

（3）单击【图幅】选项卡中的【调入标题栏】按钮。

执行上述操作之一后，弹出如图 4-23 所示的【读入标题栏文件】对话框。该对话框中列出常用的标题栏，选中对话框中图框的图标，单击【导入】按钮，则绘图区显示选中的标题栏类型。

图 4-23

2. 定义标题栏

当系统提供的标题栏不能满足实际作图需要时，用户可以自定义新的标题栏。

定义标题栏命令调用方法有以下几种。

（1）在命令行中输入 headder 后按下 Enter 键。

（2）选择【幅面】|【标题栏】|【定义】菜单命令。

（3）单击【图幅】选项卡中的【定义标题栏】按钮。

3. 存储标题栏

用户可以将自定义的标题栏存储到文件中以备后用。

存储标题栏命令调用方法有以下几种。

（1）在命令行中输入 headsave 后按下 Enter 键。

（2）选择【幅面】|【标题栏】|【存储】菜单命令。

（3）单击【图幅】选项卡中的【存储标题栏】按钮🗄。

执行上述操作之一后，弹出【另存为】对话框，输入要存储标题栏的名称，完成标题栏的存储，以备以后直接调用。

4．填写标题栏

填写标题栏命令调用方法有以下几种。

（1）在命令行中输入 headfill 后按下 Enter 键。

（2）选择【幅面】｜【标题栏】｜【填写】菜单命令。

（3）单击【图幅】选项卡中的【填写标题栏】按钮🗄。

执行上述操作之一后，弹出如图 4-24 所示的【填写标题栏】对话框。在此对话框中填写图形的标题栏内容，单击【确定】按钮，完成标题栏的填写。

选择【幅面】｜【标题栏】｜【填写】菜单命令，弹出【填写标题栏】对话框，在【单位名称】文本框中输入"云杰漫步工作室"，在【图纸名称】文本框中输入"齿轮"，在【材料名称】文本框中输入"45 钢"，单击【确定】按钮，完成标题栏的填写。填写结果如图 4-25所示。

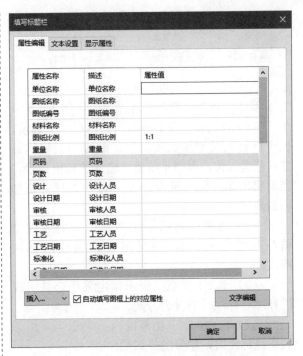

图 4-24

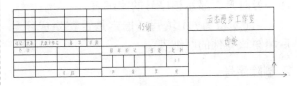

图 4-25

4.4 图纸零件序号和明细表

4.4.1 零件序号

零件序号和明细表是绘制装配图不可缺少的内容，电子图板设置了序号生成和插入功能，并能与明细表联动。在生成和插入零件序号的同时，允许用户填写或不填写明细表中的各表项。对从图库中提取的标准件或含属性的块，在生成零件序号时，能自动将其属性填入明细表中。

1．生成序号

生成序号命令能生成或插入零件的序号。

生成序号命令调用方法有以下几种。

（1）在命令行中输入 ptno 后按下 Enter 键。

（2）选择【幅面】｜【序号】｜【生成】菜单命令。

（3）单击【图幅】选项卡中的【生成序号】按钮🔢。

选择【幅面】｜【序号】｜【生成】菜单命令，弹出零件序号立即菜单，如图 4-26 所示。填写或选择立即菜单中的各项内容。根据系统提示依次拾取序号引线的引出点和转折点。

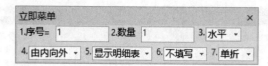

图 4-26

零件序号立即菜单的各选项说明如下。

（1）序号：零件的序号值，可以输入数值，也可以输入前缀加数值，但是前缀和数值均最多只能是 3 位，否则系统提示输入的数值错误，当前缀的第一位字符为 @ 时，绘出的序号是加圈的形式。

（2）数量：表示本次序号标注的零件个数，若数值大于 1，则采用公共引线的标注形式。

（3）水平 / 垂直：表示指定采用公共引线进行序号标注时的排列方式。

（4）由内向外 / 由外向内：表示当采用公共引线标注时，序号的排列顺序。

（5）显示明细表 / 隐藏明细表：指定在标注序号时是否显示该序号的明细表。

（6）填写 / 不填写：指定是否在生成序号后填写该零件的明细表。

2. 删除序号

删除序号命令用于删除不需要的零件序号。

删除序号命令调用方法有以下几种。

（1）在命令行中输入 ptnodel 后按下 Enter 键。

（2）选择【幅面】|【序号】|【删除】菜单命令。

（3）单击【图幅】选项卡中的【删除序号】按钮。

执行上述操作之一后，根据系统提示依次拾取要删除的零件序号即可。

> **提示**
>
> 如果所要删除的是没有重名的序号，则同时删除明细表中相应的表项，否则只删除所拾取的序号。如果删除的序号为中间项，则系统会自动将该项以后的序号值顺序减 1，以保持序号的连续性。

3. 编辑序号

编辑序号命令用于编辑零件序号的位置和排列方式。

编辑序号命令调用方法有以下几种。

（1）在命令行中输入 ptnoedit 后按下 Enter 键。

（2）选择【幅面】|【序号】|【编辑】菜单命令。

（3）单击【图幅】选项卡中的【编辑序号】按钮。

编辑序号的具体操作如下。

（1）选择【幅面】|【序号】|【编辑】菜单命令，根据系统提示依次拾取要编辑的零件序号。

（2）如果拾取的是序号的指引线，此时可移动光标设置引出点的位置。

（3）如果拾取的是序号的引出线，此时系统弹出如图 4-27 所示的立即菜单，系统提示输入转折点，此时移动光标可以编辑序号的排列方式和序号位置。

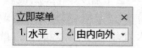

图 4-27

4. 交换序号

交换序号命令可以交换序号的位置，并根据需要交换明细表内容。

交换序号命令调用方法有以下几种。

（1）在命令行中输入 ptnoswap 后按下 Enter 键。

（2）选择【幅面】|【序号】|【交换】菜单命令。

（3）单击【图幅】选项卡中的【交换序号】按钮。

执行上述操作之一后，系统弹出如图 4-28 所示的立即菜单。选择要交换的序号后，两个序号马上交换位置。

图 4-28

4.4.2 明细表

CAXA 电子图板的明细表与零件序号是联动的，可以随零件序号的插入和删除产生相应的变化。除此之外，明细表本身还有定制明细表、删除表项、表格折行、填写明细表、插入空行、输出数据和读入数据等操作。

1. 删除表项

删除表项命令用于删除明细表的表项及序号。

删除表项命令调用方法有以下几种。

（1）在命令行中输入 tbldel 后按下 Enter 键。

（2）选择【幅面】|【明细表】|【删除表项】菜单命令。

（3）单击【图幅】选项卡中的【删除】按钮。

执行上述操作之一后，根据系统提示拾取所要删除的明细表表项，如果拾取无误，则删除该表项及所对应的序号，同时该序号以后的序号将自动重新排列。当需要删除所有明细表表项时，可以直接拾取明细表表头，此时弹出询问对话框，得到用户的最终确认后，删除所有的明细表表项及序号。

2. 表格折行

表格折行命令可以使明细表从某一行处进行左折或右折。

表格折行命令调用方法有以下几种。

（1）在命令行中输入 tblbrk 后按下 Enter 键。

（2）选择【幅面】|【明细表】|【表格折行】菜单命令。

（3）单击【图幅】选项卡中的【折行】按钮。

执行上述操作之一后，根据系统提示拾取某一待折行的表项，系统将按照立即菜单的设置进行左折或右折。

3. 填写明细表

填写明细表命令用于填写或修改明细表各项中的内容。

填写明细表命令调用方法有以下几种。

（1）在命令行中输入 tbledit 后按下 Enter 键。

（2）选择【幅面】|【明细表】|【填写明细表】菜单命令。

（3）单击【图幅】选项卡中的【填写明细表】按钮 T。

执行上述操作之一后，根据系统提示拾取需要填写或修改的明细表表项，单击鼠标右键，弹出【填写明细表】对话框，如图 4-29 所示。在该对话框中，即可对明细表进行填写或修改，单击【确定】按钮后，所填内容将自动添加到明细表中。

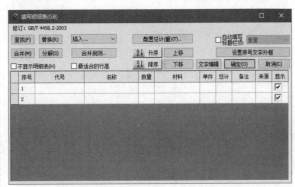

图 4-29

4. 插入空行

插入空行命令用于插入空行明细表。插入空行命令调用方法有以下几种。

（1）在命令行中输入 tblnew 后按下 Enter 键。

（2）选择【幅面】|【明细表】|【插入空行】菜单命令。

（3）单击【图幅】选项卡中的【插入】按钮。

5. 输出明细表

输出明细表命令可将当前绘图区的明细表单独在一张图纸中输出。

输出明细表命令调用方法有以下两种。

（1）选择【幅面】|【明细表】|【输出】菜单命令。

（2）单击【图幅】选项卡中的【输出】按钮。

输出明细表的具体操作如下。

（1）选择【幅面】|【明细表】|【输出】菜单命令，系统弹出【输出明细表设置】对话框，

如图 4-30 所示。

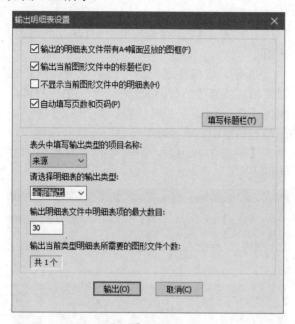

图 4-30

（2）在对话框中选择相应的选项，启用【输出的明细表文件带有 A4 幅面竖放的图框】复选框，单击【输出】按钮。

（3）系统弹出【读入图框文件】对话框，从中选择合适的图框形式，单击【导入】按钮。

（4）系统弹出【浏览文件夹】对话框，选择输出文件的位置并输入文件的名称，单击【确定】按钮。

（5）打开刚刚保存的明细表文件，如图 4-31 所示。

图 4-31

6. 数据库操作

数据库操作命令用于对当前明细表的关联数据库进行设置，也可将内容单独保存在数据库文件中。

数据库操作命令调用方法有以下两种。

（1）选择【幅面】｜【明细表】｜【数据库操作】菜单命令。

（2）单击【图幅】选项卡中的【数据库】按钮。

执行上述操作之一后，系统弹出【数据库操作】对话框，如图 4-32 所示，可在该对话框中选择操作功能，包括自动更新设置、输出数据和读入数据，单击 ⃛ 按钮，选择数据库路径，可以在【数据库表名】下拉列表框中直接输入文件名称，建立新的数据库，最后单击【确定】按钮。

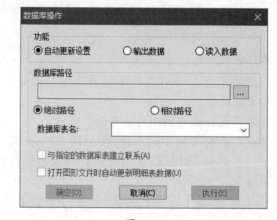

图 4-32

4.5　设计范例

4.5.1　虎钳三视图范例

⚠ **案例分析**

本节的范例是绘制虎钳的三视图。首先绘制俯视图，之后绘制主视图和剖视图，三视图的尺寸是对应关系，剖视图属于半剖视图。

⚠ **案例操作**

步骤 **01** 绘制同心圆

① 单击【常用】选项卡中的【直线】按钮✏️，如图 4-33 所示。

② 在绘图区中，绘制中心线。

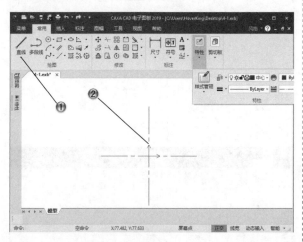

图 4-33

③ 单击【常用】选项卡中的【圆】按钮⊙，如图 4-34 所示。

④ 在绘图区中，绘制直径分别为 80、48、26、18 的同心圆。

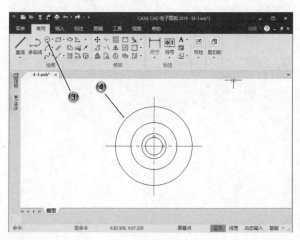

图 4-34

步骤 **02** 绘制矩形

① 单击【常用】选项卡中的【矩形】按钮▭，

如图 4-35 所示。

② 在绘图区中，绘制 24×92 的矩形。

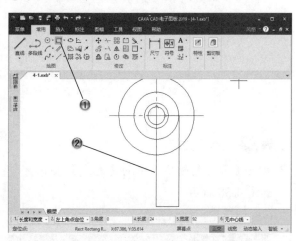

图 4-35

③ 单击【常用】选项卡中的【移动】按钮✥，如图 4-36 所示。

④ 在绘图区中，移动矩形。

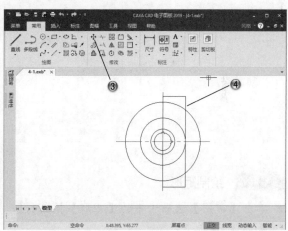

图 4-36

步骤 **03** 裁剪图形

① 单击【常用】选项卡中的【裁剪】按钮✂️，如图 4-37 所示。

② 在绘图区中，裁剪图形。

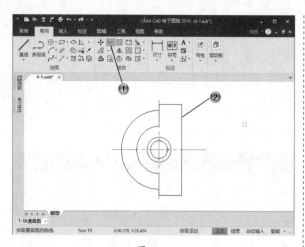

图 4-37

步骤 04 绘制直线

❶ 单击【常用】选项卡中的【直线】按钮 ∕，
如图 4-38 所示。

❷ 在绘图区中，绘制直线。

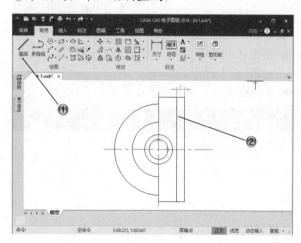

图 4-38

步骤 05 绘制矩形

❶ 单击【常用】选项卡中的【矩形】按钮 ▭，
如图 4-39 所示。

❷ 在绘图区中，绘制 64×28 的矩形。

❸ 单击【常用】选项卡中的【矩形】按钮 ▭，
如图 4-40 所示。

❹ 在绘图区中，绘制 24×8 的矩形。

步骤 06 绘制内部直线

❶ 单击【常用】选项卡中的【直线】按钮 ∕，

如图 4-41 所示。

❷ 在绘图区中，绘制直线图形。

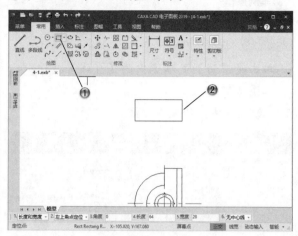

图 4-39

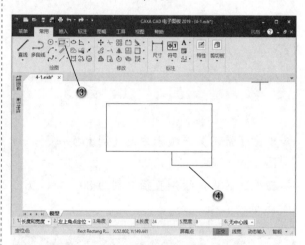

图 4-40

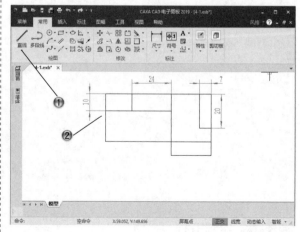

图 4-41

❸ 单击【常用】选项卡中的【裁剪】按钮 -\⸱-，

如图 4-42 所示。

④ 在绘图区中，裁剪图形。

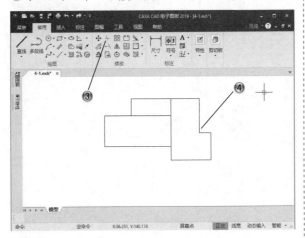

图 4-42

步骤 07 创建圆角

① 单击【常用】选项卡中的【圆角】按钮，
如图 4-43 所示。

② 在绘图区中，创建圆角。

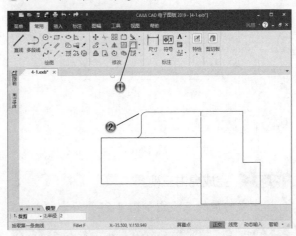

图 4-43

步骤 08 绘制侧视图

① 单击【常用】选项卡中的【直线】按钮，
如图 4-44 所示。

② 在绘图区中，绘制中心线。

③ 单击【常用】选项卡中的【直线】按钮，
如图 4-45 所示。

④ 在绘图区中，绘制直线图形。

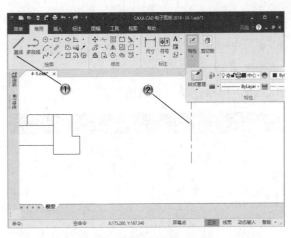

图 4-44

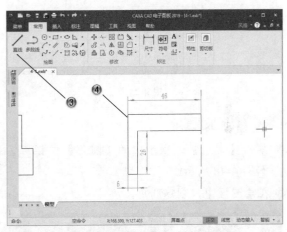

图 4-45

步骤 09 镜像图形

① 单击【常用】选项卡中的【镜像】按钮，
如图 4-46 所示。

② 在绘图区中，镜像直线图形。

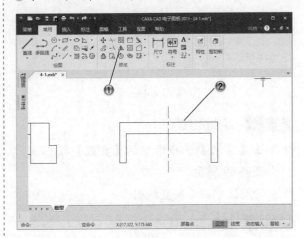

图 4-46

步骤 10 绘制直线图形

❶ 单击【常用】选项卡中的【直线】按钮，如图 4-47 所示。

❷ 在绘图区中，绘制直线图形。

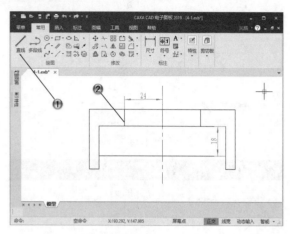

图 4-47

步骤 11 创建圆角

❶ 单击【常用】选项卡中的【圆角】按钮，如图 4-48 所示。

❷ 在绘图区中，创建圆角。

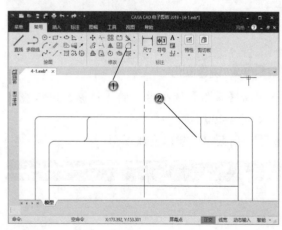

图 4-48

步骤 12 绘制直线图形

❶ 单击【常用】选项卡中的【直线】按钮，如图 4-49 所示。

❷ 在绘图区中，绘制直线图形。

步骤 13 绘制剖面线

❶ 单击【常用】选项卡中的【剖面线】按钮，

如图 4-50 所示。

❷ 在绘图区中，绘制剖面线。

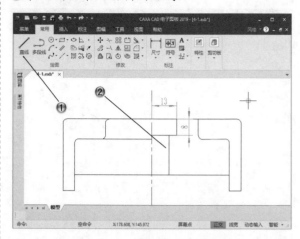

图 4-49

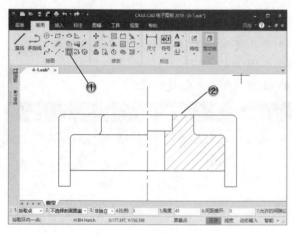

图 4-50

步骤 14 完成虎钳三视图

完成的虎钳三视图如图 4-51 所示。

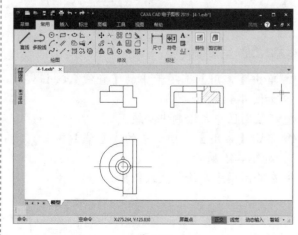

图 4-51

4.5.2 虎钳图纸范例

⚠ **案例分析**

本节的范例是在虎钳图纸的基础上添加图幅，填写标题栏以及添加文字和明细栏等细节。

⚠ **案例操作**

步骤 01 创建图幅

① 单击【图幅】选项卡中的【图幅设置】按钮 ▣，创建图幅，如图 4-52 所示。

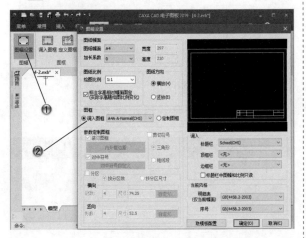

图 4-52

② 在【图幅设置】对话框中，设置图幅参数。

③ 单击【常用】选项卡中的【移动】按钮 ✛，如图 4-53 所示。

④ 在绘图区中，移动图幅。

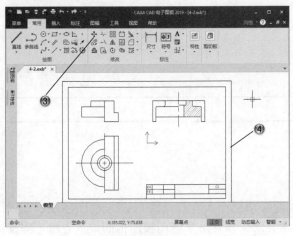

图 4-53

步骤 02 填写标题栏

① 在绘图区中，双击标题栏，如图 4-54 所示。

② 在弹出的【填写标题栏】对话框中，输入标题信息。

③ 在【填写标题栏】对话框中，单击【确定】按钮。

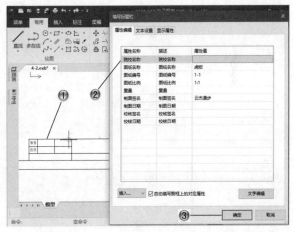

图 4-54

步骤 03 调入图框

① 单击【图幅】选项卡中的【调入图框】按钮 ▣，如图 4-55 所示。

② 在弹出的【读入图框文件】对话框中，选择图框。

③ 在【读入图框文件】对话框中，单击【导入】按钮，添加图框。

步骤 04 添加序号

① 单击【图幅】选项卡中的【生成序号】按钮 ¹²，如图 4-56 所示。

② 在绘图区中，依次添加序号。

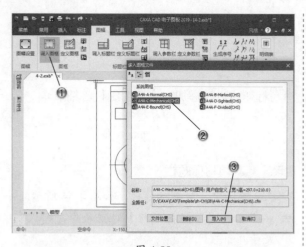

图 4-55

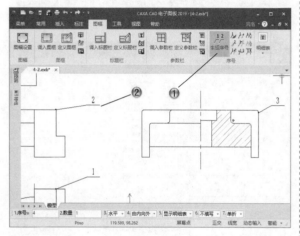

图 4-56

步骤 05 添加文字

① 单击【标注】选项卡中的【文字】按钮 **A**，如图 4-57 所示。

② 在绘图区中，添加技术要求。

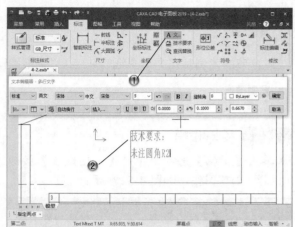

图 4-57

步骤 06 完成虎钳图纸

完成的虎钳图纸如图 4-58 所示。

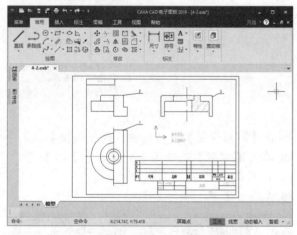

图 4-58

4.6 本章小结和练习

4.6.1 本章小结

CAXA 电子图板绘图界面和图纸都可以定制，能够依据个人喜好设置 CAXA 绘图环境和图形显示模式，从而提高绘图效率。通过本章的学习，读者还应该熟练掌握图幅图框的设置方法，零件序号的编辑及明细表的创建与插入方法。

4.6.2　练习

如图 4-59 所示，使用本章学过的各种命令来绘制泵盖图纸。一般创建步骤和方法如下。

（1）绘制零件的三视图。

（2）绘制局部视图。

（3）标注尺寸。

（4）添加图幅和文字。

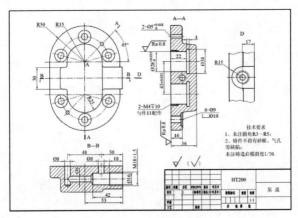

图 4-59

第**5**章

工程标注和编辑

本章导读

　　工程绘图中，图形只能表示物体的形状，因此图样中必须标注尺寸来确定其大小。图样中（包括技术要求和其他说明）的尺寸，以毫米为单位时，不需要标注计量单位的代号或名称，如采用其他单位，则必须注明相应的计量单位的代号或名称。图样中所标注的尺寸，为该图样所示机件的最后完工尺寸，否则应另加说明。零件的每一个尺寸，一般只标注一次，并应标注在反映该结构最清晰的图形上。

　　本章主要介绍 CAXA 电子图板的尺寸标注、坐标标注、特殊符号标注的方法和编辑标注的方法。

5.1　标注属性设置

要使标注的尺寸符合要求，就必须先设置尺寸样式，即确定 4 个基本元素的大小及相互之间的基本关系。本节将对尺寸标注样式管理、创建及其具体设置作详尽的讲解。

尺寸样式命令调用方法有以下几种。

（1）在命令行中输入 dimpara 后按下 Enter 键。

（2）选择【格式】|【尺寸】菜单命令。

（3）单击【标注】选项卡中的【尺寸样式】按钮 。

执行上述命令之一后，系统弹出【标注风格设置】对话框，如图 5-1 所示。在该对话框中可以对当前的标注风格进行编辑修改，也可以新建标注风格并设置为当前的标注风格。其中各选项含义介绍如下。

（1）【直线和箭头】选项卡：用于设置尺寸线、尺寸界线及箭头的颜色和风格。

（2）【文本】选项卡：用于设置文本风格及与尺寸线的参数关系。

（3）【调整】选项卡：用于设置尺寸线及文字的位置，并确定标注的显示比例。

（4）【单位】选项卡：用于设置标注的精度。

（5）【换算单位】选项卡：用于标注测量值中换算单位的显示及其格式和精度。

（6）【公差】选项卡：用于设置标注文字中公差的格式及显示。

（7）【尺寸形式】选项卡：用于控制弧长标注和引出点等参数。

1. 新建标注风格

（1）选择【格式】|【尺寸】菜单命令，系统弹出【标注风格设置】对话框，单击【新建】按钮，弹出如图 5-2 所示的【新建风格】对话框。

（2）在【风格名称】文本框中输入新建风格的名称，单击【下一步】按钮，弹出【标注风格设置】对话框。在【直线和箭头】、【文本】、

【调整】、【单位】、【换算单位】、【公差】和【尺寸形式】7 个选项卡中可以对新建的标注风格进行编辑及设置。

（3）设置完成后，单击【确定】按钮。

图 5-1

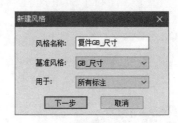

图 5-2

2. 设置当前风格

在【标注风格设置】对话框的【尺寸风格】列表框中选择一种标注风格，单击【设为当前】按钮，即可将选中的标注风格设置为当前标注风格。

5.2　标注尺寸

尺寸标注是图纸标注的主要命令，尺寸标注的类型与形式很多，标注时 CAXA 系统能自动进行判别，判别规则如下。

（1）根据拾取的元素不同，自动标注相应的线性尺寸、直径尺寸、半径尺寸或角度尺寸。

（2）根据立即菜单的条件，选择基本尺寸、基准尺寸、连续尺寸、尺寸线方向。

（3）尺寸文字可以采用拖动鼠标的方式定位。

（4）尺寸数值可以直接采用测量值，也可以输入。

尺寸标注命令调用方法有以下几种。

（1）在命令行中输入 dim 后按下 Enter 键。

（2）选择【标注】|【尺寸标注】|【尺寸标注】菜单命令。

（3）单击【标注】选项卡中的【尺寸标注】按钮┠。

执行上述操作之一后，在屏幕左下角弹出尺寸标注立即菜单，如图 5-3 所示，单击立即菜单 1 可以选择不同的尺寸标注方式，下面将主要命令项分别予以介绍。

图 5-3

5.2.1　普通标注

1. 标注直线

（1）选择【绘图】|【直线】菜单命令，绘制直线。

（2）选择【标注】|【尺寸标注】|【尺寸标注】菜单命令，系统弹出尺寸标注立即菜单，在立即菜单 1 中选择【基本标注】选项，如图 5-4 所示。

图 5-4

（3）通过选择不同的立即菜单，可标注直线的长度、直径和与坐标轴的夹角。

（4）在立即菜单 3 中选择【长度】选项，在立即菜单 4 中选择【平行】选项。此时立即菜单 4 中的【平行】是指标注直线的长度，标注结果如图 5-5 所示。

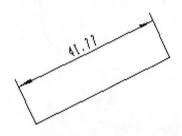

图 5-5

（5）在立即菜单 3 中选择【长度】选项，在立即菜单 4 中选择【正交】选项时，标注结果如图 5-6 所示（此时立即菜单 4 中的【正交】是指只能标注直线的水平长度或竖直长度）。

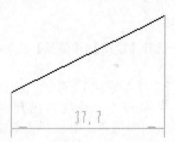

图 5-6

2. 标注圆

（1）选择【绘图】|【圆】菜单命令，绘制圆。

（2）选择【标注】|【尺寸标注】|【尺寸标注】菜单命令，系统弹出尺寸标注立即菜单，在立即菜单 1 中选择【基本标注】选项。

（3）根据系统提示拾取要标注的圆，尺寸标注立即菜单刷新为圆标注立即菜单，如图 5-7 所示。

图 5-7

（4）通过对立即菜单 3 的选择，可标注圆的直径、半径及圆周直径，如图 5-8 所示。

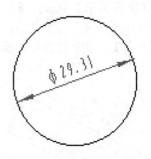

图 5-8

> **提示**
>
> 在标注"直径"或"圆周直径"时，尺寸数值前自动加前缀"φ"，在标注"半径"时，尺寸数值前自动加前缀"R"。

3. 标注圆弧

（1）选择【绘图】|【圆弧】菜单命令，绘制圆弧。

（2）选择【标注】|【尺寸标注】|【尺寸标注】菜单命令，系统弹出尺寸标注立即菜单，在立即菜单 1 中选择【基本标注】选项。

（3）根据系统提示拾取要标注的圆弧，尺寸标注立即菜单刷新为圆弧标注立即菜单，如图 5-9 所示。

图 5-9

（4）通过对立即菜单 2 的选择，可标注圆弧的直径、半径、圆心角、弦长及弧长，如图 5-10 所示。

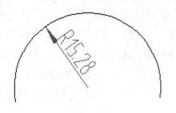

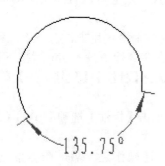

图 5-10

4. 点与直线间距离标注

（1）使用【直线】和【点】菜单命令，绘制直线和点图形。

（2）选择【标注】|【尺寸标注】|【尺寸标注】菜单命令，系统弹出尺寸标注立即菜单，在立即菜单 1 中选择【基本标注】选项。

（3）根据系统提示分别拾取点和直线（直线和点的拾取无先后顺序），尺寸标注立即菜单刷新为点与直线标注的立即菜单，通过对立即菜单的选择，即可标注点与线之间的距离，结果如图 5-11 所示。

图 5-11

5. 点与圆心间距离标注

（1）使用【圆】和【点】菜单命令，绘制点和圆图形。

（2）选择【标注】|【尺寸标注】|【尺寸

标注】菜单命令，系统弹出尺寸标注立即菜单，在立即菜单1中选择【基本标注】选项。

（3）根据系统提示分别拾取点和圆，尺寸标注立即菜单刷新为点与圆心标注的立即菜单。

（4）通过对立即菜单的选择，即可标注点与圆心之间的距离，标注结果如图5-12所示。

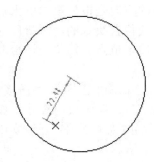

图 5-12

如果先拾取点，则点可以是任意点（屏幕点、孤立点或各种控制点如端点、中点等）；如果先拾取圆（或圆弧），则点不能是屏幕点。

6. 圆和圆弧间距离标注

（1）使用【圆】和【圆弧】菜单命令，绘制圆弧和圆图形。

（2）选择【标注】|【尺寸标注】|【尺寸标注】菜单命令，系统弹出尺寸标注立即菜单，在立即菜单1中选择【基本标注】选项。

（3）根据系统提示分别拾取圆弧和圆，尺寸标注立即菜单刷新为圆与圆弧标注的立即菜单。

（4）在立即菜单4中选择【圆心】选项，则标注的是两圆心的距离，如图5-13所示；在立即菜单4中选择【切点】选项时，则标注的是圆和圆弧切点间的距离，如图5-14所示。

7. 直线与圆距离标注

（1）使用【圆】和【直线】菜单命令，绘制直线和圆图形。

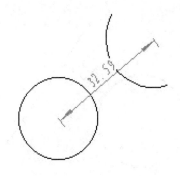

图 5-13

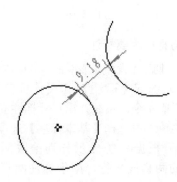

图 5-14

（2）选择【标注】|【尺寸标注】|【尺寸标注】菜单命令，系统弹出尺寸标注立即菜单，在立即菜单1中选择【基本标注】选项。

（3）根据系统提示分别拾取直线和圆，尺寸标注立即菜单刷新为圆与直线标注的立即菜单。

（4）在立即菜单3中选择【圆心】选项，则标注的是直线与圆中心的距离，如图5-15所示；在立即菜单4中选择【切点】选项时，则标注的是直线和圆切点间的距离，如图5-16所示。

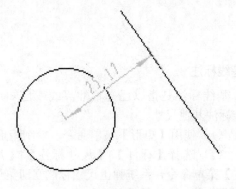

图 5-15

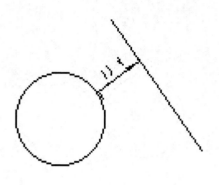

图 5-16

8. 直线与直线距离标注

（1）使用【直线】菜单命令，绘制3条直线。

（2）选择【标注】|【尺寸标注】|【尺寸标注】菜单命令，系统弹出尺寸标注立即菜单，在立即菜单1中选择【基本标注】选项。

（3）根据系统提示分别拾取两条直线，若拾取的两直线平行，用于标注两直线之间的距离。

（4）若拾取的两直线不平行，用于标注两直线之间的夹角，标注结果如图5-17所示。

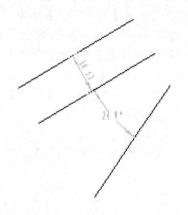

图 5-17

9. 基线标注

基线标注是指以已知尺寸界线或已知点为基准标注其他尺寸。

（1）使用【矩形】菜单命令，绘制矩形。

（2）选择【标注】|【尺寸标注】|【尺寸标注】菜单命令，系统弹出尺寸标注立即菜单，在立即菜单1中选择【基线】选项。

（3）系统提示"拾取线性尺寸或第一引出点"，如果拾取到一个已标注的线性尺寸，则新标注尺寸的第一引出点为所拾取线性尺寸距离拾取点最近的引出点，此时系统提示"拾取第二引出点"，移动光标可动态地显示所生成的尺寸。新生成尺寸的尺寸线位置由第二引出点和立即菜单3中的【尺寸线偏移量】控制。尺寸线偏移的方向是根据第二引出点与被拾取尺寸的尺寸线位置决定的，即新尺寸的第二引出点与尺寸线定位点分别位于被拾取尺寸线的两侧。

（4）确定第二引出点后，系统接着提示"拾取第二引出点"，新生成的尺寸将作为下一个尺寸的基准尺寸，如此循环，直到按Esc键结束，结果如图5-18所示。

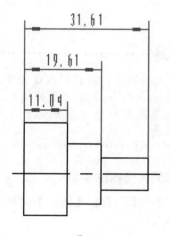

图 5-18

10. 连续标注

连续标注是指将前一个生成的尺寸界线作为下一个尺寸的基准。

（1）使用【矩形】菜单命令，绘制矩形。

（2）选择【标注】|【尺寸标注】|【尺寸标注】菜单命令，系统弹出尺寸标注立即菜单，在立即菜单1中选择【连续标注】选项。

（3）系统提示"拾取线性尺寸或第一引出点"，如果拾取到一个已标注的线性尺寸，则新标注尺寸的第一引出点为所拾取线性尺寸距离拾取点最近的引出点，此时系统提示"拾取第二引出点"，移动光标可动态显示所生成的尺寸。新生成尺寸的尺寸线与被拾取尺寸的尺寸线在一条直线上。

（4）确定第二引出点后，系统接着提示"拾取第二引出点"。新生成的尺寸将作为下一个尺寸的基准尺寸，如此循环，直到按 Esc 键结束，结果如图 5-19 所示。

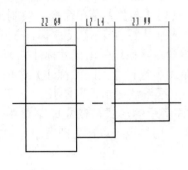

图 5-19

11. 三点角度标注

三点角度标注命令可标注三点形成的角度。

（1）使用【点】菜单命令，绘制 3 个点。

（2）选择【标注】|【尺寸标注】|【尺寸标注】菜单命令，系统弹出尺寸标注立即菜单，在立即菜单 1 中选择【三点角度标注】选项。

（3）根据系统提示依次拾取顶点、第一点、第二点，立即菜单变为如图 5-20 所示的形式。

图 5-20

（4）系统提示拾取尺寸线位置，移动光标到合适的位置单击或直接输入位置点坐标即可生成三点角度尺寸，结果如图 5-21 所示。

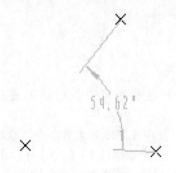

图 5-21

12. 角度连续标注

（1）使用【直线】菜单命令，绘制直线。

（2）选择【标注】|【尺寸标注】|【尺寸标注】菜单命令，系统弹出尺寸标注立即菜单，在立即菜单 1 中选择【角度连续标注】选项。

（3）系统提示"拾取第一个标注元素或角度尺寸"，如果拾取到一个已标注的角度尺寸，则新标注尺寸的第一引出点为所拾取角度尺寸距离拾取点最近的引出点，此时系统提示"尺寸线位置"，移动光标可动态地显示所生成的尺寸。立即菜单如图 5-22 所示。新生成尺寸的尺寸线与被拾取尺寸的尺寸线在一条直线上。

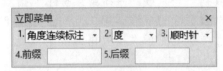

图 5-22

（4）确定第二引出点后，系统接着提示"尺寸线位置"。新生成的尺寸将作为下一个尺寸的基准尺寸，如此循环，直到按 Esc 键结束，结果如图 5-23 所示。

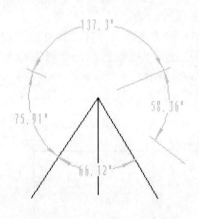

图 5-23

5.2.2 特殊标注

1. 半标注

半标注命令对只有一半尺寸线的尺寸进行标注，如半剖视图尺寸标注等国标规定的尺寸标注。

（1）使用【矩形】菜单命令，绘制矩形。

（2）选择【标注】|【尺寸标注】|【尺寸标注】菜单命令，系统弹出尺寸标注立即菜单，在立即菜单1中选择【半标注】选项，在立即菜单2中可以选择直径标注或长度标注，并可以给出尺寸线的延伸长度，如图5-24所示。

图 5-24

（3）系统提示"拾取直线或第一点"，如果拾取到一条直线，系统继续提示"拾取与第一条直线平行的直线或第二点"；如果拾取到一个点，系统提示"拾取直线或第二点"，拾取第二点或直线。

（4）如果两次拾取的都是点，第一点到第二点距离的两倍为尺寸值；如果拾取的为点和直线，点到被拾取直线垂直距离的两倍为尺寸值；如果拾取的是两条平行直线，两直线距离的两倍为尺寸值。尺寸值的测量值在立即菜单中显示，用户也可以输入数值。确定第二个元素后，系统提示确定尺寸线位置。

（5）移动光标动态拖动尺寸线，在适当位置单击确定尺寸线位置后，即可完成标注，结果如图5-25所示。

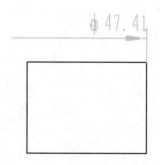

图 5-25

提示

半标注的尺寸界线引出点总是从第二次拾取的元素上引出，尺寸线箭头指向尺寸界线。

2. 大圆弧标注

大圆弧标注命令用于标注大圆弧，这也是一种比较特殊的尺寸标注方法，在国标中对其尺寸标注也做出了相关规定，CAXA电子图板就是按照国家标准的规定进行标注的。

（1）使用【圆弧】菜单命令，绘制圆弧。

（2）选择【标注】|【尺寸标注】|【尺寸标注】菜单命令，系统弹出尺寸标注立即菜单，在立即菜单1中选择【大圆弧标注】选项。

（3）根据系统提示拾取圆弧，立即菜单变为如图5-26所示的形式，在立即菜单中显示尺寸的测量值，用户也可以在立即菜单4中输入尺寸值。

图 5-26

（4）系统依次提示确定"第一引出点""第二引出点""定位点"，用户按顺序依次拾取相应元素即可完成大圆弧标注，结果如图5-27所示。

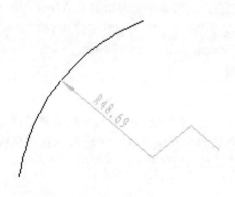

图 5-27

3. 射线标注

射线标注命令可以以射线形式标注两点距离。

（1）使用【射线】菜单命令，绘制射线。

（2）选择【标注】|【尺寸标注】|【尺寸标注】菜单命令，系统弹出尺寸标注立即菜单，在立即菜单1中选择【射线标注】选项。

（3）根据系统提示拾取第一点和第二点，立即菜单变为如图 5-28 所示的形式，在立即菜单 5 中显示尺寸的测量值（第一点到第二点的距离），用户也可以在立即菜单 5 中输入尺寸值。

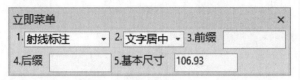

图 5-28

（4）系统继续提示确定定位点，移动光标到合适位置并单击，即可完成射线标注，结果如图 5-29 所示。

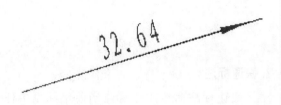

图 5-29

4. 锥度标注

锥度标注命令用于标注锥度，CAXA 电子图板的锥度标注功能比其他 CAD 软件更为简洁。

（1）使用【直线】菜单命令，绘制直线。

（2）选择【标注】|【尺寸标注】|【尺寸标注】菜单命令，系统弹出尺寸标注立即菜单，在立即菜单 1 中选择【锥度 / 斜度标注】选项，其余几项立即菜单的设置如图 5-30 所示。在立即菜单 12 中显示锥度值，用户也可以从中输入锥度值。

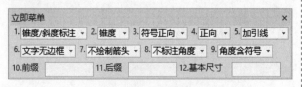

图 5-30

（3）根据系统提示拾取轴线和直线。

（4）系统继续提示确定定位点，移动光标到合适位置单击即可完成锥度标注，结果如

图 5-31 所示。

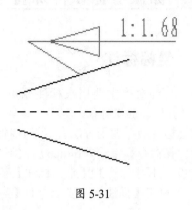

图 5-31

5. 曲率半径标注

曲率半径标注命令用于标注样条曲线的曲率半径。

（1）使用【样条曲线】菜单命令，绘制曲线。

（2）选择【标注】|【尺寸标注】|【尺寸标注】菜单命令，系统弹出尺寸标注立即菜单，在立即菜单 1 中选择【曲率半径标注】选项，在立即菜单 2 中选择【文字平行】选项，在立即菜单 3 中选择【文字居中】选项，如图 5-32 所示。

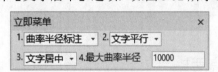

图 5-32

（3）根据系统提示拾取样条曲线。

（4）系统提示确定尺寸线位置，移动光标到合适位置单击，即可完成样条曲率半径的标注，结果如图 5-33 所示。

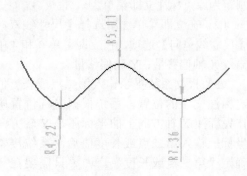

图 5-33

5.3 标注坐标和特殊符号

5.3.1 坐标标注

坐标标注命令主要用来标注原点、选定点或圆心（孔位）的坐标值。

坐标标注命令调用方法有以下几种。

（1）在命令行中输入dimco后按下Enter键。

（2）选择【标注】|【坐标标注】菜单命令。

（3）单击【标注】选项卡中的【坐标标注】按钮 。

执行上述操作之一后，在屏幕左下角弹出坐标标注立即菜单，在立即菜单1中可以选择不同的标注方式，如图5-34所示，下面分别予以介绍。

图 5-34

1. 原点标注

原点标注命令用于标注当前工作坐标系原点的 X 坐标值和 Y 坐标值。

（1）选择【标注】|【坐标标注】|【坐标标注】菜单命令，系统弹出坐标标注立即菜单，在立即菜单1中选择【原点标注】选项，立即菜单刷新为原点标注立即菜单。

（2）在立即菜单2中选择【尺寸线双向】或【尺寸线单向】选项，在立即菜单3和4中分别输入 X 轴偏移量、Y 轴偏移量。

（3）根据系统提示输入第二点或长度值以确定标注文字的位置，系统根据光标位置确定是首先标注 X 轴方向上的坐标还是 Y 轴方向上的坐标。输入第二点或长度值后，系统接着提示确定"第二点或长度"。如果只需要在一个坐标轴方向上标注，单击鼠标右键或按下Enter键结束，如果还需要在另一个坐标轴方向上标

注，接着输入第二点或长度值即可，结果如图5-35所示。

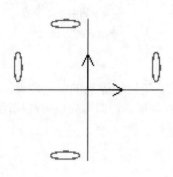

图 5-35

2. 快速标注

快速标注命令用于标注当前坐标系中任一标注点的 X 和 Y 轴方向的坐标值，标注格式由立即菜单确定。

（1）使用【点】菜单命令，绘制点。

（2）选择【标注】|【坐标标注】|【坐标标注】菜单命令，系统弹出坐标标注立即菜单，在立即菜单1中选择【快速标注】选项，其余几项设置如图5-36所示。

图 5-36

（3）根据系统提示确定标注点即可完成快速标注，结果如图5-37所示。

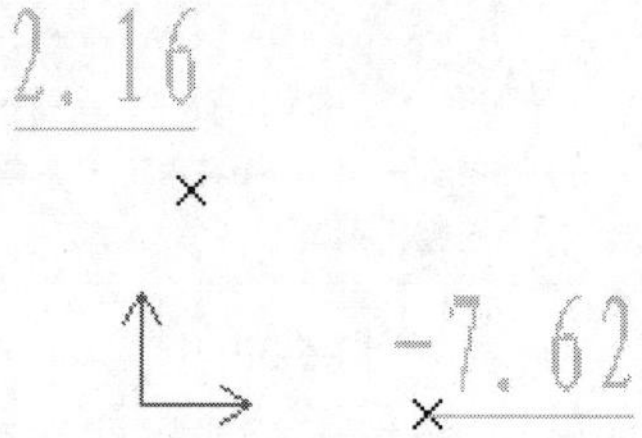

2.16

×

−7.62

×

图 5-37

3. 自由标注

自由标注命令用于标注当前坐标系中任一标注点的 X 轴和 Y 轴方向的坐标值，标注格式由用户给定。

（1）使用【直线】菜单命令，绘制直线。

（2）选择【标注】|【坐标标注】|【坐标标注】菜单命令，系统弹出坐标标注立即菜单，在立即菜单 1 中选择【自由标注】选项。

（3）在立即菜单 2 中选择【正负号】选项（选择【正负号】选项，则所标注的尺寸值取实际值，如果是负数，则保留负号；选择【正号】选项，则所标注的尺寸值取绝对直），在立即菜单 3 中选择【不绘制原点坐标】或【绘制原点坐标】选项，在立即菜单 6 中默认为测量值，用户也可以在其中输入尺寸值，如图 5-38 所示。

图 5-38

（4）根据系统提示输入标注点即可完成自由标注，结果如图 5-39 所示。

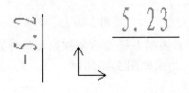

图 5-39

提示

如果用户在立即菜单 6 中输入尺寸值，则立即菜单 2 中的正负号控制不起作用。另外，是标注 X 坐标还是 Y 坐标以及尺寸线的位置由定位点控制。

4. 对齐标注

对齐标注为一组以第一个坐标标注为基准、尺寸线平行、尺寸文字对齐的标注。

（1）使用【直线】菜单命令，绘制直线。

（2）选择【标注】|【坐标标注】|【坐标标注】菜单命令，系统弹出坐标标注立即菜单，在立即菜单 1 中选择【对齐标注】选项，弹出对齐标注立即菜单，在立即菜单中设置对齐标注的样式，如图 5-40 所示。

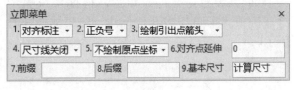

图 5-40

（3）标注第一个尺寸时，根据系统提示输入标注点、定位点即可。

（4）标注后续尺寸时，系统只提示确定标注点，选择一系列的标注点，即可完成一组尺寸文字对齐的坐标标注，如图 5-41 所示。

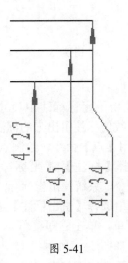

图 5-41

5. 孔位标注

孔位标注命令用于标注圆心或一个点的 X、Y 坐标值。

（1）使用【点】和【圆】菜单命令，绘制点和圆图形。

（2）选择【标注】|【坐标标注】|【坐标标注】菜单命令，系统弹出坐标标注立即菜单，在立即菜单 1 中选择【孔位标注】选项，弹出孔位标注立即菜单，在立即菜单中设置孔位标注的样式，如图 5-42 所示。

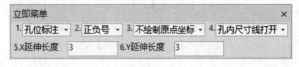

图 5-42

（3）设置好立即菜单后，根据系统提示拾取圆或点即可完成孔位标注，结果如图 5-43 所示。

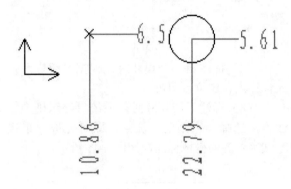

图 5-43

6. 引出标注

引出标注用于坐标标注中尺寸线或文字过于密集时，将数值标注引出来的标注。

（1）使用【点】命令，绘制点。

（2）选择【标注】|【坐标标注】|【坐标标注】菜单命令，系统弹出坐标标注立即菜单，在立即菜单 1 中选择【引出标注】选项，弹出引出标注立即菜单，单击立即菜单 4，选择【自动打折】选项，如图 5-44 所示。

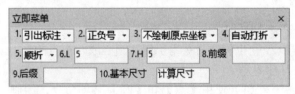

图 5-44

（3）根据系统提示依次拾取标注点和定位点，即可完成自动打折标注，结果如图 5-45 所示。

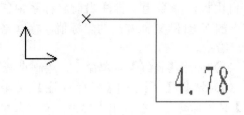

图 5-45

7. 自动列表标注

自动列表标注以表格方式列出标注点、圆心或样条插值点的坐标值。

（1）使用【点】和【圆】等命令，绘制点和圆形。

（2）选择【标注】|【坐标标注】|【坐标标注】菜单命令，系统弹出坐标标注立即菜单，在立即菜单 1 中选择【自动列表】选项，弹出自动列表标注立即菜单，系统提示"输入标注点或拾取圆（弧）或样条"，如图 5-46 所示。

图 5-46

（3）根据系统提示依次拾取标注点和序号插入点，结果如图 5-47 所示。

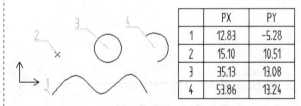

	PX	PY
1	12.83	-5.28
2	15.10	10.51
3	35.13	13.08
4	53.86	13.24

图 5-47

5.3.2 形位公差标注

形位公差标注用于标注形状和位置公差。可以拾取一个点、直线、圆或圆弧进行形位公差标注，要拾取的直线、圆或圆弧可以是尺寸或块里的组成元素。

形位公差标注命令调用方法有以下几种。

（1）在命令行中输入 fcs 后按下 Enter 键。

（2）选择【标注】|【形位公差标注】菜单命令。

（3）单击【标注】选项卡中的【形位公差】按钮⊕️。

形位公差标注的具体操作如下。

（1）选择【标注】|【形位公差标注】菜单命令，系统弹出如图 5-48 所示的【形位公差】对话框，在该对话框中选择相应的形位公差代号，再在【公差】文本框中输入公差值，单击【确定】按钮。

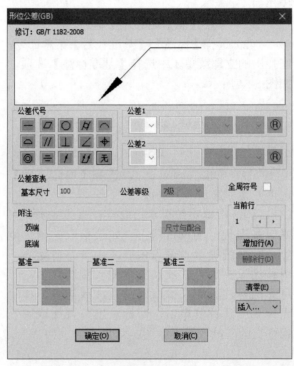

图 5-48

（2）系统弹出如图 5-49 所示的形位公差标注立即菜单，单击立即菜单 1 可以选择【水平标注】或【垂直标注】选项，然后根据系统提示依次输入引出线的转折点和定位点即可。

图 5-49

5.3.3　粗糙度标注

粗糙度标注用于标注表面粗糙度代号。

粗糙度标注命令调用方法有以下几种。

（1）在命令行中输入 rough 后按下 Enter 键。

（2）选择【标注】|【粗糙度】菜单命令。

（3）单击【标注】选项卡中的【粗糙度】按钮√。

粗糙度标注的具体操作如下。

（1）使用【圆】和【矩形】命令，绘制圆形和矩形图形。

（2）选择【标注】|【粗糙度】菜单命令，单击立即菜单 1 可以选择【简单标注】或【标准标注】方式，如图 5-50 所示。

图 5-50

（3）若在立即菜单 1 中选择【简单标注】方式，在立即菜单 2 中可以选择【默认方式】或【引出方式】，在立即菜单 3 中可以选择材料符号类型，即【去除材料】、【不去除材料】或【基本符号】，在立即菜单 4 中输入粗糙度值，根据系统提示拾取定位点、直线或圆弧，如采用默认方式，还要根据系统提示输入标注符号的旋转角，如采用引出方式，再输入标注的位置点。

（4）若在立即菜单 1 中选择【标准标注】方式，其立即菜单如图 5-51 所示，在立即菜单 2 中也可以选择【默认方式】或【引出方式】。系统弹出如图 5-52 所示的【表面粗糙度】对话框，在该对话框中输入应标注的粗糙度后，单击【确定】按钮，后面的步骤与简单标注方式相同，结果如图 5-53 所示。

图 5-51

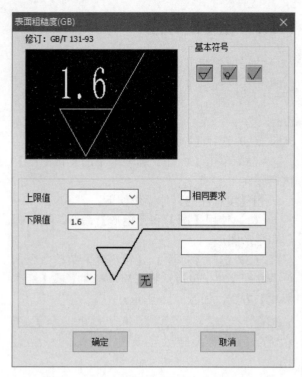

图 5-52

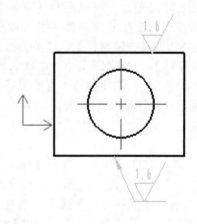

图 5-53

💡提示

简单标注方式只能选择粗糙度的符号类型和改变粗糙度的值。而标准标注方式是按GB/T 131—1993编制的，它是通过【表面粗糙度】对话框实现的，可以通过图标按钮选择不同的符号类型和纹理方向符号，通过【上限值】和【下限值】文本框输入上、下限值以及上、下说明。

5.3.4　基准代号标注

基准代号标注用于标注基准代号或基准目标。

基准代号标注命令调用方法有以下几种。

（1）在命令行中输入datum后按下Enter键。

（2）选择【标注】|【基准代号】菜单命令。

（3）单击【标注】选项卡中的【基准代号】按钮🅰。

执行上述操作之一后，系统弹出基准代号标注立即菜单，单击立即菜单1可以选择【基准标注】或【基准目标】标注方式。

基准代号标注中【基准标注】方式的具体操作如下。

（1）使用【圆】命令，绘制圆。

（2）选择【标注】|【基准代号】菜单命令，在弹出的立即菜单1中选择【基准标注】选项，如图 5-54 所示。

图 5-54

（3）单击立即菜单2，选择【给定基准】选项或【任选基准】选项。

（4）根据系统提示拾取点、直线或圆弧来确定基准代号的位置即可。如果拾取的是定位点，则系统提示"输入角度或由屏幕确定"，用移动鼠标的方式或从键盘输入旋转角后，即可完成标注。如果拾取的是直线或圆弧，移动光标到合适位置单击，即标注出与直线或圆弧相垂直的基准代号，如图 5-55 所示。

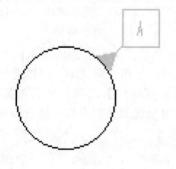

图 5-55

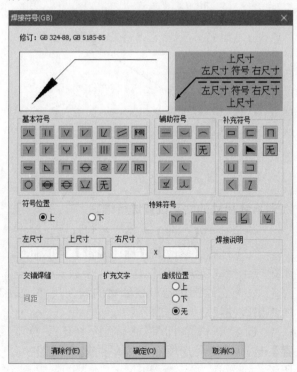

提示

在立即菜单 3 中可以切换【默认方式】（无引出线）或【引出方式】选项，立即菜单 4 可以改变基准代号名称，基准代号名称可以由两个字符或一个汉字组成。

5.3.5　焊接符号标注

焊接符号标注用于标注焊接位置尺寸及焊接说明。焊接符号标注命令调用方法有以下几种。

（1）在命令行中输入 weld 后按下 Enter 键。

（2）选择【标注】|【焊接符号】菜单命令。

（3）单击【标注】选项卡中的【焊接符号】按钮 。

焊接符号标注的具体操作如下。

（1）选择【标注】|【焊接符号】菜单命令，系统弹出【焊接符号】对话框，如图 5-56 所示。

图 5-56

（2）在对话框中对需要标注的焊接符号各选项进行设置后，单击【确定】按钮。

（3）根据系统提示依次拾取标注元素、引入引线转折点和定位点即可。

5.3.6　剖切符号注标

剖切符号标注用于标示剖面的剖切位置。剖切符号标注命令调用方法有以下几种。

（1）在命令行中输入 hatchpos 后按下 Enter 键。

（2）选择【标注】|【剖切符号】菜单命令。

（3）单击【标注】选项卡中的【剖切符号】按钮 。

剖切符号标注的具体操作如下。

（1）使用【圆】命令，绘制圆。

（2）选择【标注】|【剖切符号】菜单命令，系统弹出剖切符号立即菜单，如图 5-57 所示。

图 5-57

（3）以两点线的方式绘制剖切轨迹线，绘制完成后右键单击，结束画线状态，此时在剖切轨迹线的终止点显示沿最后一段剖切轨迹线法线方向的两个箭头。

（4）在两个箭头的一侧单击，确定箭头的方向，或右键单击取消箭头。

（5）在所需标注文字的位置单击，此步骤可以重复操作，直至右键单击结束，如图 5-58 所示。

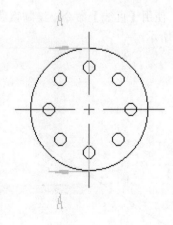

图 5-58

5.4 编辑标注

编辑标注就是对工程标注（尺寸、符号和文字）进行编辑。在 CAXA 中标注编辑命令只有一个，标注时系统将自动识别标注对象的类型，并做出相应的编辑操作。所有的编辑实际都是对有的标注做相应的位置编辑和内容编辑，这二者是通过立即菜单来切换的。位置编辑是指对尺寸或工程符号等位置的移动或角度的变换；而内容编辑是指对尺寸值、文字内容或符号内容的修改。

标注编辑命令调用方法有以下几种。

（1）在命令行中输入 dimedit 后按下 Enter 键。

（2）选择【修改】|【标注编辑】菜单命令。

（3）单击【标注】选项卡中的【标注编辑】按钮 。

根据工程标注分类，可将标注编辑分为尺寸编辑、文字编辑、工程符号编辑三类，下面分别予以说明。

5.4.1 尺寸编辑

尺寸编辑命令用于对已标注尺寸的尺寸线位置、文字位置或文字内容进行编辑修改。当进行编辑时拾取的对象为尺寸，则根据尺寸类型的不同进行不同的操作。

1. 对直线尺寸的尺寸线位置进行编辑

（1）使用【直线】命令，绘制直线并标注，如图 5-59 所示。

图 5-59

（2）选择【修改】|【标注编辑】菜单命令，系统提示拾取要编辑的标注。

（3）在绘图区拾取要编辑的直线尺寸，系统弹出线性尺寸编辑立即菜单，单击立即菜单 1 可选择对标注的尺寸线位置、文字位置、箭头形状进行编辑修改，立即菜单中其余选项设置如图 5-60 所示。

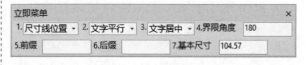

图 5-60

（4）根据系统提示确定尺寸线的新位置即可完成编辑操作（在立即菜单中可以修改文字的方向、文字位置以及尺寸界线的倾斜角度和尺寸值的大小等），如图 5-61 所示。

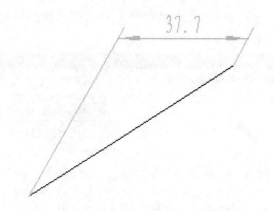

图 5-61

2. 对直线尺寸的文字位置进行编辑

（1）使用【直线】命令，绘制直线并标注。

（2）选择【修改】|【标注编辑】菜单命令，系统提示拾取要编辑的标注。

（3）在绘图区拾取要编辑的线性尺寸，系统弹出线性尺寸编辑立即菜单。

（4）单击立即菜单 1，选择【文字位置】选项，其余几项立即菜单的设置如图 5-62 所示。

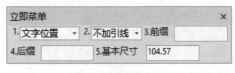

图 5-62

（5）根据系统提示确定文字的新位置即可完成编辑操作，如图 5-63 所示（文字位置的编辑只修改尺寸值大小和是否加引线）。

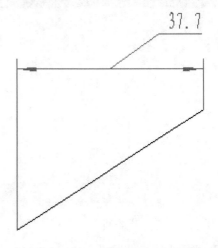

图 5-63

3. 对直线尺寸的箭头进行编辑

（1）使用【直线】命令，绘制直线并标注。

（2）选择【修改】|【标注编辑】菜单命令，系统提示拾取要编辑的标注。

（3）在绘图区拾取要编辑的线性尺寸，系统弹出线性尺寸编辑立即菜单。

（4）单击立即菜单1，选择【箭头形状】选项，弹出【箭头形状编辑】对话框，如图 5-64 所示，修改标注的左、右箭头形状为圆点，单击【确定】按钮，如图 5-65 所示。

图 5-64

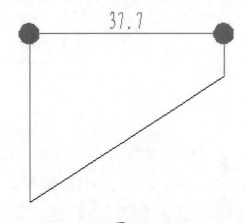

图 5-65

5.4.2　工程符号编辑

工程符号编辑命令用于对已标注的工程符号内容和风格进行编辑修改。

选择【修改】|【标注编辑】菜单命令，系统提示拾取要编辑的标注。

在绘图区拾取要编辑的工程符号，系统弹出相应的立即菜单，通过对立即菜单的切换可以对标注对象的位置和内容进行编辑修改。

5.5　设计范例

5.5.1　轴套图纸范例

⚠ **案例分析**

本节的范例是绘制轴套图纸，首先绘制外形部分和内孔，之后添加尺寸标注和剖面线，最后添加图幅和文字部分。

⚠ **案例操作**

步骤 01 绘制轴

❶ 单击【常用】选项卡中的【直线】按钮 ╱，
如图 5-66 所示。

❷ 在绘图区中，绘制中心线。

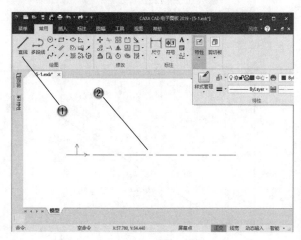

图 5-66

❸ 单击【常用】选项卡中的【孔/轴】按钮 ⬛，
如图 5-67 所示。

❹ 在绘图区中，绘制直径和长度分别为 36、
20，46、15，34、15，26、4，30、16 的 5 个轴。

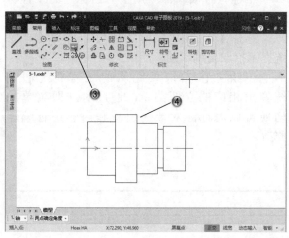

图 5-67

步骤 02 绘制孔

❶ 单击【常用】选项卡中的【孔/轴】按钮 ⬛，

如图 5-68 所示。

❷ 在绘图区中，绘制直径和长度分别为 26、
25，22、18，20、27 的孔。

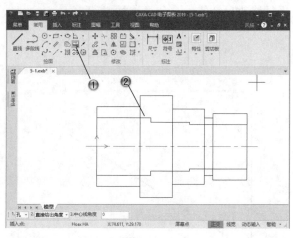

图 5-68

步骤 03 裁剪图形

❶ 单击【常用】选项卡中的【裁剪】按钮 ⬛，
如图 5-69 所示。

❷ 在绘图区中，裁剪图形。

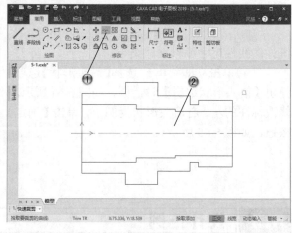

图 5-69

步骤 04 绘制直线

❶ 单击【常用】选项卡中的【直线】按钮 ╱，
如图 5-70 所示。

② 在绘图区中，绘制直线图形。

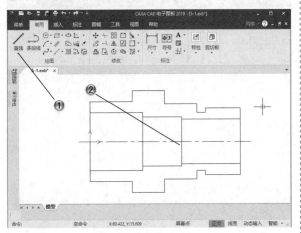

图 5-70

步骤 05 创建圆角

① 单击【常用】选项卡中的【圆角】按钮，如图 5-71 所示。

② 在绘图区中，创建两个半径为 4 的圆角。

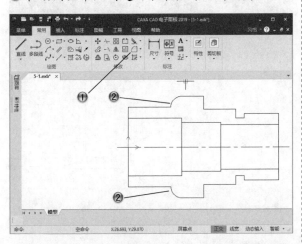

图 5-71

③ 单击【常用】选项卡中的【圆角】按钮，如图 5-72 所示。

④ 在绘图区中，创建两个半径为 2 的圆角。

步骤 06 绘制剖面线

① 单击【常用】选项卡中的【剖面线】按钮，如图 5-73 所示。

② 在绘图区中，绘制剖面线。

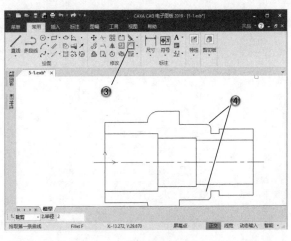

图 5-72

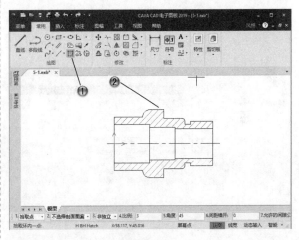

图 5-73

步骤 07 标注垂直尺寸

① 单击【标注】选项卡中的【智能标注】按钮，如图 5-74 所示。

② 在绘图区中，标注垂直尺寸。

③ 双击尺寸，修改尺寸前缀，如图 5-75 所示。

④ 在【尺寸标注属性设置】对话框中，单击【确定】按钮。

步骤 08 标注水平尺寸

① 单击【标注】选项卡中的【智能标注】按钮，如图 5-76 所示。

② 在绘图区中，标注内径尺寸。

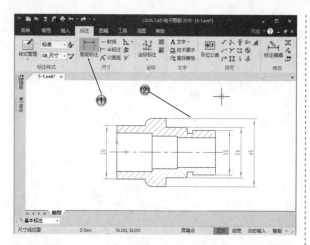

图 5-74

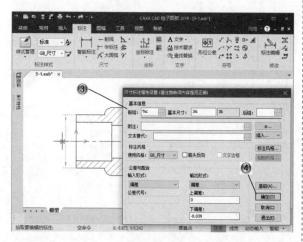

图 5-75

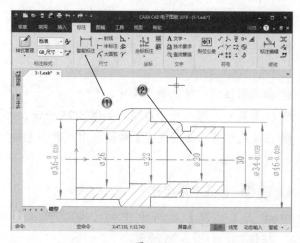

图 5-76

③ 单击【标注】选项卡中的【智能标注】
按钮┣┥，如图 5-77 所示。

④ 在绘图区中，标注水平尺寸。

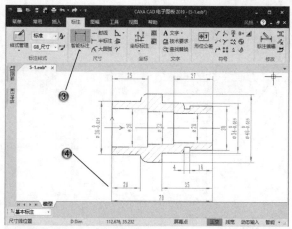

图 5-77

步骤 09 标注粗糙度

① 单击【标注】选项卡中的【粗糙度】按钮√，
如图 5-78 所示。

② 在绘图区中，标注粗糙度。

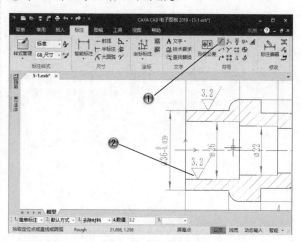

图 5-78

步骤 10 添加图幅

① 单击【图幅】选项卡中的【图幅设置】
按钮，创建图幅，如图 5-79 所示。

② 在【图幅设置】对话框中，设置图幅
参数。

③ 单击【确定】按钮。

步骤 11 填写标题栏

① 在绘图区中，双击标题栏，如图 5-80 所示。

② 在弹出的【填写标题栏】对话框中，输入标

题信息。

③ 在【填写标题栏】对话框中，单击【确定】按钮。

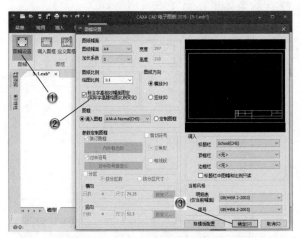

图 5-79

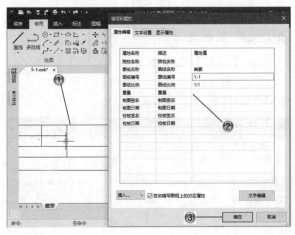

图 5-80

添加文字

① 单击【常用】选项卡中的【文字】按钮 **A**，如图 5-81 所示。

② 在绘图区中，添加技术要求。

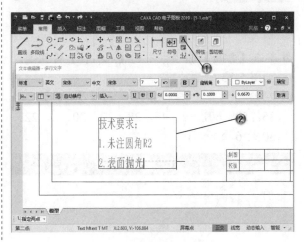

图 5-81

步骤 13 完成轴套图纸

完成的轴套图纸如图 5-82 所示。

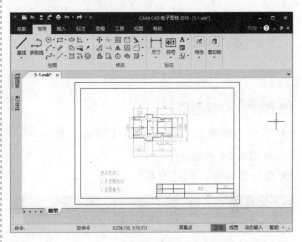

图 5-82

5.5.2 传动轴图纸范例

⚠ **案例分析**

本节的范例是绘制传动轴的图纸并标注，首先绘制轴，然后绘制剖面部分，再依次标注尺寸、公差、基准和粗糙度。

⚠ **案例操作**

步骤 01 绘制轴

① 单击【常用】选项卡中的【孔/轴】按钮⊞，如图 5-83 所示。

② 在绘图区中，绘制直径和长度分别为 32、35，50、60，32、45，28、20，20、6，22、30 的 6 个轴。

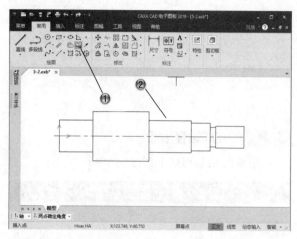

图 5-83

步骤 02 创建倒角

① 单击【常用】选项卡中的【倒角】按钮◿，如图 5-84 所示。

② 在绘图区中，创建左端倒角。

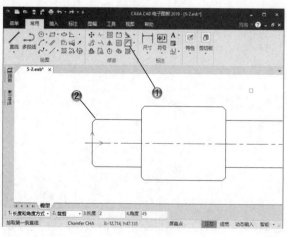

图 5-84

③ 单击【常用】选项卡中的【倒角】按钮◿，如图 5-85 所示。

④ 在绘图区中，创建右端倒角。

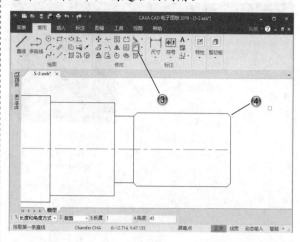

图 5-85

步骤 03 绘制直线

① 单击【常用】选项卡中的【直线】按钮／，如图 5-86 所示。

② 在绘图区中，绘制细实线。

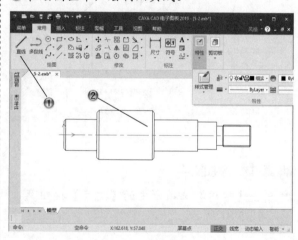

图 5-86

步骤 04 绘制槽

① 单击【常用】选项卡中的【直线】按钮／，如图 5-87 所示。

② 在绘图区中，绘制槽。

③ 单击【常用】选项卡中的【样条】按钮∿，如图 5-88 所示。

④ 在绘图区中，绘制样条曲线。

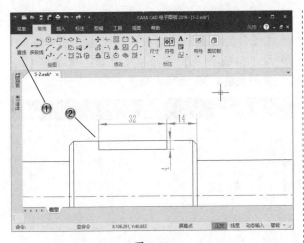

图 5-87

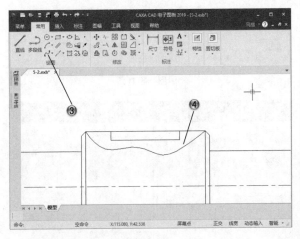

图 5-88

步骤 05 绘制剖面线

① 单击【常用】选项卡中的【剖面线】按钮，如图 5-89 所示。

② 在绘图区中，绘制剖面线。

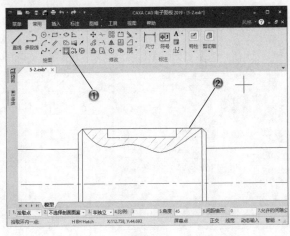

图 5-89

步骤 06 添加尺寸

① 单击【标注】选项卡中的【智能标注】按钮，如图 5-90 所示。

② 在绘图区中，标注水平尺寸。

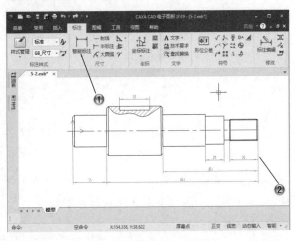

图 5-90

③ 单击【标注】选项卡中的【智能标注】按钮，如图 5-91 所示。

④ 在绘图区中，标注垂直尺寸。

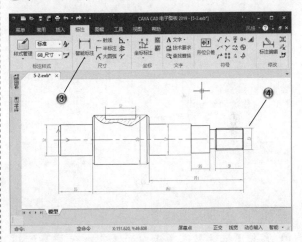

图 5-91

步骤 07 修改尺寸

① 双击尺寸，修改尺寸前缀和后缀，如图 5-92 所示。

② 在【尺寸标注属性设置】对话框中，单击【确定】按钮。

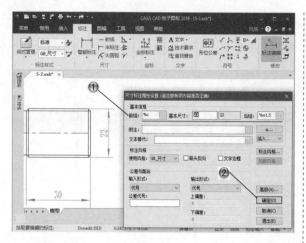

图 5-92

步骤 08 添加粗糙度

① 单击【标注】选项卡中的【粗糙度】按钮√，如图 5-93 所示。

② 在绘图区中，标注粗糙度。

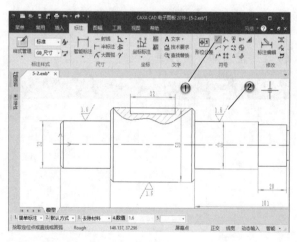

图 5-93

步骤 09 添加基准代号

① 单击【标注】选项卡中的【基准代号】按钮，如图 5-94 所示。

② 在绘图区中，添加基准 A。

③ 再次单击【标注】选项卡中的【基准代号】按钮，如图 5-95 所示。

④ 在绘图区中，添加基准 B。

步骤 10 添加形位公差

① 单击【标注】选项卡中的【形位公差】按钮

，如图 5-96 所示。

② 在【形位公差】对话框中，设置公差参数。

③ 在【形位公差】对话框中，单击【确定】按钮并放置，添加形位公差。

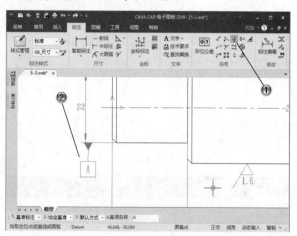

图 5-94

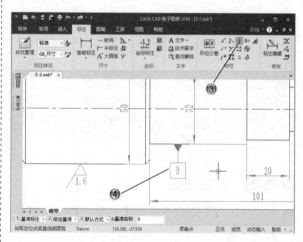

图 5-95

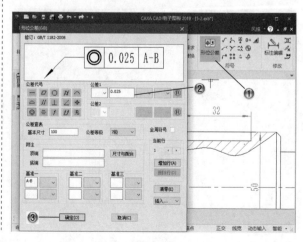

图 5-96

步骤 11 完成传动轴图纸

完成的传动轴图纸如图 5-97 所示。

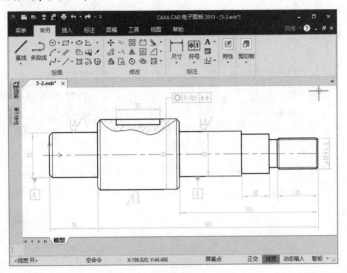

图 5-97

5.6 本章小结和练习

5.6.1 本章小结

本章讲解了工程标注属性的设置、各种标注方法以及编辑标注的方法等内容。CAXA 电子图板的尺寸标注命令，使绘制的图形更加完整和准确，便于之后的生产和制造，读者应结合范例进行学习。

5.6.2 练习

如图 5-98 所示，使用本章学过的各种命令来绘制端盖草图。创建步骤和方法如下。

（1）绘制中心线。

（2）绘制轴和孔部分。

（3）绘制剖面线。

（4）标注尺寸。

（5）添加公差和基准。

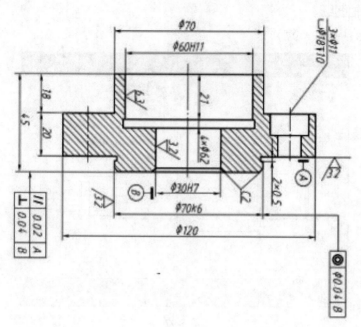

图 5-98

第 6 章

块与库操作

本章导读

　　块是由多种不同类型的图形元素组合而成的整体，组成块的元素属性可以同时被编辑修改，CAXA 电子图板为用户提供了将不同类型图形元素组合成块的功能；另外，CAXA 电子图板提供了强大的标准零件库，用户在绘图时可以直接提取这些图符插入到图中，还可以自行定义常用到的其他标准件或图形符号，即对图库进行扩充。

　　本章主要介绍 CAXA 电子图板的模型块操作和图形库操作等功能。

6.1 模型块

6.1.1 创建块

块是复合形式的图形元素，其应用十分广泛。CAXA 电子图板定义的块是复合型图形实体，可由用户定义，经过定义的块可以像其他图形元素一样进行整体的平移、旋转、复制等操作；块可以被打散，即将块分解为组合前的各个单一图形元素；利用块可以实现图形的消隐；利用块还可以存储与该块相关的非图形信息，即块属性，如块的名称、材料等。

块操作包括块创建、块插入、块分解、块消隐 4 个部分，下面分别予以介绍。

1. 块创建

块创建是指将一组实体组成一个整体的操作，可以嵌套使用，其逆过程为块分解。生成的块位于当前图层。

块创建命令调用方法有以下几种。

（1）在命令行中输入 block 后按下 Enter 键。

（2）选择【绘图】|【块】|【创建】菜单命令。

（3）单击【插入】选项卡中的【创建】按钮 。

块创建的具体操作如下。

（1）选择【绘图】|【块】|【创建】菜单命令，根据系统提示拾取要组成块的实体，右键单击确认后，确定定位点（块的定位点用于块的拖动定位）。

（2）系统弹出【块定义】对话框，如图 6-1 所示。在【名称】文本框中输入块名称，单击【确定】按钮即可。

图 6-1

提示

先拾取实体，然后右键单击，在系统弹出的右键快捷菜单中选择【块创建】命令，然后再根据系统提示输入块的基准点，这样也可以生成块。

2. 块插入

在 CAXA 电子图板中可以选择一个创建好的块并插入当前图形中。

块插入命令调用方法有以下几种。

（1）在命令行中输入 insertblock 后按下 Enter 键。

（2）选择【绘图】|【块】|【块插入】菜单命令。

（3）单击【插入】选项卡中的【插入】按钮 。

块插入的具体操作如下。

（1）选择【绘图】|【块】|【块插入】菜单命令，系统弹出【块插入】对话框，如图 6-2 所示。在该对话框中选择要插入的块，并设置插入块的比例和角度，单击【确定】按钮。

（2）根据系统提示在绘图区确定插入点，插入块。

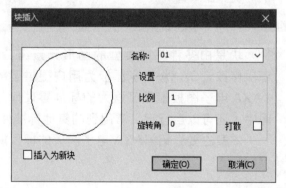

图 6-2

3. 块分解

块分解命令可以将块分解成为单个实体，

其逆过程为块创建。

块分解命令调用方法有以下几种。

（1）在命令行中输入 explode 后按下 Enter 键。

（2）选择【修改】|【分解】菜单命令。

（3）单击【常用】选项卡中的【分解】按钮。

选择【修改】|【分解】菜单命令，根据系统提示拾取一个或多个要分解的块，被选中的块呈红色显示，右键单击确认即可。

> **提示**
>
> 对于嵌套多级的块，每次分解一级。非分解的图符、标题栏、图框、明细表、剖面线等属性都是块。

4. 块消隐

若几个块之间相互重叠，则被拾取的块自动设为前景图形区，与之重叠的图形被消隐。

块消隐命令调用方法有以下几种。

（1）在命令行中输入 hide 后按下 Enter 键。

（2）选择【绘图】|【块】|【消隐】菜单命令。

（3）单击【插入】选项卡中的【消隐】按钮。

选择【绘图】|【块】|【消隐】菜单命令，系统弹出块消隐立即菜单，如图 6-3 所示，在立即菜单 1 中选择【消隐】选项。根据系统提示拾取要消隐的块即可连续操作。

图 6-3

> **提示**
>
> 在块消隐的命令状态下，拾取已经消隐的块即可取消消隐，只是这时要注意在块消隐立即菜单 1 中选择【取消消隐】选项。

6.1.2　编辑块

1. 块属性

块属性命令用于赋予、查询或修改块的非图形属性，如材料、比重、重量、强度、刚度等。其属性可以在标注零件序号时，自动添加到明细表中。

块属性命令调用方法有以下几种。

（1）在命令行中输入 attrib 后按下 Enter 键。

（2）选择【绘图】|【块】|【属性定义】菜单命令。

（3）单击【插入】选项卡中的【属性定义】按钮。

选择【绘图】|【块】|【属性定义】菜单命令，根据系统提示拾取块，系统弹出【属性定义】对话框，如图 6-4 所示。

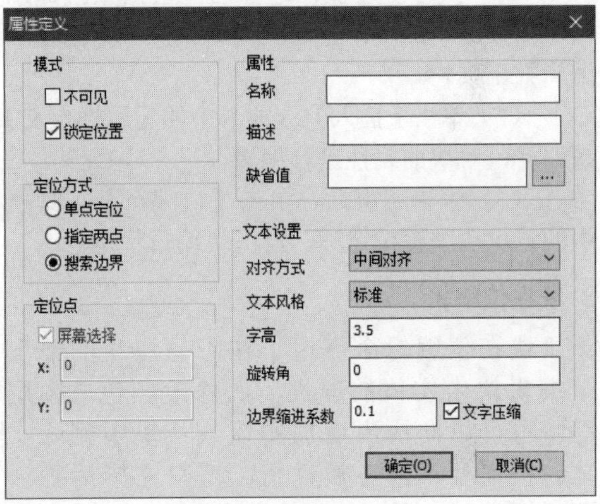

图 6-4

对话框中各选项介绍如下。

（1）【属性】选项组：用于设置块的名称、描述以及缺省值。

（2）【定位方式】选项组：包括单点定位、指定两点和搜索边界定位 3 种方式。

（3）【文本设置】选项组：用于指定属性文字的对齐方式、文字风格、字高和旋转角。

（4）【定位点】选项组：用于指定属性的位置，可以输入 X、Y，坐标值或者通过勾选【屏幕选择】复选框，在屏幕中拾取定位点。

> **提示**
>
> 在【属性定义】对话框中所填写的内容将与块一同存储，同时利用该对话框也可以对已经存在的块属性进行修改。

2. 块编辑

块编辑是指在只显示所编辑块的形式下对块的图形和属性进行编辑。

块编辑命令调用方法有以下几种。

（1）在命令行中输入 bedit 后按下 Enter 键。

（2）选择【绘图】|【块】|【块编辑】菜单命令。

（3）单击【插入】选项卡中的【块编辑】按钮。

块编辑的具体操作如下。

（1）执行上述操作之一后，根据系统提示拾取需要编辑的块，进入块编辑状态，弹出【块编辑】工具栏。

（2）单击【插入】选项卡中的【属性定义】按钮，对块的属性进行编辑。

（3）编辑结束后，单击【块编辑】工具栏中的退出块编辑按钮，退出块编辑状态。

3. 块在位编辑

块在位编辑命令用于在不分解块的情况下编辑块内实体的属性，如修改颜色、图层等，也可以向块内增加实体或从块中删除实体。按需要填写各属性值，填写完毕后确认即可。

块在位编辑命令调用方法有以下两种。

（1）选择【绘图】|【块】|【块在位编辑】菜单命令。

（2）单击【插入】选项卡中的【块在位编辑】按钮。

执行上述操作之一后，根据系统提示拾取块在位编辑的实体，右键单击确认即可。

4. 右键快捷菜单中的块操作命令

拾取块以后，单击鼠标右键可弹出右键快捷菜单，可以对拾取的块进行属性修改、删除、平移、复制、平移复制、粘贴、旋转、镜像、消隐和分解等操作，如图 6-5 所示。块的平移、删除、旋转、镜像等操作与一般实体相同，但是块是一种特殊的实体，它除了拥有一般实体的特性以外，还拥有一些其他实体所没有的特性，如线型、颜色、图层等。

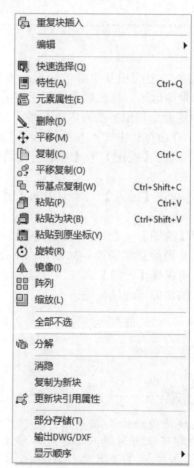

图 6-5

6.2 图形库

CAXA 电子图板定义了在设计时经常用到的各种标准件和常用的图形符号，如螺栓、螺母、轴承、垫圈、电气符号等。用户在设计绘图时可以直接提取这些图形符号插入图中，避免不必要的重复劳动，提高绘图效率。用户还可以自行定义要用到的其他标准件或图形符号，即对图库进行扩充。

CAXA 电子图板对图库中的标准件和图形符号统称为图符。图符分为参量图符和固定图符。电子图板为用户提供了对图库的编辑和管理功能。此外，对于已经插入图中的参量图符，还可以通过尺寸驱动的方式修改其尺寸规格。用户对图库可以进行提取图符、定义图符、驱动图符、图库管理、图库转换等操作。

1. 提取图符

提取图符就是从图库中选择合适的图符（如果是参量图符，还要选择其尺寸规格），并将其插入图中合适的位置。

提取图符命令调用方法有以下几种。

（1）在命令行中输入 sym 后按下 Enter 键。

（2）选择【绘图】|【图库】|【插入图符】菜单命令。

（3）单击【插入】选项卡中的【插入】按钮。

提取图符的具体操作如下。

（1）选择【绘图】|【图库】|【插入图符】菜单命令，弹出【插入图符】对话框，如图 6-6 所示。

（2）单击【下一步】按钮，系统弹出【图符预处理】对话框，按图 6-7 所示设置各选项，选择直径为 6 的螺栓后，单击【完成】按钮。

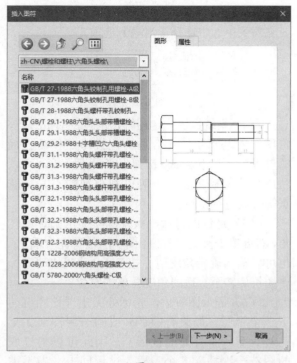

图 6-6

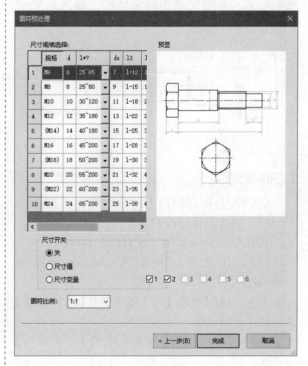

图 6-7

（3）在十字光标处出现图符的视图，图符的基点为光标的中心，图符的位置随十字光标的移动而移动，系统弹出如图 6-8 所示的图符立即菜单。在立即菜单 1 中选择【不打散】选项，在立即菜单 2 中选择【消隐】选项。

图 6-8

（4）系统提示确定图符定位点，单击一点，将图符的基点定位在合适的位置。在移动光标的过程中，按下 Space 键弹出工具点菜单，可以帮助用户精确定位，也可以利用智能点、导航点等方式进行定位。

（5）定位图符后，系统继续提示确定旋转角，右键单击接受缺省值，图符的位置完全确定；也可以输入旋转角度值并按 Enter 键或移动光标将图符旋转至合适的角度并单击定位。

（6）插入图符后，光标处又出现该图符的下一个视图（如果有的话）或同一视图（如果图符只有一个打开的视图），因此可以将提取的图符一次插入多个，插入过程同上，当不需要再插入时，右键单击结束即可。插入结果如图 6-9 所示。

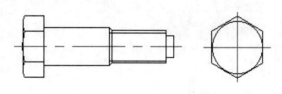

图 6-9

2. 图库管理

CAXA 为用户提供了对图库文件及图库中各个图符进行编辑修改的功能。

图库管理命令调用方法有以下几种。

（1）在命令行中输入 symman 后按下 Enter 键。

（2）选择【绘图】|【图库】|【图库管理】菜单命令。

（3）单击【插入】选项卡中的【图库管理】按钮。

执行上述操作之一后，弹出【图库管理】对话框，如图 6-10 所示。在该对话框中进行图符浏览、预显放大、检索及设置当前图符的方法与【插入图符】对话框完全相同。

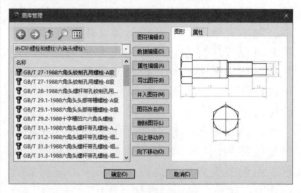

图 6-10

（1）【图符编辑】按钮：单击该按钮，可以对已经定义的图符进行全面的编辑修改，也可以利用该按钮从一个定义好的图符出发去定义另一个相类似的图符，以减少重复劳动。

（2）【数据编辑】按钮：单击该按钮，可以对参量图符的标准数据进行编辑修改。

（3）【属性编辑】按钮：单击该按钮，可以对图符的属性进行编辑修改。

（4）【导出图符】按钮：单击该按钮，可将需要导出的图符以"图库索引文件（*．idx）"的方式在系统中进行保存备份或者用于图库交流，操作方法如下。

在【图库管理】对话框中选中要导出的图符，单击【导出图符】按钮，弹出【浏览文件夹】对话框，如图 6-11 所示。选择导出图符保存的文件夹，单击【确定】按钮，完成图符的导出。

（5）【并入图符】按钮：单击该按钮，可以将用户在另一台计算机上定义的或其他目录下的图符加入到本计算机系统目录下的库中，操作方法如下。

在【图库管理】对话框中单击【并入图符】按钮，弹出【并入图符】对话框，如图 6-12 所示，在该对话框中选择要并入的图库索引文件。在【并入到】列表框中选择所要并入的文件夹，单击【并入】按钮，被选中的图符会存入指定的类别中。并入成功后，被并入的图符在列表中消失。

（6）【图符改名】按钮：单击该按钮，可以为图符命名新名称。

（7）【删除图符】按钮：单击该按钮，可以从图库中删除图符。

图 6-11

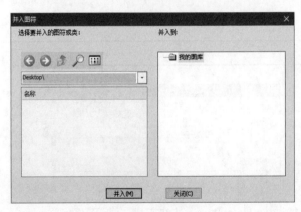

图 6-12

 提示

删除的图符文件不可恢复，删除之前请注意备份。

3. 驱动图符

驱动图符是指修改已经插入图中的参量图符某个视图的尺寸规格。

驱动图符命令调用方法有以下几种。

（1）在命令行中输入 symdry 后按下 Enter 键。

（2）选择【绘图】|【图库】|【驱动图符】菜单命令。

（3）单击【插入】选项卡中的【驱动图符】按钮。

驱动图符的操作方法如下。

（1）选择【绘图】|【图库】|【驱动图符】菜单命令，系统提示选择相应变更的图符。

（2）选取要驱动的图符后，系统弹出如图 6-13 所示的【图符预处理】对话框。在该对话框中修改图符的尺寸及各选项的设置，设置完成后单击【完成】按钮，被驱动的图符将被新图符所取代。

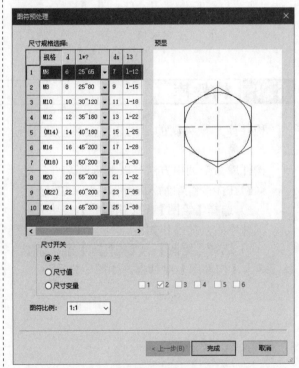

图 6-13

4. 图库转换

图库转换命令用于将低版本 CAXA 电子图

板中的图库（可以是自定义图库）转换为当前版本电子图板的图库格式。

图库转换命令调用方法有以下几种。

（1）在命令行中输入 symtran 后按下 Enter 键。

（2）选择【绘图】|【图库】|【图库转换】菜单命令。

（3）单击【插入】选项卡中的【图库转换】按钮🔳。

图库转换的操作方法如下。

（1）选择【绘图】|【图库】|【图库转换】菜单命令，弹出【图库转换】对话框，如图 6-14 所示，单击【下一步】按钮。

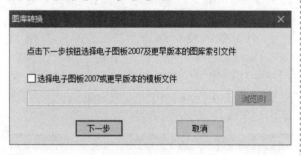

图 6-14

（2）系统弹出【打开旧版本主索引或小类索引文件】对话框，如图 6-15 所示。在该对话框中选择要转换的图库索引文件，单击【打开】按钮。

图 6-15

（3）选择需要转换的图符和存储的类，单击【转换】按钮完成图库转换。

6.3 构件库

构件库是一种新的二次开发模块的应用形式。

构件库命令调用方法有以下两种。

（1）在命令行中输入 conlib 后按下 Enter 键。

（2）选择【绘图】|【构件库】菜单命令。

构件库的具体操作如下。

（1）选择【绘图】|【构件库】菜单命令，系统弹出【构件库】对话框，如图 6-16 所示。

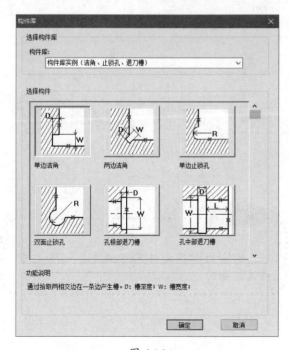

图 6-16

（2）在【构件库】下拉列表框中可以选择不同的构件库，在【选择构件】列表框中以图标按钮的形式列出了所选构件库中的所有构件，单击某一构件后在【功能说明】选项组中将列出所选构件的功能说明，单击【确定】按钮，根据系统提示拾取相交边，即可产生相应的槽。

6.4 技术要求库

技术要求库用数据库文件分类的方式记录了常用的技术要求文本项，可以辅助生成技术要求文本插入工程图中，也可以对技术要求库中的类别和文本进行添加、删除和修改操作。

技术要求库命令调用方法有以下几种。

（1）在命令行中输入speclib后按下Enter键。

（2）选择【标注】|【技术要求库】菜单命令。

（3）单击【标注】选项卡中的【技术要求库】按钮 。

技术要求库的具体操作如下。

（1）选择【标注】|【技术要求库】菜单命令，系统弹出【技术要求库】对话框，如图6-17所示。

在该对话框中，左下角的列表框中列出了所有已有的技术要求类别，右下角的文本框中列出了当前类别的所有文本项。顶部的【标题内容】文本框用来编辑要插入工程图的技术要求文本。如果某个文本项内容较多、显示不全，可以将光标移到文本框任意两个相邻行的选择区之间，此时光标形状发生变化，按住鼠标左键向下拖动，则行的高度增大，向上拖动，则行的高度减小。

（2）如果技术要求库中已经有了要用到的文本，则可以在切换到相应的类别后利用鼠标直接将文本从下面的文本框拖到正文内容文本框中。

（3）单击【标题设置】或【正文设置】按钮，弹出【文字参数设置】对话框，修改技术要求文本要采用的文字参数，如图6-18所示。完成编辑后，单击【确定】按钮，再单击【生成】按钮，根据系统提示在绘图区指定技术要求所在的区域，系统生成技术要求文本并将其插入到工程图中。

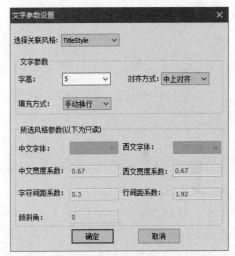

图 6-18

> **提示**
>
> 设置的文字参数是技术要求正文的参数，而【技术要求库】对话框的【标题内容】文本框中的"技术要求"字样由系统自动生成，并相对于指定区域中上对齐，因此在【标题内容】文本框中不需要输入文字。另外，技术要求库的管理工作也是在【技术要求库】对话框中进行的。

图 6-17

6.5 设计范例

6.5.1 支架剖视图范例

⚠ **案例分析**

　　本节的范例是绘制支架的剖视图。首先绘制左侧部分，之后绘制右侧部分，注意其位置关系，最后进行剖面线的绘制等操作。

⚠ **案例操作**

步骤 01 绘制轴

① 单击【常用】选项卡中的【直线】按钮 ／，如图 6-19 所示。

② 在绘图区中，绘制中心线。

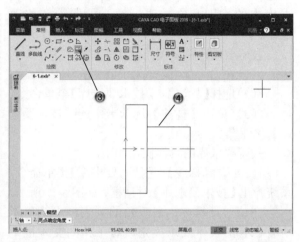

图 6-20

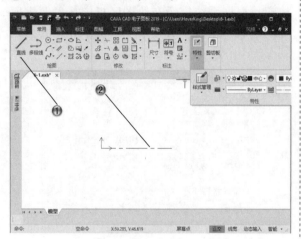

图 6-19

③ 单击【常用】选项卡中的【孔 / 轴】按钮 ，如图 6-20 所示。

④ 在绘图区中，绘制直径和长度分别为 60、15 和 30、25 的轴。

步骤 02 绘制孔

① 单击【常用】选项卡中的【孔 / 轴】按钮 ，如图 6-21 所示。

② 在绘图区中，绘制直径和长度分别为 24、5 和 18、35 的孔。

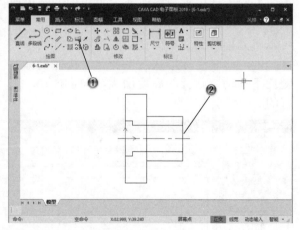

图 6-21

步骤 03 创建倒角

① 单击【常用】选项卡中的【倒角】按钮 ，如图 6-22 所示。

② 在绘图区中，创建倒角。

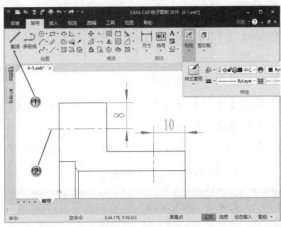

图 6-22

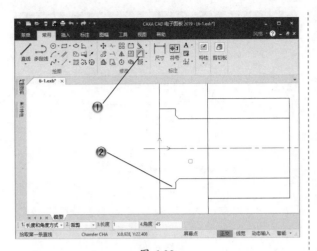

步骤 04 绘制直线

① 单击【常用】选项卡中的【直线】按钮 ／，
如图 6-23 所示。

② 在绘图区中，绘制直线图形。

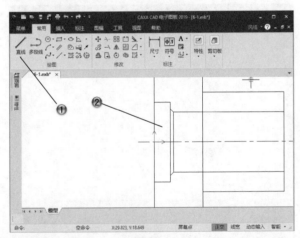

图 6-23

步骤 05 绘制两个孔

① 单击【常用】选项卡中的【直线】按钮 ／，
如图 6-24 所示。

② 在绘图区中，绘制中心线。

③ 单击【常用】选项卡中的【直线】按钮 ／，
如图 6-25 所示。

④ 在绘图区中，绘制孔。

图 6-24

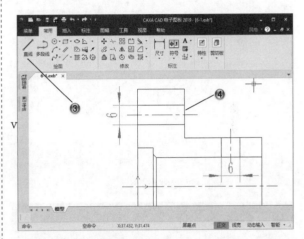

图 6-25

步骤 06 创建圆角

① 单击【常用】选项卡中的【圆角】按钮 ◯，
如图 6-26 所示。

② 在绘图区中，创建半径为 2 的圆角。

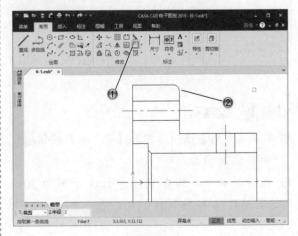

图 6-26

步骤 07 绘制轴

① 单击【常用】选项卡中的【直线】按钮 ⁄，如图 6-27 所示。

② 在绘图区中，绘制中心线。

③ 单击【常用】选项卡中的【孔 / 轴】按钮，如图 6-28 所示。

④ 在绘图区中，绘制直径和长度分别为 50、25 和 40、20 的轴。

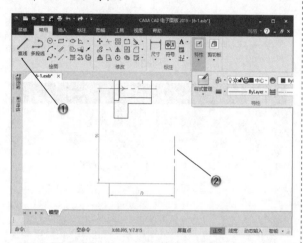

图 6-27

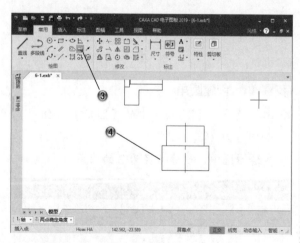

图 6-28

步骤 08 绘制孔

① 单击【常用】选项卡中的【孔 / 轴】按钮，如图 6-29 所示。

② 在绘图区中，绘制直径和长度分别为 30、20，34、4 和 25、21 的孔。

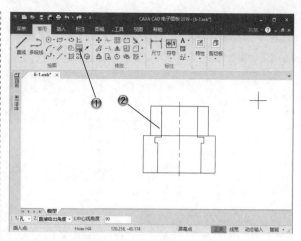

图 6-29

步骤 09 裁剪图形

① 单击【常用】选项卡中的【裁剪】按钮，如图 6-30 所示。

② 在绘图区中，裁剪图形。

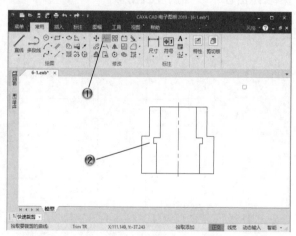

图 6-30

步骤 10 绘制直线

① 单击【常用】选项卡中的【直线】按钮 ⁄，如图 6-31 所示。

② 在绘图区中，绘制直线。

③ 单击【常用】选项卡中的【直线】按钮 ⁄，如图 6-32 所示。

④ 在绘图区中，绘制对应直线。

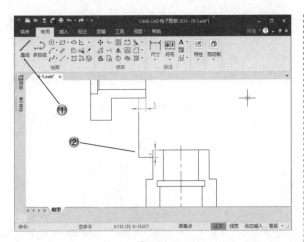

图 6-31

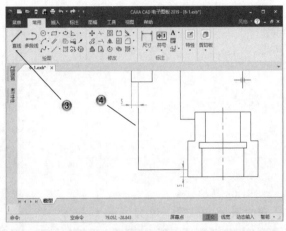

图 6-32

步骤 11 裁剪图形

① 单击【常用】选项卡中的【直线】按钮 ╱，如图 6-33 所示。

② 在绘图区中，绘制距离直线。

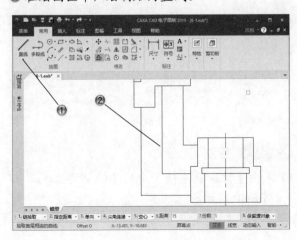

图 6-33

③ 单击【常用】选项卡中的【裁剪】按钮 ，如图 6-34 所示。

④ 在绘图区中，裁剪图形。

步骤 12 创建圆角

① 单击【常用】选项卡中的【圆角】按钮 ，如图 6-35 所示。

② 在绘图区中，创建半径为 20 的圆角。

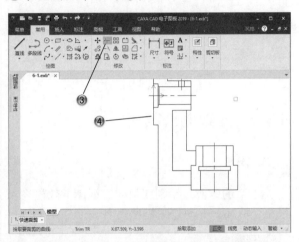

图 6-34

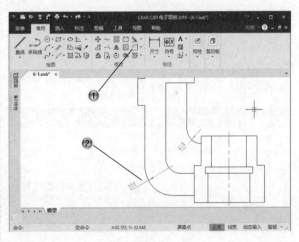

图 6-35

③ 单击【常用】选项卡中的【圆角】按钮 ，如图 6-36 所示。

④ 在绘图区中，创建半径为 1 的圆角。

步骤 13 完成支架剖视图

完成的支架剖视图如图 6-37 所示。

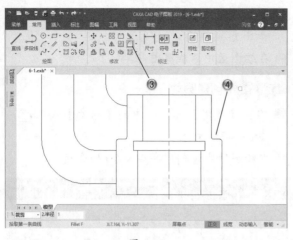

图 6-36

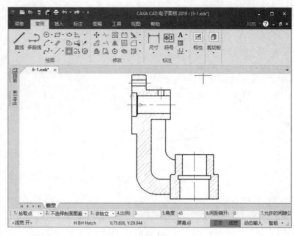

图 6-37

6.5.2 支架图纸范例

⚠ **案例分析**

本节的范例是绘制支架的右视图并绘制图纸。首先绘制对应的右视图，之后绘制剖视图，再进行尺寸标注，并创建图幅和文字。

⚠ **案例操作**

步骤 01 绘制矩形

① 单击【常用】选项卡中的【直线】按钮 ✐，如图 6-38 所示。

② 在绘图区中，绘制中心线。

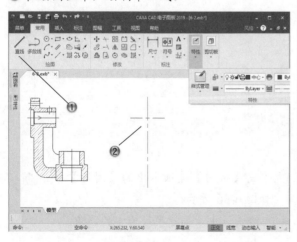

图 6-38

③ 单击【常用】选项卡中的【矩形】按钮 ▢，

如图 6-39 所示。

④ 在绘图区中，绘制边长为 60 的矩形。

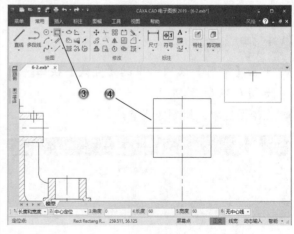

图 6-39

步骤 02 绘制同心圆

① 单击【常用】选项卡中的【圆】按钮 ◉，如图 6-40 所示。

② 在绘图区中，绘制直径分别为 24、20、18 的同心圆。

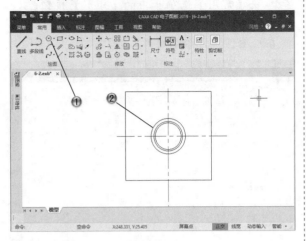

图 6-40

步骤 03 绘制小圆

① 单击【常用】选项卡中的【圆】按钮 ⊙，如图 6-41 所示。

② 在绘图区中，绘制直径为 6 的圆。

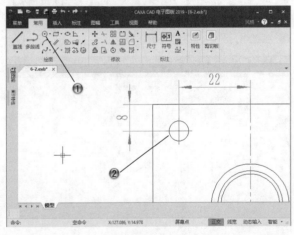

图 6-41

③ 单击【常用】选项卡中的【圆】按钮 ⊙，如图 6-42 所示。

④ 在绘图区中，绘制直径为 8 的细实线圆。

步骤 04 裁剪圆形

① 单击【常用】选项卡中的【裁剪】按钮 ⊹，如图 6-43 所示。

② 在绘图区中，裁剪图形。

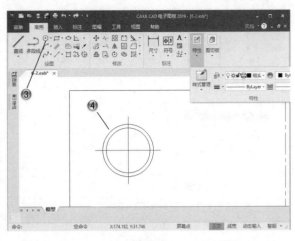

图 6-42

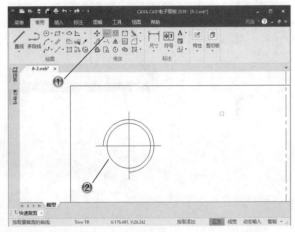

图 6-43

步骤 05 创建块

① 单击【插入】选项卡中的【创建】按钮 🖼，如图 6-44 所示。

② 在绘图区中，选择图形。

③ 在【块定义】对话框中，单击【确定】按钮，创建块。

步骤 06 插入块

① 单击【插入】选项卡中的【插入】按钮 🖼，如图 6-45 所示。

② 在绘图区中，放置 3 个块。

③ 在【块插入】对话框中，单击【确定】按钮。

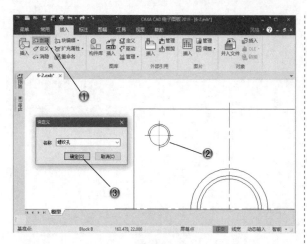

图 6-44

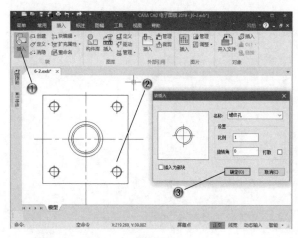

图 6-45

步骤 07 创建圆角

① 单击【常用】选项卡中的【圆角】按钮，如图 6-46 所示。

② 在绘图区中，创建半径为 8 的圆角。

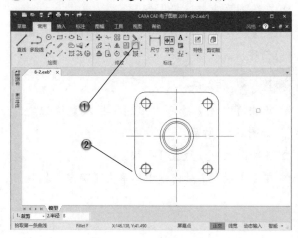

图 6-46

步骤 08 绘制矩形

① 单击【常用】选项卡中的【矩形】按钮，如图 6-47 所示。

② 在绘图区中，绘制矩形。

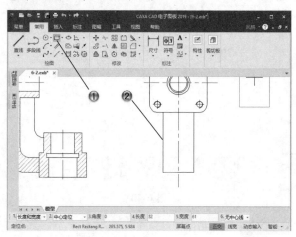

图 6-47

步骤 09 复制图形

① 单击【常用】选项卡中的【平移复制】按钮，如图 6-48 所示。

② 在绘图区中，复制轴图形。

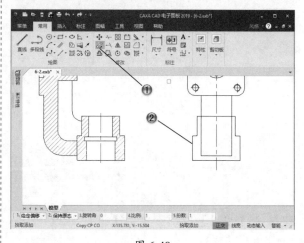

图 6-48

步骤 10 绘制直线

① 单击【常用】选项卡中的【直线】按钮，如图 6-49 所示。

② 在绘图区中，绘制直线图形。

步骤 11 裁剪图形

① 单击【常用】选项卡中的【裁剪】按钮，

如图 6-50 所示。

② 在绘图区中，裁剪图形。

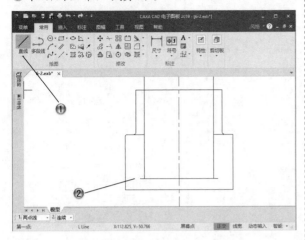

图 6-49

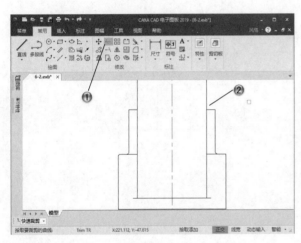

图 6-50

步骤 12 绘制轴

① 单击【常用】选项卡中的【孔 / 轴】按钮，
如图 6-51 所示。

② 在绘图区中，绘制长度和直径分别为 32、15
和 15、6 的轴。

③ 单击【常用】选项卡中的【裁剪】按钮，
如图 6-52 所示。

④ 在绘图区中，裁剪图形。

步骤 13 绘制剖面线

① 单击【常用】选项卡中的【剖面线】按钮，
如图 6-53 所示。

② 在绘图区中，绘制剖面线。

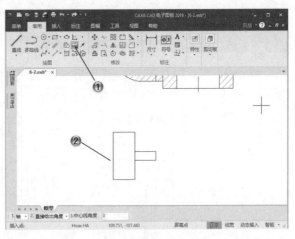

图 6-51

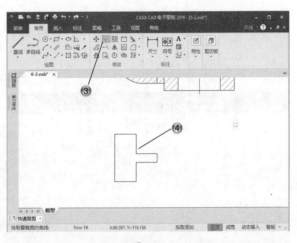

图 6-52

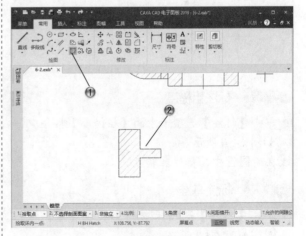

图 6-53

步骤 14 标注剖视图尺寸

① 单击【常用】选项卡中的【尺寸】按钮，
如图 6-54 所示。

② 在绘图区中，标注剖视图尺寸。

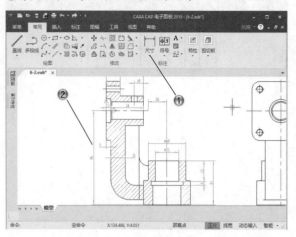

图 6-54

③ 单击【常用】选项卡中的【尺寸】按钮，
如图 6-55 所示。

④ 在绘图区中，标注圆角尺寸。

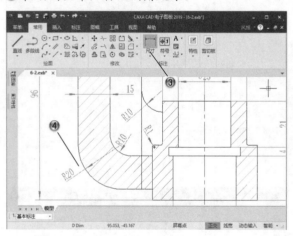

图 6-55

步骤 ⑮ 标注粗糙度

① 单击【标注】选项卡中的【粗糙度】按钮√，
如图 6-56 所示。

② 在绘图区中，标注粗糙度。

步骤 ⑯ 标注基准

① 单击【标注】选项卡中的【基准代号】按钮
，如图 6-57 所示。

② 在绘图区中，添加基准 A。

步骤 ⑰ 标注形位公差

① 单击【标注】选项卡中的【形位公差】按钮

，如图 6-58 所示。

② 在绘图区中，设置形位公差。

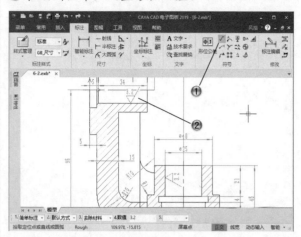

图 6-56

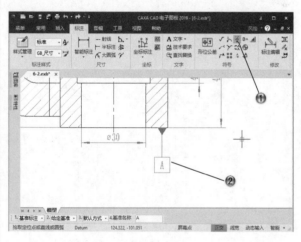

图 6-57

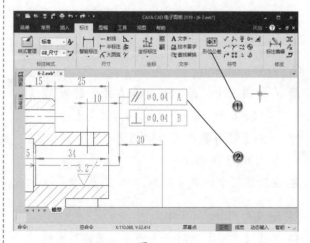

图 6-58

步骤 18 标注侧视图

① 单击【标注】选项卡中的【智能标注】按钮 ㅐ，如图 6-59 所示。

② 在绘图区中，标注侧视图。

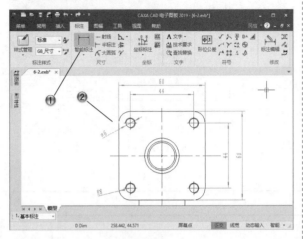

图 6-59

步骤 19 标注截面视图

① 单击【标注】选项卡中的【智能标注】按钮 ㅐ，如图 6-60 所示。

② 在绘图区中，标注截面视图。

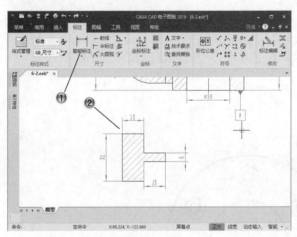

图 6-60

步骤 20 添加图幅

① 单击【图幅】选项卡中的【图幅设置】按钮，创建图幅，如图 6-61 所示。

② 在【图幅设置】对话框中，设置图幅参数。

③ 单击【确定】按钮。

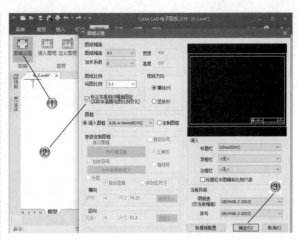

图 6-61

步骤 21 填写标题栏

① 在绘图区中，双击标题栏，如图 6-62 所示。

② 在弹出的【填写标题栏】对话框中，输入标题信息。

③ 在【填写标题栏】对话框中，单击【确定】按钮。

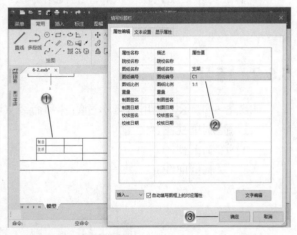

图 6-62

步骤 22 添加文字

① 单击【常用】选项卡中的【文字】按钮 **A**，如图 6-63 所示。

② 在绘图区中，添加技术要求。

步骤 23 完成支架图纸

完成的支架图纸如图 6-64 所示。

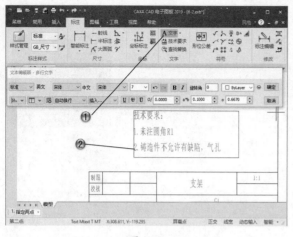

图 6-63　　　　　　　　　　　　　图 6-64

6.6　本章小结和练习

6.6.1　本章小结

　　本章主要介绍了软件中块和库的使用方法，读者绘图时应熟练掌握 CAXA 电子图板中创建和编辑块、创建和管理属性块以及图库的调用方法。使用适合自己的块和库属性，可以极大地提高绘图效率。

6.6.2　练习

　　如图 6-65 所示，使用本章学过的各种命令来绘制法兰草图，一般创建步骤和方法如下。
　　（1）绘制主视图。
　　（2）绘制剖视图。
　　（3）绘制剖面线。

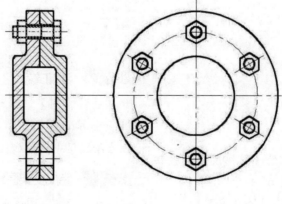

图 6-65

第 **7** 章

CAXA 三维实体
设计基础和草图绘制

本章导读

　　CAXA 3D 实体设计是集创新设计、工程设计、协同设计于一体的 3D CAD 系统解决方案，易学易用、快速设计和兼容协同是其最大的特点。它包含三维建模、协同工作和分析仿真等各种功能，其易操作性和设计速度快等优点帮助工程师将更多的精力用于产品设计本身，而不是软件使用的技巧。二维草图在三维设计中占有重要的地位，可以在指定平面上绘制二维图形，并利用一些特征创建工具将二维草图通过指定的方式生成三维实体或曲面，以完成特殊零件的造型设计。

　　本章主要介绍 CAXA 软件的入门知识，包括软件界面及操作、智能图素、捕捉和三维球应用，另外还将介绍二维草图绘制和草图约束编辑功能。

7.1 CAXA 实体设计 2019 界面及操作

7.1.1 CAXA 三维实体 2019 设计界面

选择【开始】|【所有程序】|CAXA|【CAXA 3D 实体设计 2019】菜单命令，或直接双击桌面上的【CAXA 3D 实体设计 2019】图标，弹出【欢迎】对话框，如图 7-1 所示。

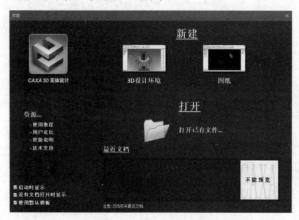

图 7-1

选择【3D 设计环境】或者【图纸】按钮，即可开始下一个新项目。如果不希望每次启动软件时都弹出【欢迎】对话框，取消启用【启动时显示】复选框。

启动 CAXA 3D 实体设计 2019 后，新建一个文件或者打开一个文件后，将进入软件的基本操作界面，如图 7-2 所示。

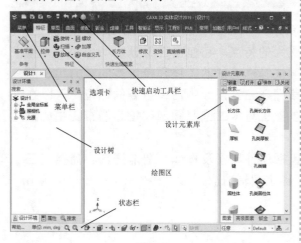

图 7-2

软件包括【特征】、【草图】、【曲面】、【装配】、【钣金】、【焊接】、【工具】、【智能设计批注】、【显示】、【二程标注】、PMI、【常用】和【加载应用程序】等工具选项卡。

软件的菜单栏包含【文件】、【编辑】、【显示】、【生成】、【修改】、【工具】、【设计工具】、【装配】、【设置】、【设计元素】、【窗口】和【帮助】菜单，如图 7-3 所示。

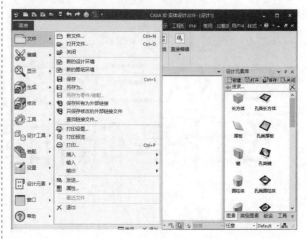

图 7-3

7.1.2 CAXA 三维实体 2019 文件管理操作

1. 打开 CAXA 3D 实体设计的文件

【打开】命令用来打开一个已经创建好的文件。选择【文件】|【打开】菜单命令，打开【打开】对话框，如图 7-4 所示，它和大多数软件的打开文件对话框相似，这里不再详细介绍了。

2. 保存 CAXA 3D 实体设计的文件

在 CAXA 3D 实体设计工作完成后，或者准备开始另一个项目时，需要保存文件。CAXA 3D 实体设计将所有的设计环境或图样部分及所有相关内容都保存在一个文件夹中。

选择【文件】|【保存】菜单命令，或单击快速启动工具栏中的【保存】按钮 🔲，弹出【另存为】对话框，如图 7-5 所示。

图 7-4

图 7-5

选择保存文件的目录，输入相应的文件名，单击【保存】按钮。

CAXA 3D 实体设计生成的文件类型为：设计文件（*.ics）。CAXA 3D 实体设计用现有的文件名保存文件。当需要备份现有文件时，可使用【另存为】命令。

3. 退出 CAXA 3D 实体设计 2019

当设计完成，并将文件保存后，选择【文件】|【退出】菜单命令，即可退出 CAXA 3D 实体设计 2019。或者直接单击设计界面右上角的【关闭】按钮✕，弹出消息对话框，如图 7-6 所示，单击【是】按钮保存文件，保存成功后系统会自动退出软件。若不想保存文件，可单击【否】按钮，系统也会自动退出软件。

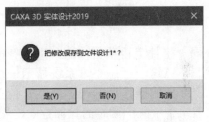

图 7-6

7.2 智能图素和捕捉应用

7.2.1 智能图素应用基础

CAXA 实体可以直接应用智能图素方便快捷地进行设计，通过设计树可以直观地选择设计图素，便捷高效地修改和编辑三维设计，并且可以基于可视化的参数驱动对其进行编辑或修改。

CAXA 3D 实体设计的设计界面中右边的【设计元素库】中包括【关节件】、【动画】、【图素】、【工具】、【水箱】、【真实感贴图】、【纹理】、【表面光泽】、【贴图】、【钣金】、【颜色】和【高级图素】等。

1. 图素的选取及其编辑状态

（1）选取图素。

利用设计元素库提供的智能图素，并结合简单的拖放操作是 CAXA 3D 实体设计易学易用的最大优势。在对图素进行操作前，需要先选定它。如果要移动一个长方体图素，需要先选定它，然后将其拖放到设计界面。

（2）智能图素编辑状态。

零件在设计过程中可以具有不同的编辑状态，以提供不同层次的修改或编辑。

在零件上单击一次，该零件的轮廓以青色高亮显示，零件的某一位置会显示一个表示相对坐标原点的锚点标记，如图7-7所示。

图 7-7

在同一零件上再单击一次，进入智能图素编辑状态。在这一状态下，系统显示一个包围盒和6个方向的操作柄。在零件某一角点显示的箭头表示了生成图素时的拉伸方向，如图7-8所示。

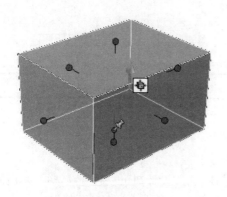

图 7-8

在同一零件的某一表面上再单击一次，这时表面的轮廓以绿色高亮显示，此时进行任何操作只会影响选中的表面，对于线条有同样的操作效果，如图7-9所示。

2. 包围盒与操作柄

在默认状态下，对实体单击两次，即可进入智能图素编辑状态。在这一状态下，系统显示一个包围盒和6个方向的操作柄。在实体设计中，可以直接通过拖动的方式编辑零件尺寸，而不必设定尺寸值，如图7-10所示。

图 7-9

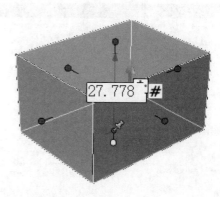

图 7-10

右键单击包围盒操作柄，在弹出的快捷菜单中选择【编辑包围盒】命令，弹出【编辑包围盒】对话框。该对话框中显示了当前包围盒的尺寸数值，如图7-11所示。

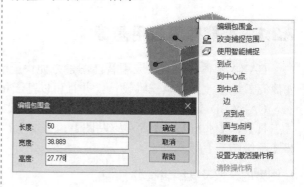

图 7-11

3. 定位锚

CAXA 3D实体设计中的每一个元素都有一个定位锚，它由一个绿点和两条绿色线段组成，呈 L 状。当一个图素被放进设计环境中而成为一个独立的零件时,定位锚所在位置就会显示一个图钉形标志。定位锚的长的方向表示对象的高度轴,短的方向表示对象的长度轴,没有标记的方向表示对象的宽度轴,如图 7-12 所示。

定位锚

图 7-12

4. 智能图素方向及属性设置

打开【设计环境】中的设计树,选择【属性】选项卡,如图 7-13 所示。其中包括【消息】、【动作】、【属性】、【智能渲染设置】等选项。在【动作】选项中可以选择对智能图素进行的操作,如抽壳和三维球移动复制等;在【属性】选项中可以对智能图素的包围盒、质量和显示等内容进行设置。

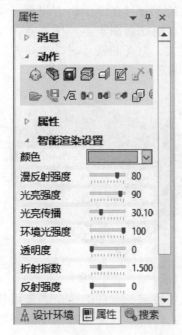

图 7-13

当将智能图素拖入设计环境中作为独立图素时,其方向是由它的定位锚决定的。也就是说,定位锚的方向与设计环境坐标系的方向一致,长、宽、高分别与坐标系的 X、Y、Z 轴平行。

当智能图素被拖到其他的图素上时,智能图素的方向会受到其放置表面的影响,智能图素的高度正方向垂直于其放置表面,如图 7-14 所示。

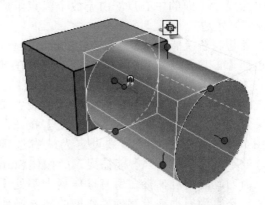

图 7-14

在智能图素状态下单击鼠标右键,在弹出的快捷菜单中选择【智能图素属性】命令,如果选择的是一个拉伸生成的智能图素,则弹出【拉伸特征】对话框,可以在其中设置拉伸参数,如图 7-15 所示。如果选择的是一个旋转生成的智能图素,则会弹出【旋转特征】对话框。

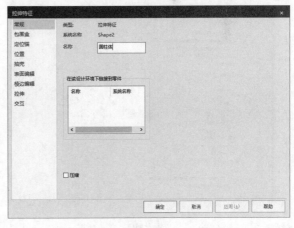

图 7-15

7.2.2 智能捕捉

CAXA 3D 实体设计具有强大的智能捕捉

功能，除了可用于尺寸修改之外，还具有强大的定位功能。通过智能捕捉反馈，可以使图素组件沿边或角对齐，也可以把零件的图素组件置于其他零件表面的中心位置。利用智能捕捉，可以将图素组件相与其他表面对齐或进行定位。

智能捕捉各种点的绿色反馈显示特征有 3 种：大的绿点表示顶点，小的绿点表示一条边的中点或一个面的中心点，由无数个绿点组成的点线表示边。

若想将智能捕捉指定为操作柄的缺省操作，可选择【工具】|【选项】菜单命令，然后在弹出的【选项】对话框中选择【交互】选项卡，并选择第一个选项【捕捉作为操作柄的缺省操作（无 Shift 键）】，然后单击【确定】按钮，如图 7-16 所示。当该选项被设定为缺省选项时，就不必为了激活"智能捕捉"而按住 Shift 键，因为此时智能捕捉在所有操作柄上都处于激活状态。当捕捉被设置为操作柄的缺省操作时，按住 Shift 键可禁止智能捕捉操作柄进行操作。

图 7-16

1. 智能捕捉设置

右键单击相应的操作柄，从弹出的快捷菜单中选择【改变捕捉范围】命令，弹出【操作柄捕捉设置】对话框，如图 7-17 所示。

图 7-17

【线性捕捉增量】文本框用于设定拖动操作柄时每次的增减量。

右键单击相应的操作柄并从随之弹出的快捷菜单中选择【使用智能捕捉】命令，即可选定智能捕捉操作柄操作。该选项图标呈黄色加亮状态，表明智能捕捉操作柄进行操作已经在该操作柄上被激活。

2. 智能捕捉反馈定位

智能捕捉具有强大的定位功能和尺寸修改功能。智能捕捉反馈能使零件的图素组件沿边或角对齐，也能使零件的图素组件置于其他零件表面的中心位置。

若从元素库中拖曳一个新的图素至目标曲面上，则应在拖动新图素时观察目标曲面边上的绿色显示区。

若从元素库中拖曳一个新的图素至目标曲面中心，则拖动新图素至目标曲面时，目标曲面绿色亮显，并且在曲面中心出现一个深绿色的圆心点。拖动新图素至该圆心点，当该点变为一个更大、更亮的绿点时，方可把新图素释放到目标图素上，如图 7-18 所示。

图 7-18

如果要使同一零件的两个图素组件的侧面对齐，则应把其中一个图素的侧面（在智能图素编辑状态选择）拖向第二个图素的侧面，直至出现与两侧面相邻边平行的绿色虚线，如图 7-19 所示。

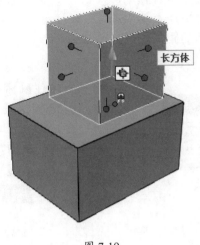

图 7-19

7.3 三维球应用

三维球可以附着在多种三维物体上。在选中零件、智能图素、锚点、表面、视向、光源和动画路径等三维物体后，可通过单击快速启动工具栏中的【三维球】按钮 （或按 F10 快捷键）打开三维球，使三维球附着在这些三维物体上，从而方便地对它们进行移动、相对定位和距离测量等操作。

7.3.1 三维球阵列

1. 使用三维球实现移动和线性阵列

三维球在空间上有 3 个轴，内外分别有 3 个操作柄，使得用户可以沿任意一个方向移动物体，也可以约束实体在某个固定方向移动或绕某固定轴旋转。使用三维球的外操作柄可实现图素的移动和线性阵列。

用鼠标的左键或右键拖动三维球的外操作柄。当光标位于三维球的二维平面内时，按下鼠标左键，即可拖动图素在选定的虚拟平面内移动，如图 7-20 所示。当使用鼠标左键操作时，只能在被选择操作柄的轴线方向（将变为黄色）移动该图素。同时可以看到该图素被移动的具体数值。如果需要精确编辑该图素的位移值，可以在移动时单击鼠标右键，在弹出的【编辑距离】对话框中输入数值即可。

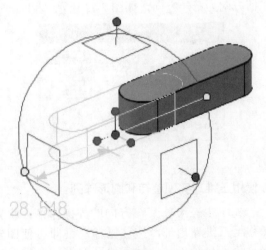

图 7-20

如果使用鼠标右键操作，则在拖动操作结束后，可在弹出的快捷菜单中选择需要的命令，例如【平移】、【拷贝】、【链接】和【生成线性阵列】命令，选择【生成线性阵列】命令时，可将零件、图素生成线性阵列，零件或图素有链接关系，同时还可以有尺寸驱动。

如果启用三维球后，不对图素进行拖动，直接单击鼠标右键，可在弹出的快捷菜单中选择【编辑距离】命令来确定移动的距离，或选择【生成线性阵列】命令来生成阵列，如图7-21所示。

图 7-21

2. 使用三维球实现矩形阵列

单击三维球的一个操作柄，待其变为黄色后，再将鼠标移到另一个操作柄端，单击鼠标右键，在弹出的快捷菜单中选择【生成矩形阵列】命令。被选中的元素将在3个亮黄色点所形成的平面内进行矩形阵列操作。第一次选择的外操作柄方向为第一方向，如图7-22所示。

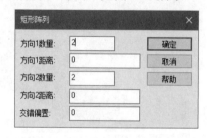

图 7-22

3. 使用三维球实现旋转和圆形阵列

先单击三维球某一方向的外操作柄，将鼠标移至三维球内部，按住鼠标左键即可使图素绕黄色亮显轴旋转，然后松开左键，右键单击旋转角度值，选择【编辑值】命令，在弹出的【编辑旋转】对话框中即可精确编辑旋转角度值，如图7-23所示。

图 7-23

按住鼠标右键拖动旋转，然后松开右键，在弹出的快捷菜单中选择【生成圆形阵列】命令，即可在弹出的【阵列】对话框中设置各参数，从而形成图素的圆形阵列，如图7-24所示。

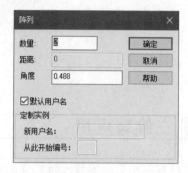

图 7-24

7.3.2　三维球定位及定向

1. 三维球定位

（1）三维球的重新定位。

通常，开启三维球工具时，三维球的中心点在默认状态下与设计图素的锚点重合。移动设计图素时，移动的距离都是以三维球中心点为基准进行的。如果想使图素绕着空间某一个轴旋转或者阵列，就需要应用三维球的重新定位功能，改变基准点的位置。此时可先单击零件，再单击【三维球】按钮，激活三维球，按Space键，三维球变成白色。这时可随意移动三维球（基准点）的位置，当将三维球调整到所需位置时，再次按space键，三维球恢复为原来的颜色，此时即可对相应的图素或零件继续进行操作。

（2）三维球中心点的定位方法。

利用三维球的中心点，可进行点定位。右键单击三维球的中心点，在弹出的快捷菜单中除了【编辑位置】、【按三维球的方向创建附着点】和【创建多份】命令外，还有3个三维球中心点定位的命令，如图 7-25 所示。

图 7-25

2. 三维球定向操作柄

右键单击三维球内部的 3 个操作柄，在弹出的快捷菜单中共有 10 个命令，如图 7-26 所示。

其中的命令解释如下。

【编辑方向】：当前轴（黄色轴）在空间内的方向，用三维空间数值表示。

【到点】：指鼠标捕捉的定向操作柄（短轴）指向规定点。

【到中心点】：指鼠标捕捉的定向操作柄指向规定圆心点。

【到中点】：指鼠标捕捉的定向操作柄指向规定中点。

【点到点】：指鼠标捕捉的定向操作柄与两个点的连线平行。

【与边平行】：指鼠标捕捉的定向操作柄与选取的边平行。

【与面垂直】：指鼠标捕捉的定向操作柄与选取的面垂直。

【与轴平行】：指鼠标捕捉的定向操作柄与柱面轴线平行。

【反转】：指三维球带动元素在选中的定向操作柄方向上转动 $180°$。

【镜像】：指用三维球将元素以未选取的两个轴所形成的面做面镜像（包括移动、拷贝和链接）。

图 7-26

3. 三维球配置选项

三维球的选项和相关的反馈功能可以按设计需要禁止或激活。

如果要在三维球显示在某个操作对象上时修改三维球的配置选项，可以在设计环境中的任意位置单击鼠标右键，在弹出的快捷菜单中进行设置。在选定某个选项时，该选项的旁边将出现一个复选标记，如图 7-27 所示。

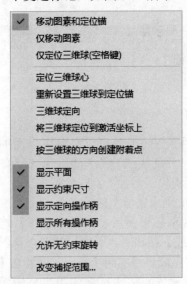

图 7-27

三维球配置选项的含义如下。

【移动图素和定位锚】：此选项可使三维

球的动作影响选定操作对象及其定位锚。此选项为默认选项。

【仅移动图素】：此选项可使三维球的动作仅影响选定操作对象，而定位锚的位置不会受到影响。

【仅定位三维球（空格键）】：此选项可使三维球本身重定位，而不移动操作对象。

【定位三维球心】：此选项可把三维球的中心重定位到操作对象上的指定点。

【重新设置三维球到定位锚】：此选项可使三维球恢复到默认位置，即操作对象的定位锚上。

【三维球定向】：此选项可使三维球的方向轴与整体坐标轴（L、W、H）对齐。

【显示平面】：此选项可在三维球上显示二维平面。

【显示约束尺寸】：此选项可使 CAXA 3D 实体设计报告图素或零件移动的角度和距离。

【显示定向操作柄】：此选项可显示附着在三维球中心点上的方位操作柄。此选项为默认选项。

【显示所有操作柄】：此选项可使三维球轴的两端都显示出方位操作柄和平移操作柄。

【允许无约束旋转】：此选项可利用三维球自由旋转操作对象。

【改变捕捉范围】：此选项可设置操作对象重定位操作中需要的距离和角度变化增量。增量设定后，可在移动三维球时按住 Ctrl 键激活此选项。

7.4 绘制草图

7.4.1 线条绘制

CAXA 3D 实体设计 2019 提供的用于草图绘制的工具，集中在【草图】选项卡中，如图 7-28 所示。

图 7-28

1.2 点线

使用 2 点线工具可以在草图平面的任意方向上画一条直线或一系列相交的直线。CAXA 实体设计提供了两种 2 点线绘制方法。

（1）利用鼠标左键绘制 2 点线。

进入草图平面后，单击【草图】选项卡中的【2 点线】按钮，用鼠标左键在草图平面上单击所要生成直线的两个端点，或者在【属性】选项卡中输入点的坐标，如图 7-29 所示。直线绘制完毕，按 Esc 键或再次单击【2 点线】按钮结束操作。

（2）用鼠标右键绘制 2 点线。

进入草图平面后，单击【草图】选项卡中的【2 点线】按钮，将鼠标移动到所要生成直线的开始点位置，单击鼠标（左右键均可）确定起始点位置，将鼠标移动到直线的另一个端点位置，单击鼠标右键，弹出如图 7-30 所示的【直线】对话框。在该对话框的文本框中输入长度值和倾斜角度值，单击【确定】按钮完成直线绘制。

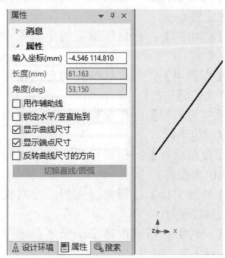

图 7-29

图 7-30

2. 连续直线

在草图平面上可用连续直线工具绘制多条首尾相连的直线。

进入草图平面后,单击【草图】选项卡中的【连续直线】按钮,在草图平面中单击第 1 点,在【属性】选项卡中设置相关选项,单击【切换直线 / 圆弧】按钮,可以在绘制直线和绘制圆弧之间切换。

单击下一点,完成第 1 段线段的绘制,继续绘制其他线段,生成轮廓线,如图 7-31 所示。再次单击【连续直线】按钮,或按 Esc 键结束绘制。

图 7-31

7.4.2 多边形绘制

1. 绘制长方形

在【草图】选项卡中单击【长方形】按钮,在草图平面中单击鼠标指定长方形的第 1 点,单击或在【属性】选项卡中输入坐标指定长方形的第 2 点,完成长方形的绘制,如图 7-32 所示。

再次单击【长方形】按钮,结束操作。本例同样可以使用鼠标绘制。在指定第 2 点时,

单击鼠标右键,弹出如图 7-33 所示的对话框。在该对话框的文本框中输入指定的长方形长度及宽度,然后单击【确定】按钮即可。

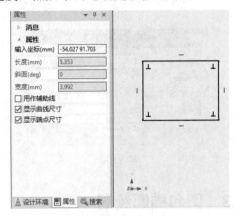

图 7-32

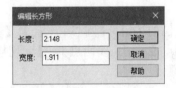

图 7-33

2. 多边形

在【草图】选项卡中单击【多边形】按钮,在草图上确定一点,设为多边形的中心点,移动鼠标,则在草图平面中动态显示默认的多边形。在左侧的【属性】选项卡中设置多边形的边数,并选中【外接】或【内接】单选按钮;在【半径】文本框中输入半径值,在【角度】文本框中输入角度值,如图 7-34 所示。按 Enter键即可完成多边形绘制。

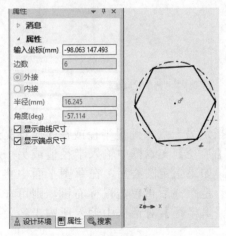

图 7-34

也可在鼠标移动至一定位置后单击右键，在弹出的【编辑多边形】对话框中设置相应参数，然后单击【确定】按钮，完成多边形绘制，如图7-35所示。

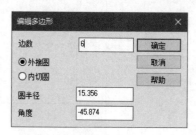

图 7-35

7.4.3 圆和椭圆绘制

1. 圆形

绘制圆的按钮有【圆心＋半径】、【三点圆】、【两点圆】、【一切点＋两点】、【两切点＋一点】和【三切点】六种。

进入草图平面后，单击【草图】选项卡中的【圆心＋半径】按钮，在绘图区单击选择一点作为圆心或在【属性】选项卡中输入圆心坐标，如图7-36所示。

图 7-36

指定另一点来确定半径或在【属性】选项卡的【半径】文本框中输入半径值或另一点的坐标。如果指定圆心后，在草图平面中将鼠标拖动一定距离后再单击鼠标右键，则可在弹出的【编辑半径】对话框中输入所需半径值，然

后单击【确定】按钮，如图7-37所示。

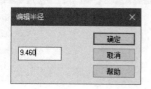

图 7-37

选定该圆，单击鼠标右键，在弹出的快捷菜单中选择【曲线属性】命令，弹出【椭圆】对话框。在该对话框中可查看和编辑该圆的属性，完成后单击【确定】按钮，如图7-38所示。

图 7-38

2. 椭圆

使用椭圆工具可绘制出各种椭圆形和椭圆弧。

单击【草图】选项卡中的【椭圆形】按钮，在绘图区单击鼠标确定一点，设为椭圆的中心，移动鼠标到合适位置后右键单击，在弹出的【椭圆长轴】对话框中设定椭圆的长轴参数，然后单击【确定】按钮，如图7-39所示。移动鼠标后右键单击，在弹出的【编辑长轴】对话框中设定椭圆的短轴参数，然后单击【确定】按钮，完成椭圆绘制，如图7-40所示。

3. 圆弧

软件提供了多种方法生成圆弧，如【用三点】按钮、【圆心＋端点】按钮和【两端点】按钮。

单击【草图】选项卡中的【用三点】按钮，在绘图区指定第1点作为圆弧的起始点，将鼠标移动到第2点单击，指定圆弧的终止点，移动鼠标来指定第3点以确定圆弧的半径，单击完成圆弧绘制，如图 7-41 所示。

以【圆心＋端点】绘制圆弧是通过定义圆心和圆弧的两个端点，来绘制圆弧的操作；以【两端点】绘制圆弧是通过定义圆弧的两个端点，来绘制圆弧，操作步骤与上述方法类似。

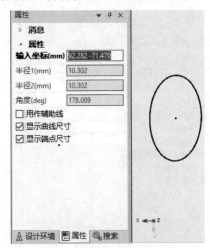

图 7-39

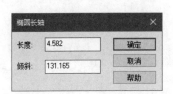

图 7-40

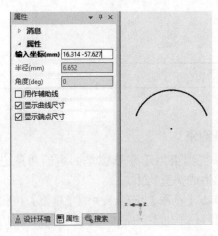

图 7-41

7.4.4 曲线绘制

1. B 样条曲线

单击【草图】选项卡中的【B 样条】按钮

～，在草图格栅中单击指定 B 样条曲线上的第一个插值点，继续指定其他插值点，以生成一条连续的 B 样条曲线，如图 7-42 所示，完成后，单击鼠标右键或按 Esc 键结束操作。

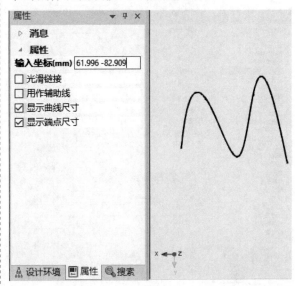

图 7-42

2. Bezier 曲线

生成 Bezier 曲线的操作步骤同 B 样条曲线，绘制 Bezier 曲线的示例，如图 7-43 所示。

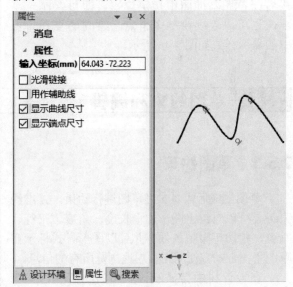

图 7-43

3. 公式曲线

在【草图】选项卡中单击【公式】按钮，弹出如图 7-44 所示的【公式曲线】对话框。在该对话框中可设置坐标系、可变单位、参数变量和表达式等，并可预览公式曲线的属性。然后单击【确定】按钮，即可完成公式曲线的绘制，如图 7-45 所示。

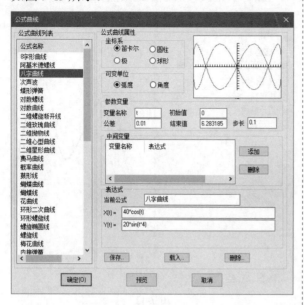

图 7-44

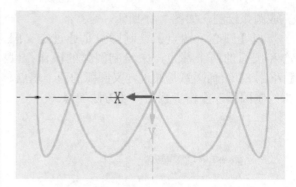

图 7-45

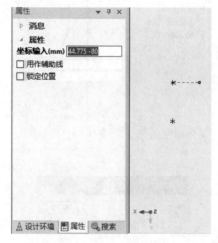

图 7-46

4. 点

在【草图】选项卡中单击【点】按钮 ，接着在草图基准面中指定位置，即可绘制一个点，也可以连续绘制多个点。绘制的点在草图中的显示样式如图 7-46 所示。

7.5 草图约束和编辑

7.5.1 草图约束

草图生成后需对二维草图进行约束。二维约束工具可以对绘出图形加上长度、角度、平行、垂直、相切等限制条件，并且以图形方式标示在草图平面上，方便用户直观地浏览所有的信息。

在设计树中会显示该草图的约束状态，草图名称后面的"+"号表示过约束，"-"号表示欠约束，没有"+""-"号则为完全约束状态。草图中通过颜色显示约束状态。默认设置下，过约束为红色、欠约束为白色、完全约束为绿色。

1. 垂直约束

垂直约束用于在草图平面中的两条已知曲线之间生成垂直约束。

单击【草图】选项卡中的【垂直】按钮 ，单击要应用垂直约束的曲线 1，单击要应用垂直约束的曲线 2，这两条曲线将相互垂直，同时在它们的相交处出现一个红色的垂直约束符号，如图 7-47 所示。如果需要，可以清除该约束条件：将鼠标移至垂直符号处，当指针变成小手形状时右键单击，在弹出的快捷菜单中选择【锁定】命令，取消锁定即可。

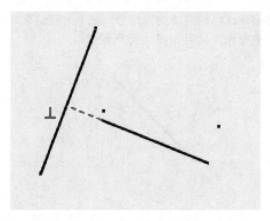

图 7-47

2. 相切约束

相切约束用于在草图平面中已有的两条曲线之间生成一个相切的约束条件。

单击【草图】选项卡中的【相切】按钮，单击第 1 条要约束的曲线，单击第 2 条要约束的曲线，这两条曲线将立即形成相切约束关系，同时在切点位置出现一个红色的相切约束符号，如图 7-48 所示。

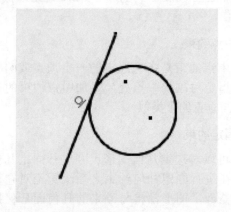

图 7-48

3. 平行约束

平行约束用于使两条直线平行。添加平行约束关系的操作步骤与垂直约束内容类似，具体示例如图 7-49 所示。

4. 水平约束

水平约束用于在一条直线上生成一个相对于格栅 X 轴的平行约束。单击【草图】选项卡中的【水平】按钮，单击需要约束的直线，被选定的直线将立即重新定位为相对于格栅 X

轴平行。再次单击【水平】按钮，结束操作，结果如图 7-50 所示。

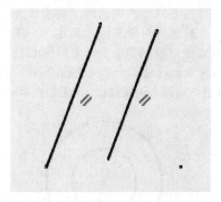

图 7-49

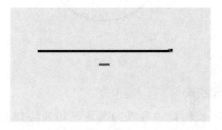

图 7-50

5. 竖直约束

竖直约束可以在一条直线上生成一个相对于格栅 X 轴的垂直约束。添加竖直约束的操作步骤与垂直约束类似，具体示例如图 7-51 所示。

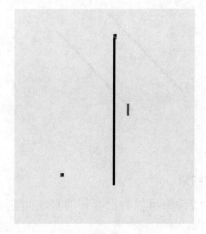

图 7-51

6. 同轴约束

使用同心约束，可以使草图平面上的两个

已知圆形成同心的约束关系。

单击【草图】选项卡中的【同轴】按钮◎，依次选择需要同心约束的两个对象（圆或者圆弧）后，被选择对象立即重新定位，第1个对象的圆心被定位到第2个对象的圆心处，同时在各自对象附近显示一个红色的同心约束符号。按Esc键结束同心约束操作，结果如图7-52所示。

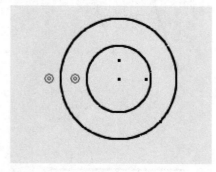

图 7-52

7. 等长约束

等长约束，可以为两条已知曲线建立等长度约束。

单击【草图】选项卡中的【等长】按钮≡，单击第1条需要等长度约束的曲线，被选定的曲线上将出现一个浅蓝色的标记，单击第2条需要等长度约束的曲线，两条曲线上都将出现红色的等长度约束符号，如图7-53所示。

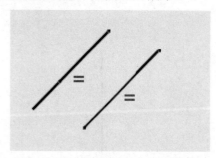

图 7-53

8. 共线约束

共线约束可以为已存在的直线间建立共线约束关系。

单击【草图】选项卡中的【共线】按钮＼，分别拾取需要建立共线约束关系的两条直线，此时两条直线将立即重新定位，形成共线约束，

并出现红色的共线约束符号，按 Esc 键结束共线约束操作，结果如图 7-54 所示。

图 7-54

9. 重合约束

重合约束可以将端点、中点约束到草图中的其他元素上。

单击【草图】选项卡中的【重合】按钮＿∠，用鼠标分别单击需要重合约束的两个点，为这两个点之间添加重合约束，按 Esc 键结束重合约束操作。

10. 中点约束

中点约束是指将选定的一个顶点或圆心约束到指定对象的中点处。添加中点约束的操作步骤与垂直约束类似。

11. 固定约束

可以对选定几何图形尺寸进行固定几何约束。在进行固定几何约束之后，无论对它们作何种修改，图形都将与原来的几何图形保持一致，不作任何改变，单击【草图】选项卡中的【固定】按钮三，拾取需要添加固定几何约束的直线，拾取的直线显示固定几何约束符，在接下来的操作中，不管对它们作何种修改，由于其几何尺寸已固定约束，其图形不发生改变。

12. 尺寸约束

单击【草图】选项卡中的【智能标注】按钮✎，接着拾取需要添加约束的曲线，然后将鼠标移至适合位置单击即可建立尺寸约束，如图 7-55 所示。

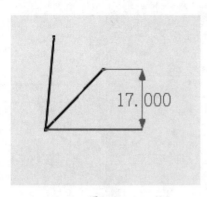

图 7-55

13. 角度约束

可以在两条已知直线之间建立角度约束关系。角度约束和尺寸约束的操作步骤类似，也可以对其尺寸值进行修改等操作。

14. 弧长和弧度角约束

单击【草图】选项卡中的【弧长约束】按钮◠或【弧心角约束】按钮◠，即可为圆弧创建弧长约束或弧心角约束，如图 7-56 所示。

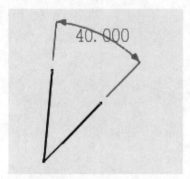

图 7-56

7.5.2 草图编辑

草图编辑功能的按钮集中在【草图】选项卡【修改】组中。

1. 编辑曲线

（1）移动曲线。

移动曲线工具可用于移动草图中的图形。

单击【草图】选项卡【移动】按钮❀，在草图中拾取要移动的几何图形。选择的要移动的几何图形被收集在【选择实体】选项组中。

在【属性】选项卡的【模式】选项组中选

中【拖动实体】单选按钮，在草图中单击并拖动鼠标，将其拖动到新位置后释放。当拖动鼠标时，CAXA 会自动提供有关几何图形与参考位置的距离反馈信息，如图 7-57 所示，单击【确定】按钮，结束操作。

（2）旋转曲线。

旋转曲线工具可用于旋转几何图形。

框选要旋转的几何图形，单击【草图】选项卡中的【旋转】按钮◯，在草图格栅的原点位置会出现一个尺寸较大的图钉。用该图钉定义旋转中点，若想调整旋转中点，则应将鼠标移动到图钉针杆接近钉帽的位置处，然后单击鼠标并将其拖动到需要的位置后释放。

图 7-57

单击并拖动选定的几何图形，以确定旋转角度。CAXA 会在拖动几何图形时显示出旋转角度的反馈信息，完成后单击【完成】按钮，结束操作，如图 7-58 所示。

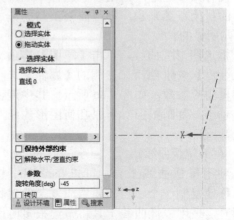

图 7-58

（3）缩放曲线。

利用缩放曲线工具，可以将几何图形按比例缩放。

选择需要缩放的几何图形。单击【草图】选项卡中的【比例】按钮，在草图格栅的原点处会出现一个尺寸较大的图钉。用该图钉定义比例缩放中点，单击并拖动选定的几何图形，缩放到适当的比例后释放鼠标。拖动鼠标时，CAXA 会自动提供有关几何图形与原位置的距离反馈信息，单击【确定】按钮，结果如图 7-59 所示。

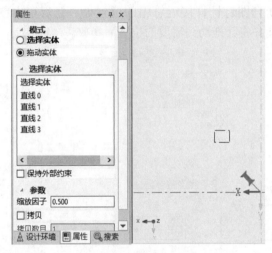

图 7-59

（4）等距曲线。

利用等距曲线工具，可以复制选定的几何图形，然后使它与原位置保持特定距离。对直线和圆弧等非封闭图形而言，其作用与复制功能并没有太多区别；但是对于包含不规则几何图形的封闭草图来说，等距曲线工具的作用则是非常明显的。

框选图形或曲线，单击【草图】选项卡中的【等距】按钮，在左侧的【属性】选项卡中设置相应参数，如图 7-60 所示。其中近似精度值越小，复制图形对于原几何图形的相对准确度就越高。

（5）镜像曲线。

利用镜像曲线工具，可以在草图中将图形对称地复制一个。当需要生成复杂的对称性草图时，采用镜像曲线工具将节约很多时间和精力。

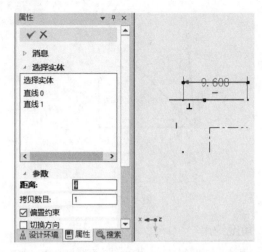

图 7-60

单击【2 点线】按钮，在几何图形右侧画一条竖直线。取消【2 点线】工具，右键单击竖直线，在弹出的快捷菜单中选择【作为构造辅助元素】命令按住 Shift 键拾取几何图形的各边，单击【草图】选项卡中的【镜像】按钮，然后单击竖直线上的任意位置，完成镜像操作，如图 7-61 所示。

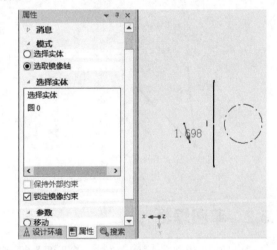

图 7-61

2. 编辑草图

（1）阵列。

利用阵列工具，可以阵列选定的几何图形。阵列分为"线性阵列"和"圆形阵列"。

选择需要阵列的几何图形，单击【草图】选项卡中的【圆型阵列】按钮，在左侧的【属性】选项卡中设置圆形阵列的中心点、阵列数目、角度间隔和半径等参数，然后单击【确定】按钮，如图 7-62 所示。

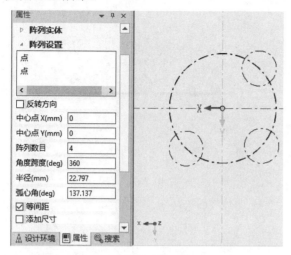

图 7-62

（2）圆角过渡。

利用圆弧过渡工具，可以将相连曲线形成的交角进行圆弧过渡。CAXA 实体设计提供了两种绘制圆弧过渡的方式。

单击【草图】选项卡中的【圆角过渡】按钮，将光标定位到需要进行圆角过渡的顶点处，单击并按住鼠标向长方形内部拖动，至适合位置后释放鼠标，再次单击【圆角过渡】按钮，取消操作，右键单击圆弧，在弹出的快捷菜单中选择【曲线属性】命令，弹出【圆角过渡】对话框。在该对话框中设置半径值，然后单击【确定】按钮，如图 7-63 所示。

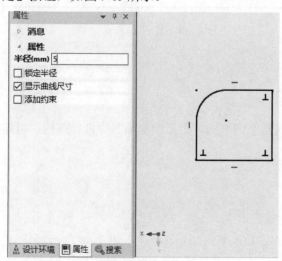

图 7-63

（3）倒角。

CAXA 提供了 3 种普遍应用的倒角方式，方便用户在草图设计过程中进行选择。倒角功能支持交叉线、断开线倒角及一次多个倒角的操作。

单击【草图】选项卡中的【倒角】按钮，在【属性】选项卡中选择倒角类型，并设定参数值，如图 7-64 所示。

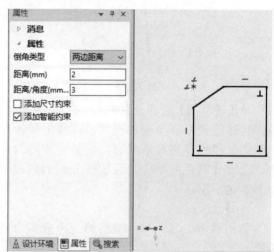

图 7-64

（4）延伸。

利用延伸工具，可以将一条曲线延伸到一系列与它存在交点的曲线上，也可以延伸到曲线的延长线上。

单击【草图】选项卡中的【延伸】按钮，将鼠标移动到需要延伸的直线一端，此时会出现一条绿线和箭头，用以指明曲线的延伸方向和延伸到的曲线。按 Tab 键，可在可能延伸到的一系列曲线之间进行相互切换，如图 7-65 所示。

（5）打断。

如果需要在草图平面上的现有直线或曲线段中添加新的几何图形，或者如果必须对某条现有直线或曲线段中的一部分单独进行操作，则可利用打断工具将它们分割成单独的线段。

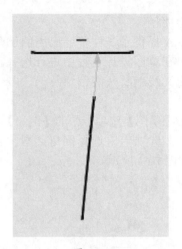

图 7-65

单击【草图】选项卡中的【打断】按钮 -|-，并将其移动到需要分割的直线，直线上鼠标点一侧将呈绿色高亮显示状态，而另一侧则为蓝色。选定分割点后单击，直线被分割为两段，如图 7-66 所示。

（6）裁剪。

利用裁剪工具，可以裁剪掉一个或多个曲线段。

单击【草图】选项卡中的【裁剪】按钮 ✂，鼠标移向需要裁剪的曲线处，直到该曲线段

呈现绿色高亮状态单击该曲线段，如图 7-67 所示。

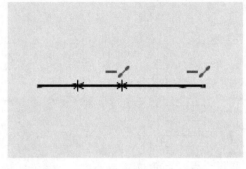

图 7-66

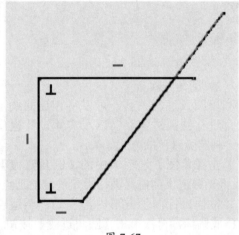

图 7-67

7.6　设计范例

7.6.1　刹车盘草图范例

⚠ **案例分析**

本节的范例是绘制刹车盘的平面草图，首先绘制几个同心圆，之后绘制小圆并进行阵列，再绘制曲线进行阵列，最后绘制多个小圆进行阵列。

⚠ **案例操作**

步骤 01 绘制同心圆

➊ 单击【草图】选项卡中的【在 X-Y 基准面】按钮 ▨，进入草图绘制环境，如图 7-68 所示。

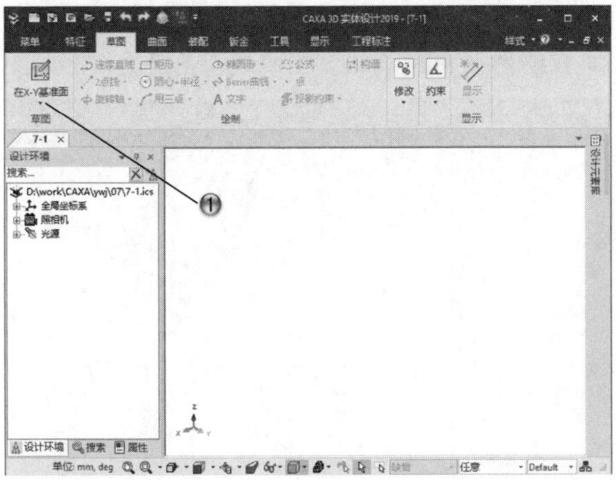

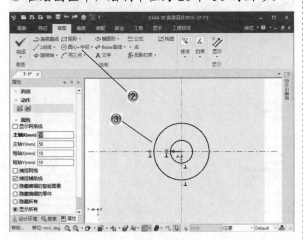

图 7-68

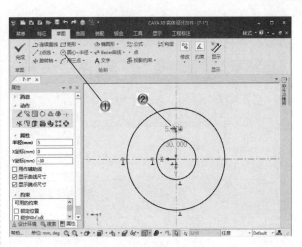

图 7-70

② 单击【草图】选项卡中的【圆心＋半径】按钮 ⊙，如图 7-69 所示。

③ 在绘图区中，绘制半径为 20 和 50 的圆形。

图 7-69

步骤 02 绘制阵列圆

① 单击【草图】选项卡中的【圆心＋半径】按钮 ⊙，如图 7-70 所示。

② 在绘图区中，绘制半径为 5 的圆形。

③ 单击【草图】选项卡中的【圆型阵列】按钮 ❖，如图 7-71 所示。

④ 在绘图区中，创建圆型阵列。

步骤 03 绘制同心圆

① 单击【草图】选项卡中的【圆心＋半径】按钮 ⊙，如图 7-72 所示。

② 在绘图区中，绘制半径为 80 和 140 的圆形。

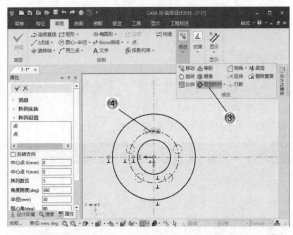

图 7-71

图 7-72

步骤 04 绘制样条曲线

① 单击【草图】选项卡中的【B 样条】按钮 ∿，

如图 7-73 所示。

② 在绘图区中，绘制样条曲线。

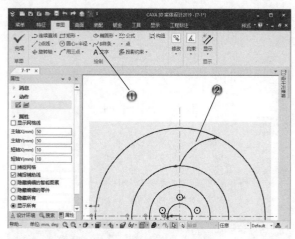

图 7-73

步骤 05 阵列曲线

① 单击【草图】选项卡中的【旋转】按钮，如图 7-74 所示。

② 在绘图区中，旋转复制曲线，角度为 5 度。

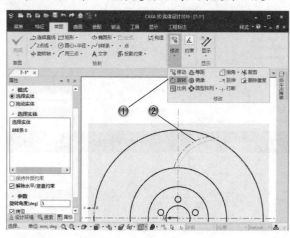

图 7-74

③ 单击【草图】选项卡中的【圆型阵列】按钮，如图 7-75 所示。

④ 在绘图区中，创建圆型阵列。

步骤 06 绘制 4 个圆形

① 单击【草图】选项卡中的【圆心＋半径】按钮，如图 7-76 所示。

② 在绘图区中，绘制半径为 2 的 4 个圆形。

步骤 07 阵列圆形

① 单击【草图】选项卡中的【旋转】按钮，

如图 7-77 所示。

② 在绘图区中，旋转复制曲线，角度为-10 度。

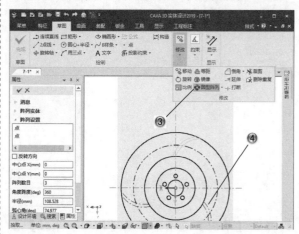

图 7-75

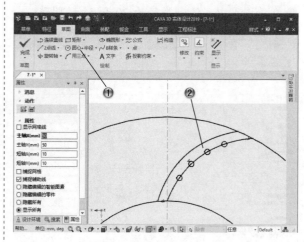

图 7-76

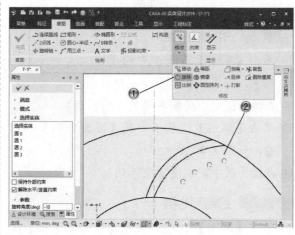

图 7-77

③ 单击【草图】选项卡中的【圆型阵列】按钮

，如图 7-78 所示。

④ 在绘图区中，创建圆型阵列。

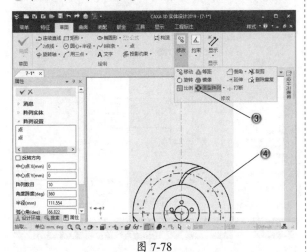

图 7-78

7.6.2 端头草图范例

⚠ 案例分析

本节的范例是绘制端头的草图，首先绘制矩形和圆形，之后进行裁剪并进行倒角和圆角操作，最后完成图形。

⚠ 案例操作

步骤 01 绘制圆形

① 单击【草图】选项卡中的【在 X-Y 基准面】按钮，进入草图绘制环境，如图 7-80 所示。

图 7-80

② 单击【草图】选项卡中的【圆心＋半径】按钮，如图 7-81 所示。

步骤 08 完成刹车盘草图

完成的刹车盘草图，如图 7-79 所示。

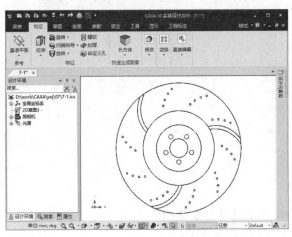

图 7-79

③ 在绘图区中，绘制半径为 20 的圆形。

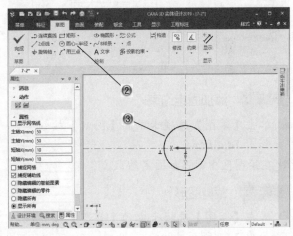

图 7-81

步骤 02 绘制矩形

① 单击【草图】选项卡中的【矩形】按钮，如图 7-82 所示。

② 在绘图区中，绘制矩形。

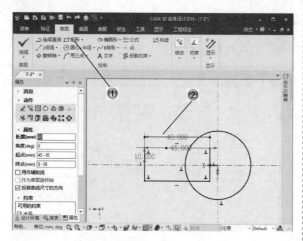

图 7-82

③ 单击【草图】选项卡中的【矩形】按钮□，
　如图 7-83 所示。

④ 在绘图区中，绘制长 40、宽 15 的矩形。

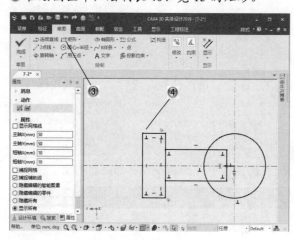

图 7-83

步骤 03 添加固定约束

① 单击【草图】选项卡中的【固定】按钮≡，
　如图 7-84 所示。

② 在绘图区中，添加固定约束。

步骤 04 裁剪图形

① 单击【草图】选项卡中的【裁剪】按钮✂，
　如图 7-85 所示。

② 在绘图区中，裁剪图形。

步骤 05 创建倒角和圆角

① 单击【草图】选项卡中的【倒角】按钮◁，
　如图 7-86 所示。

② 在绘图区中，创建倒角。

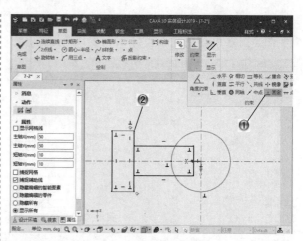

图 7-84

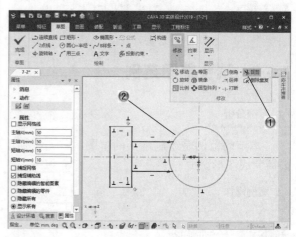

图 7-85

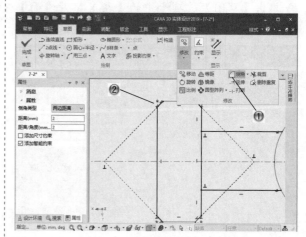

图 7-86

③ 单击【草图】选项卡中的【圆角过渡】按钮
　◁，如图 7-87 所示。

④ 在绘图区中，创建圆角。

步骤 06 完成端头草图

完成的端头草图如图 7-88 所示。

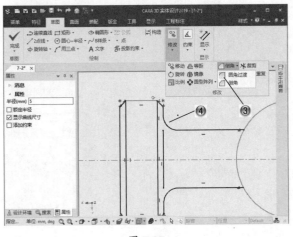

图 7-87

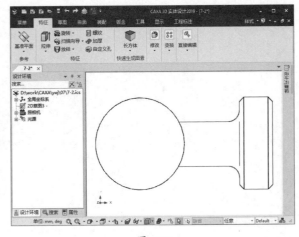

图 7-88

7.7 本章小结和练习

7.7.1 本章小结

本章主要介绍 CAXA 3D 实体设计 2019 的软件界面和基本操作、智能图素和捕捉应用、三维球的应用等内容。之后讲解了二维草图绘制的基础知识，其中包括二维草图绘制、二维草图编辑和草图约束方法。CAXA 3D 实体设计的基本操作是用户学习其他 CAXA 知识的基础，是入门的必备知识，因此学好基本操作对后续的学习至关重要。

7.7.2 练习

如图 7-89 所示，使用本章学过的各种命令来创建固定零件。

一般创建步骤和方法如下。

（1）绘制模型草图。

（2）旋转草图形成特征。

（3）创建螺纹和孔特征。

图 7-89

第 **8** 章

实体特征设计

本章导读

实体特征的构建是在草图设计的基础上进行的，通过在草图中建立二维草图截面，从而利用设计环境所提供的功能建立三维实体。在三维实体基础上可以通过增加和减少材料，生成各种复杂的实体零件。

本章将分别介绍实体特征的创建命令，包括拉伸、旋转、扫描、放样、螺纹和加厚特征这些命令的使用方法。

8.1 拉伸特征

拉伸命令可以沿坐标轴方向，拉伸封闭的二维截面线，从而生成三维拉伸特征。即使图素已经拓展成三维状态，若对所生成的三维造型不满意，仍可编辑截面或其他属性。实体特征设计的命令按钮位于【特征】选项卡中，如图8-1所示。

图 8-1

1. 使用拉伸向导创建拉伸特征

新建实体文件后，在【特征】选项卡中单击【拉伸向导】按钮，弹出【2D草图】选项卡，如图8-2所示。在绘图区选择截面草图。CAXA实体设计还提供了对已存在的草图轮廓进行拉伸的功能。选择在草图中绘制的几何图形，单击鼠标右键，在弹出的快捷菜单中选择【生成】|【拉伸】命令即可。

图 8-2

进入拉伸状态，弹出【创建拉伸特征】对话框，如图8-3所示。在绘图区以灰白色箭头显示拉伸方向，可以在【方向】选项组中选中【拉伸反向】复选框，使拉伸方向反向。【拉伸】选项卡可以定义拉伸的各个参数，与拉伸特征向导中的各个选项类似。

打开【轮廓运动方式】选项卡，如图8-4所示。其中的选项含义如下。

（1）【复制轮廓】：在拉伸造型时，复制草图轮廓。

（2）【轮廓隐藏】：在拉伸造型后，自动隐藏草图轮廓。此选项为默认选项。

（3）【与轮廓关联】：在设置轮廓关联后，草图轮廓自动复制（在设计树中单独存在），并且拉伸实体与草图轮廓相关联。

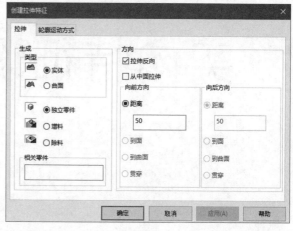

图 8-3

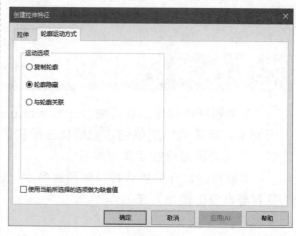

图 8-4

设置完成后，单击【确定】按钮，完成拉伸特征。如图8-5所示为已有草图轮廓经过拉伸操作后的三维造型。

图 8-5

2. 已有草图轮廓的拉伸特征

在设计环境中，在【特征】选项卡中单击【拉伸】按钮 🔲，弹出拉伸的【属性】选项卡，如图 8-6 所示。在其中选择拉伸轮廓，设置拉伸方向，并设置【增料】和【除料】等参数。

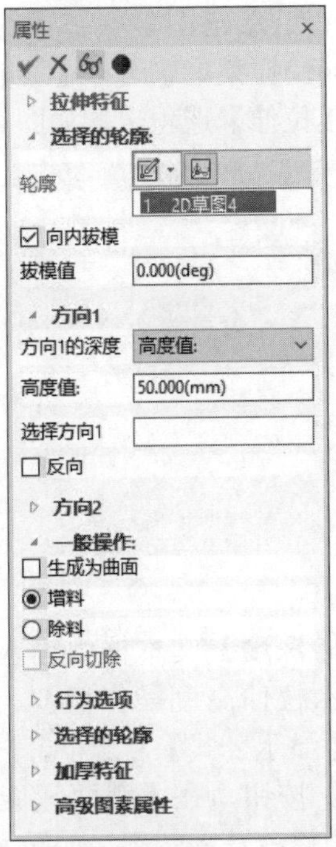

图 8-6

设置完成后，单击【确定】按钮 ✔，完成拉伸特征。如图 8-7 所示为选择截面轮廓后的拉伸特征预览。

3. 创建拉伸特征的其他方法

在 CAXA 3D 实体设计中，还有其他创建拉伸特征的方法，例如利用实体表面拉伸、对草图轮廓分别拉伸等。

（1）利用实体表面拉伸。

单击实体表面，使其处于表面编辑状态，

然后单击鼠标右键，在弹出的快捷菜单中选择【生成】|【拉伸】命令，弹出【创建拉伸特征】对话框，如图 8-8 所示。

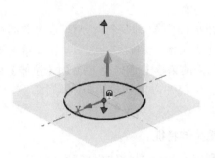

图 8-7

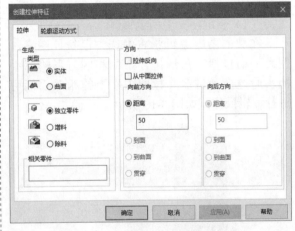

图 8-8

在【创建拉伸特征】对话框中选中相应的单选按钮，并在其后的文本框中输入参数，单击【确定】按钮，结果如图 8-9 所示。

图 8-9

（2）对草图轮廓分别拉伸。

在 CAXA 中，可将同一视图的多个不相交轮廓一次性输入草图中，再有选择性地利用轮廓构建特征。将同一视图的多个轮廓在同一个草图中约束完成，并在草图中有选择性地构建特征，可提高设计效率，对习惯在实体草图中输入 EXB/DWG 文件，并利用输入 EXB/DWG 文件后生成的轮廓构建特征的用户来说，这个功能尤为实用。

在草图中绘制多个封闭但不相交的草图轮廓，选择某一个封闭轮廓，单击鼠标右键，在弹出的快捷菜单中选择【生成】|【拉伸】命令。完成一次拉伸，再次进入拉伸草图，拉伸其他封闭轮廓。

4.编辑拉伸特征

利用二维草图拉伸生成拉伸特征后，如果对拉伸特征不满意，可对该拉伸特征的草图轮廓或其他属性进行编辑处理。

（1）利用图素手柄编辑。

在智能图素编辑状态中选中已拉伸图素，图素手柄包括三角形拉伸手柄和四方形轮廓手柄，通过拖动自定义拉伸图素上的相关手柄可进行编辑操作，如图 8-10 所示。

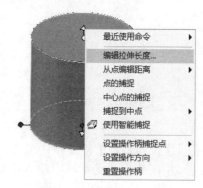

图 8-10

三角形拉伸手柄：该类手柄用于编辑拉伸特征的两个相对表面，以改变拉伸特征长度。

四方形轮廓手柄：该类手柄用于改变拉伸截面的轮廓，重新定位拉伸特征的截面。

（2）利用鼠标右键编辑拉伸智能图素。

在设计树中选择要编辑的拉伸特征，单击鼠标右键，弹出快捷菜单；或者在设计环境中，选择处于智能图素状态的拉伸特征，单击鼠标右键，弹出快捷菜单，从中选择相关命令进行操作，如图 8-11 所示。

（3）利用智能图素属性表编辑。

利用智能图素属性表可以编辑拉伸草图和拉伸长度。

图 8-11

用鼠标右键单击图素状态下的拉伸特征造型，在弹出的快捷菜单中选择【智能图素属性】命令，选择【拉伸】选项卡，如图 8-12 所示。

图 8-12

在【拉伸深度】文本框中输入拉伸高度。可选中【显示拉伸高度操作柄】、【显示截面操作柄】和【显示公式】复选框，以方便操作。单击【属性】按钮，在【截面智能图素】对话框轮廓列表中修改草图轮廓，如图 8-13 所示。

图 8-13

8.2 旋转特征

将一条直线、曲线或一个二维截面绕旋转轴旋转，可生成旋转特征。

1. 创建旋转特征

利用旋转法把一个二维草图轮廓沿着它的旋转轴旋转生成三维造型。由于设计中使二维草图轮廓沿其旋转轴转动，产生的图素三维造型总是具有圆的性质，所以图素三维造型在沿该旋转轴的方向上看其形状总是圆的。

（1）旋转。

新建一个实体文件，在【草图】选项卡中单击【二维草图】按钮 ，进入草图格栅模式，绘制所需的草图轮廓，然后单击【完成】按钮 。

单击【特征】选项卡中的【旋转】按钮 ，在【2D草图】选项卡中选中【新生成一个独立的零件】单选按钮，如图 8-14 所示。选择之前完成的草图轮廓，在旋转【属性】选项卡中分别设置方向类型、旋转角度和其他选项等，如图 8-15 所示。

在【属性】选项卡中单击【确定】按钮 ，CAXA 允许将一个已经存在的实体特征的边线作为旋转轴来完成旋转特征。

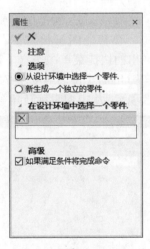

图 8-14

图 8-15

（2）旋转向导。

旋转向导的操作步骤及含义与拉伸向导相似。

单击【特征】选项卡中的【旋转向导】按钮 ，弹出【2D 草图】选项卡，在绘图区选择截面草图。

系统弹出【创建旋转特征】对话框，在该对话框中设置旋转角度以及其他选项，如图 8-16 所示。完成后单击【确定】按钮，完成旋转特征。

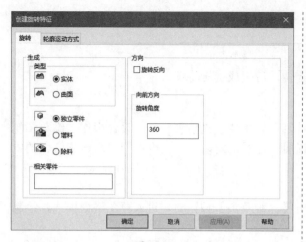

图 8-16

2. 编辑旋转特征

在 CAXA 实体设计中，如果对所生成的三维造型不满意，仍可以编辑它的草图轮廓或其他属性。

（1）利用智能图素手柄编辑。

在智能图素编辑状态下选中已旋转的图素。与拉伸设计一样，要注意标准智能图素上默认显示的是图素手柄，而不是包围盒手柄，如图 8-17 所示。

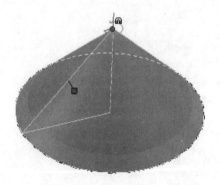

图 8-17

旋转设计手柄：用于编辑旋转设计的旋转角度。

轮廓设计手柄：用于重新定位旋转设计的各个表面，以修改旋转特征的截面轮廓。

（2）利用鼠标右键编辑。

右键单击设计树上要编辑的旋转特征，弹出可以编辑旋转特征的快捷菜单，如图 8-18 所示。或者在设计环境中，右键单击处于智能图素状态的旋转特征，在弹出的快捷菜单中选择相应命令编辑旋转特征。

图 8-18

用户可根据所要编辑的内容，选择不同的选项。

【编辑特征操作】：可以进入旋转特征【属性】选项卡进行重新设置。

【编辑草图截面】：修改生成旋转造型的二维草图截面。

【切换旋转方向】：用于切换旋转设计的转动方向。

（3）利用智能图素属性编辑。

在智能图素状态下右键单击旋转特征，在弹出的快捷菜单中选择【智能图素属性】命令，在弹出的【旋转特征】对话框中选择【旋转】选项卡，从中编辑旋转角等参数，如图 8-19 所示。

图 8-19

8.3 扫描特征

所谓扫描特征，就是一个截面沿着一条轨迹线扫描生成的特征。因此，利用扫描特征生成三维造型，除了需要二维草图外，还需指定一条扫描曲线。扫描曲线可以是一条直线、一系列连续线条、一条 B 样条曲线或一条三维曲线。

1. 创建扫描特征

（1）扫描。

单击【特征】选项卡中的【扫描】按钮🔁，在【属性】选项卡中设置新建一个零件或在原有零件上添加特征，选择一个选项（如选择【新生成一个独立的零件】），然后单击【确定】按钮✔，弹出扫描特征【属性】选项卡，如图 8-20 所示。

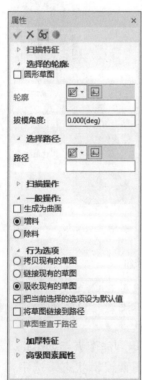

图 8-20

在扫描特征【属性】选项卡的【选择的轮廓】选项组的【轮廓】下拉列表中单击【创建草图】按钮⬚，按照创建草图的过程绘制一个草图。或者单击【轮廓】后的文本框，选择已有草图作为截面。然后在【属性】选项卡的【选择路径】选项组的【路径】下拉列表中单击【创建路径】按钮⬚；也可单击【插入 3D 曲线】按钮⬚，直接插入 3D 曲线；还可单击【路径】后的文本框，选择已有草图作为路径。如果选择合理，会在绘图区预显扫描结果，此时用户可以进行更改。满意后单击【确定】按钮，则生成扫描体。

（2）扫描向导。

单击【特征】选项卡中的【扫描向导】按钮🔁，系统弹出如图 8-21 所示的【扫描特征向导-第 1 步 / 共 4 步】对话框。在该对话框中设置各项参数（各项设置同拉伸特征向导），然后单击【下一步】按钮。

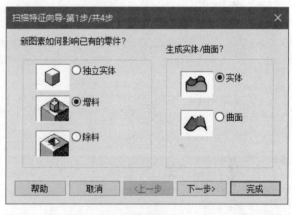

图 8-21

系统弹出【扫描特征向导 - 第 2 步 / 共 4 步】对话框。用户可选中【离开表面】或【沿着表面】单选按钮来定义新扫描特征定位。选中【离开表面】单选按钮，然后单击【下一步】按钮，如图 8-22 所示。

系统弹出【扫描特征向导 - 第 3 步 / 共 4 步】对话框。在该对话框中选中【2D 导动线】单选按钮，接着选中【Bezier 曲线】单选按钮，取消选中【允许沿尖角扫描】复选框，然后单击【下一步】按钮，如图 8-23 所示。

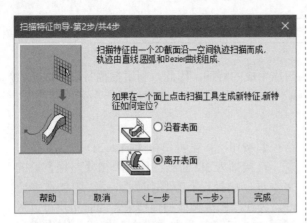

图 8-22

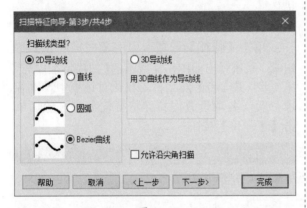

图 8-23

系统弹出【扫描特征向导 - 第 4 步 / 共 4 步】对话框。在该对话框中设置好相关选项和栅格线参数后，单击【完成】按钮，如图 8-24 所示。

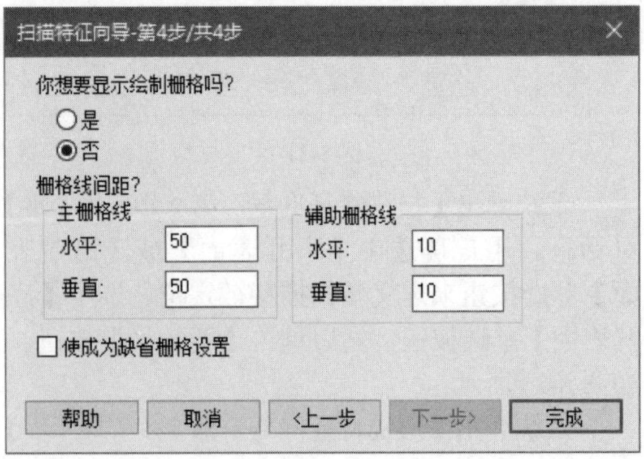

图 8-24

CAXA 实体设计环境中将显示二维草图栅格和【编辑轨迹曲线】对话框，利用二维草图所提供的功能绘制理想的轨迹和截面曲线，如图 8-25 所示。

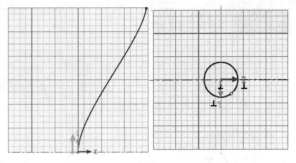

图 8-25

单击【草图】选项卡中的【完成】按钮✔，此时绘图区中将会按照轨迹线和草图截面生成扫描实体，如图 8-26 所示。

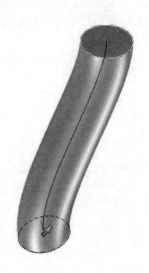

图 8-26

2. 编辑扫描特征

如果用户对 CAXA 实体设计中已生成的三维扫描特征不满意，可以编辑它的草图或其他属性。

（1）利用智能图素手柄编辑。

在智能图素编辑状态下选中需要扫描的图素。虽然图素手柄并不总是呈现在视图上，但可以通过将鼠标移向导动设计图素的下部边缘，显示出图素手柄。

通过拖动或右键单击该手柄，进入并编辑它的标准智能图素手柄选项即可修改扫描特征。

（2）利用鼠标右键编辑。

右键单击设计树中要编辑的扫描特征，弹出可以编辑扫描特征的快捷菜单，如图 8-27 所示。其中的选项含义如下。

【编辑草图截面】：用于修改扫描特征的二维草图。

【编辑轨迹曲线】：用于修改扫描特征的导动曲线。

【切换扫描方向】：用于切换生成扫描特征所用的导动方向。

【允许扫描尖角】：选择 / 撤销选择这个选项，可以设置扫描图素角是尖的或光滑过渡的。

图 8-27

8.4 放样特征

放样设计的对象是多重草图截面，这些草图截面都必须经过编辑和重新设定尺寸。CAXA 实体设计通过"放样"命令，将这些草图截面沿定义的轮廓定位曲线生成一个三维造型。

1. 创建放样特征

放样设计的对象是多重草图截面，并且每一个草图截面的形状可以不同，这与扫描完全不同。

（1）放样。

单击【特征】选项卡中的【放样】按钮 ，系统询问是新建一个零件还是在原有零件上添加特征。选择一个选项（如选择【新生成一个独立的零件】），然后单击【确定】按钮 ，弹出放样【属性】选项卡，如图 8-28 所示。

在放样特征【属性】选项卡的【选择的轮廓】选项组的【轮廓】下拉列表中可以单击【创建草图】按钮绘制草图，或者单击【轮廓】后的文本框，选择已有草图作为截面。然后设置起始条件及结束条件。

【选择中心线】：可以选择一条变化的引导线作为中心线。所有中间截面的草图基准面都与此中心线垂直。中心线可以是绘制的曲线、模型边线或曲线。

【选择引导曲线】：单击【引导线】后面的按钮，可以创建一个草图或一条 3D 曲线作为放样特征的引导线，引导线可以控制所生成的中间轮廓。选择已有草图作为轨迹，如果选择合理，此时会在绘图区中预显扫描结果，此时用户可以进行更改。

当预显满意后单击【确定】按钮 ，生成放样特征。

（2）放样向导。

CAXA 实体设计同样提供了放样向导，用于指导用户分步完成特征操作。

新建一个设计环境，单击【特征】选项卡中的【放样向导】按钮 ，弹出【放样造型向导-第 1 步 / 共 4 步】对话框。采用默认选项，单击【下一步】按钮，如图 8-29 所示。

系统弹出【放样造型向导-第 2 步 / 共 4 步】对话框，在【截面数】选项组中选中【自动计算】单选按钮，然后单击【下一步】按钮，如图 8-30 所示。

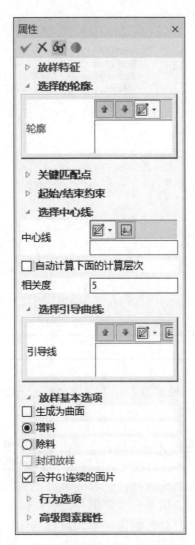

图 8-28

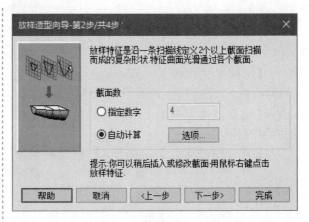

图 8-30

系统弹出【放样造型向导 - 第 3 步 / 共 4 步】对话框，在【截面类型】选项组中选中【圆】单选按钮，在【轮廓定位曲线的类型】选项组中选中【圆弧】单选按钮，然后单击【下一步】按钮，如图 8-31 所示。

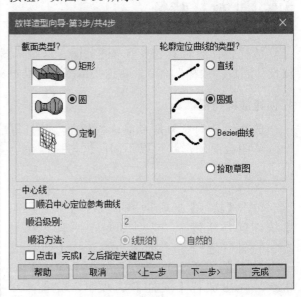

图 8-31

系统弹出【放样造型向导 - 第 4 步 / 共 4 步】对话框，从中设置相关的格栅选项及参数，然后单击【完成】按钮，如图 8-32 所示。

在草图格栅上，用鼠标拖动默认曲线的操作柄修改放样定位曲线，修改完毕后在【编辑轮廓定位曲线】对话框中单击【完成造型】按钮，如图 8-33 所示。

图 8-29

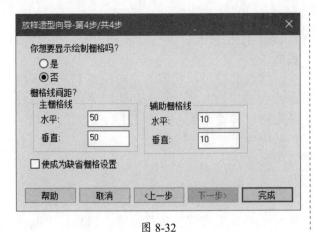

图 8-32

图 8-33

2. 编辑放样特征

放样特征生成后，可以对其进行编辑，以获得满意的放样造型。编辑放样特征的方法主要有编辑放样轮廓截面、编辑轮廓定位曲线及导动曲线、编辑截面属性和智能图素属性、设置放样截面与相邻平面关联。

（1）编辑放样轮廓截面。

当放样特征处于智能图素编辑状态时，放样特征的各草图轮廓截面上显示编号按钮，单击其中某个编号按钮，则会根据鼠标单击的位置出现该草图轮廓截面的操作柄，使用鼠标拖动操作柄，即可快速编辑轮廓截面。

在智能图素编辑状态下，放样特征的草图轮廓截面上会显示编号按钮。右键单击放样特征的编号按钮，则弹出快捷菜单，如图 8-34 所示。

其中的选项含义如下。

【编辑截面】：用于修改二维草图轮廓截面。

【和一面相关联】：设置草图截面与一个模型面关联。

【在定位曲线上放置轮廓】：编辑被选草

图截面和轮廓定位曲线起点之间的距离。

【插入新的】：给放样特征添加一个或多个截面。选择该命令，可在随后弹出的【插入截面】对话框中指定新截面的数目与被选截面的相对位置。可以选择复制被选截面作为插入的新截面。该命令对放样特征末端截面不适用。

【删除】：用于删除被选中的草图截面。

【参数】：用于显示参数表。

【截面属性】：用于设定与定位曲线起点的相对距离和轨迹曲线的方向角，可在轮廓列表中修改草图轮廓。

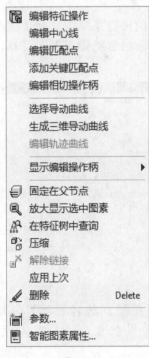

图 8-34

（2）编辑轮廓定位曲线及导动曲线。

在智能图素编辑状态下右键单击放样特征，利用弹出的快捷菜单中的相关命令进行编辑操作，即可修改放样特征，如图 8-35 所示。

图 8-35

其中选项的含义如下。

【编辑特征操作】：选择该命令，可以重新定义放样特征的截面、导动线等。

【编辑中心线】：选择该命令，可在二维草图上编辑放样用的中心线。

【编辑匹配点】：该命令用于编辑放样设计截面的连接点。这些匹配点显现在轮廓定位曲线和每个截面交点的最高点处，颜色是红色。编辑匹配点就是把它放于截面的线段或曲线的端点上。该命令可用于绘制扭曲的图形。

【添加关键匹配点】：该命令用于添加关键匹配点。选择该命令，将出现三维曲线工具，利用此工具绘制一条与各截面相交、作为轮廓定位的曲线，各交点即为新添加的关键匹配点。

【编辑相切操作柄】：该命令用于在每个放样轮廓上编辑放样导动曲线的切线。选择该命令，草图轮廓的端点（折点）上会显示编号按钮。单击编号按钮，在导动线上显示红色的相切操作柄。选中并推拉这些操作柄，可手工编辑关联轮廓的切线。

（3）编辑截面属性和智能图素属性。

在智能图素状态下，右键单击截面编号，在弹出的快捷菜单中选择【截面属性】命令，弹出【截面智能图素】对话框，如图 8-36 所示。

图 8-36

其中主要选项的含义如下。

【应用截面到放样设计】复选框：（系统默认）如果想让 CAXA 实体设计把这个截面纳入放样设计中去，就应选中该复选框。若不选中该复选框，放样时就会忽略该截面。

【与定位曲线起点的相对距离】：用于指定截面与定位曲线起点之间的距离。定位曲线是连接放样设计截面的线段或曲线。输入"0"把截面置于定位曲线的起点，输入"1"把截面置于定位曲线的终点。用 0 与 1 之间的数值设置其他位置。

【轨迹曲线的方向角】：用于设置截面相对于其原来方位的角度。转动轴垂直于截面所在的平面，转动中心点是截面与定位曲线的交点。

要编辑放样特征的智能图素属性，可在智能图素编辑状态下右键单击放样特征，在弹出的快捷菜单中选择【智能图素属性】命令，弹出【放样特征】对话框，然后选择【放样】选项卡，设置其中参数，如图 8-37 所示。

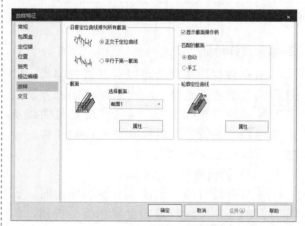

图 8-37

（4）设置放样截面与相邻平面关联。

CAXA 实体设计有一个独特的功能：在同一模型上，把放样特征的起始截面或终止截面与相邻平面相关联。在现有图素或零件上增加的自定义放样特征都可以进行编辑，以指定切矢因子，把截面与它所依附的平面相匹配。

8.5 螺纹特征

CAXA 实体设计可在圆柱面或圆锥面上生成螺纹特征。通过填写螺纹参数以及选择要生成螺纹的曲面、绘制好螺纹截面，便可快速生成螺纹特征。

创建一个特征。选择一个草绘基准面，进入草图绘制模式，绘制如图 8-38 所示的螺纹截面。

在【特征】选项卡中单击【螺纹】按钮，选择零件后，弹出螺纹特征【属性】选项卡。在选项卡中分别设置材料、节距、螺纹选项和起始螺距等参数，如图 8-39 所示。

【属性】选项卡中【几何选择】选项组的【曲面】文本框用于定义螺纹曲面。在该文本框中单击，随即选择螺栓外圆柱面；在【草图】下拉列表中单击，选择前面创建的螺纹截面草图。

完成设置后，在【属性】选项卡中，单击【确定】按钮，系统生成螺纹特征，如图 8-40 所示。

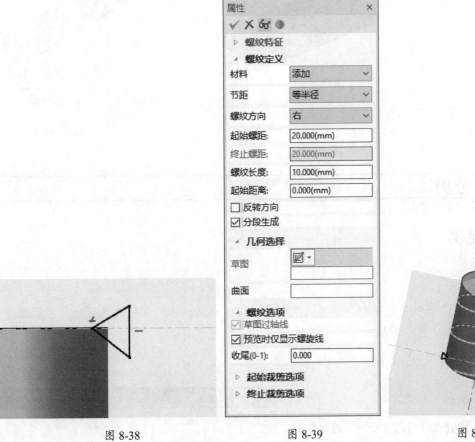

| 图 8-38 | 图 8-39 | 图 8-40 |

8.6 加厚特征

加厚特征命令可以在平面上创建一个加厚零件或者特征。

在【特征】选项卡中单击【加厚】按钮，打开加厚【属性】选项卡，如图 8-41 所示。选择要加厚的表面，如图 8-42 所示。

在【属性】选项卡的【厚度】文本框中设置厚度为5，并设置方向为向上。在选项卡中单击【确定】按钮✔，结果如图8-43所示。

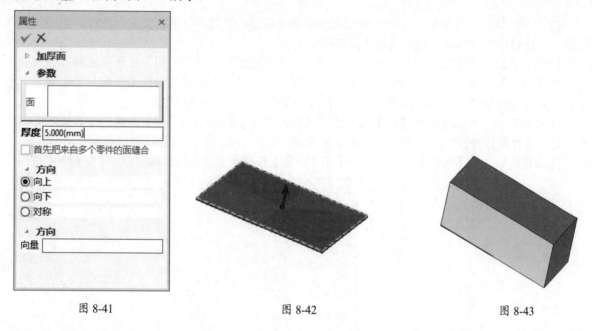

图 8-41　　　　　　　　　　图 8-42　　　　　　　　　　图 8-43

8.7 设计范例

8.7.1 端盖范例

⚠ **案例分析**

本节的范例是创建一个端盖模型，首先依次创建多棱体和圆柱体，并修改其参数，之后创建旋转特征，并进行布尔减运算，最后创建螺纹特征。

⚠ **案例操作**

步骤 01 创建六棱体

① 在【设计元素库】的【图素】选项卡中，选择【多棱体】图素，如图8-44所示。

② 拖动图素到绘图区。

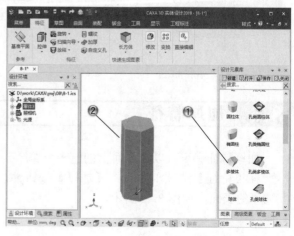

图 8-44

步骤 02 修改六棱体尺寸

① 选择六棱体，再次单击，拖动手柄修改直径，
如图 8-45 所示。

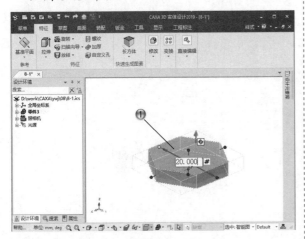

图 8-45

② 拖动手柄修改高度，如图 8-46 所示。

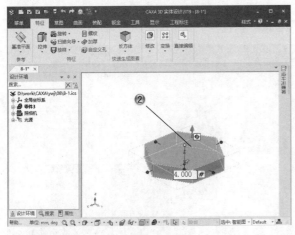

图 8-46

步骤 03 创建圆柱体

① 在【图素】选项卡中，选择【圆柱体】图素，
如图 8-47 所示。

② 拖动图素到六棱体表面。

步骤 04 修改圆柱体尺寸

① 选择圆柱体，再次单击，拖动手柄修改直径，
如图 8-48 所示。

② 拖动手柄修改高度，如图 8-49 所示。

步骤 05 创建圆柱体

① 在【图素】选项卡中，选择【圆柱体】图素，

如图 8-50 所示。

② 拖动图素到圆柱表面。

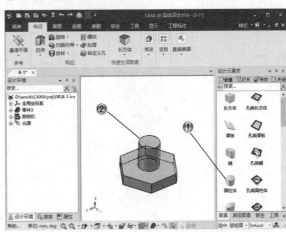

图 8-47

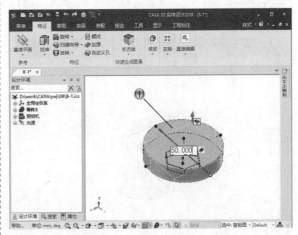

图 8-48

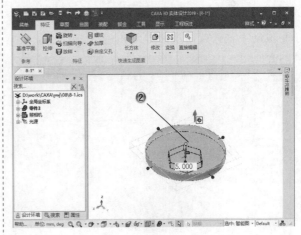

图 8-49

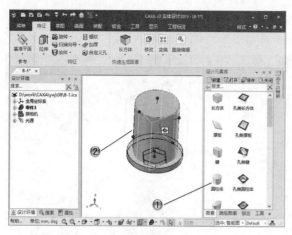

图 8-50

步骤 06 修改圆柱体尺寸

1 选择圆柱体，再次单击，拖动手柄修改直径，如图 8-51 所示。

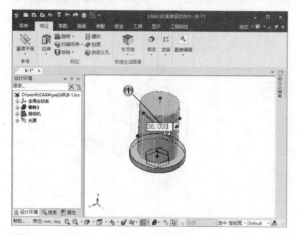

图 8-51

2 拖动手柄修改高度，如图 8-52 所示。

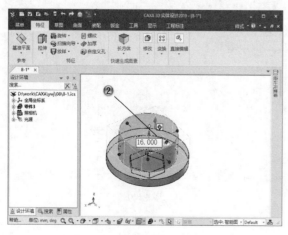

图 8-52

步骤 07 绘制草图

1 单击【草图】选项卡中的【在 X-Y 基准面】按钮，进入草图绘制环境，如图 8-53 所示。

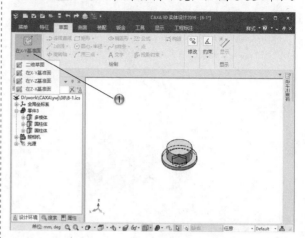

图 8-53

2 单击【草图】选项卡中的【2 点线】按钮，如图 8-54 所示。

3 在绘图区中，绘制梯形。

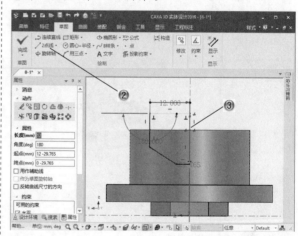

图 8-54

步骤 08 创建旋转特征

1 单击【特征】选项卡中的【旋转】按钮，如图 8-55 所示。

2 选择轮廓草图，并设置旋转参数。

3 在【属性】选项卡中，单击【确定】按钮，创建旋转特征。

步骤 09 布尔运算

1 单击【特征】选项卡中的【布尔】按钮，

如图 8-56 所示。

② 选择【减】选项，选择主体和布尔减的零件。

③ 在【属性】选项卡中，单击【确定】按钮✔。

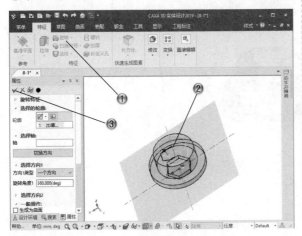

图 8-55

创建螺纹。

步骤 ⑫ 完成端盖模型

完成的端盖模型，如图 8-60 所示。

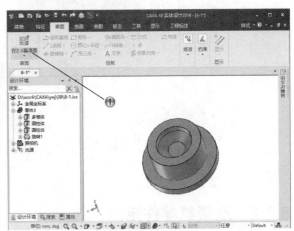

图 8-57

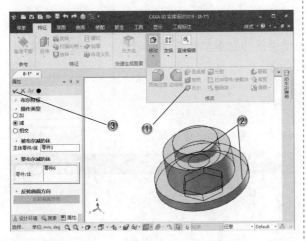

图 8-56

步骤 ⑩ 绘制草图

① 单击【草图】选项卡中的【在 Z-X 基准面】
按钮，进入草图绘制环境，如图 8-57 所示。

② 单击【草图】选项卡中的【2 点线】按钮，
如图 8-58 所示。

③ 在绘图区中，绘制三角形。

步骤 ⑪ 创建螺纹特征

① 单击【特征】选项卡中的【螺纹】按钮，
如图 8-59 所示。

② 选择螺纹草图和曲面，并设置螺纹参数。

③ 在【属性】选项卡中，单击【确定】按钮✔，

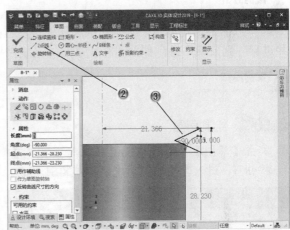

图 8-58

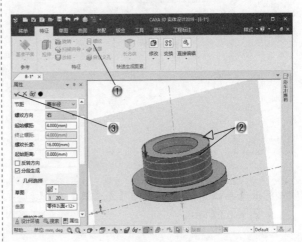

图 8-59

图 8-60

8.7.2 航模机零件范例

⚠ **案例分析**

本节的范例是创建一个航模机零件模型，首先使用旋转命令创建基体部分，之后创建放样特征并进行阵列，最后绘制截面和路径草图，完成扫描特征。

⚠ **案例操作**

步骤 01 绘制草图

① 单击【草图】选项卡中的【在 X-Y 基准面】按钮，进入草图绘制环境，如图 8-61 所示。

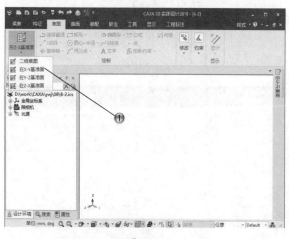

图 8-61

② 单击【草图】选项卡中的【2 点线】按钮，如图 8-62 所示。

③ 在绘图区中，绘制草图。

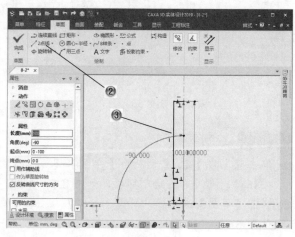

图 8-62

步骤 02 创建旋转特征

① 单击【特征】选项卡中的【旋转】按钮，如图 8-63 所示。

② 选择轮廓草图，并设置旋转参数。

③ 在【属性】选项卡中，单击【确定】按钮✔，
　创建旋转特征。

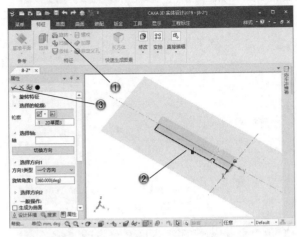

图 8-63

步骤 **03** 绘制草图

① 单击【草图】选项卡中的【在 X-Y 基准面】
　按钮▣，进入草图绘制环境，如图 8-64 所示。

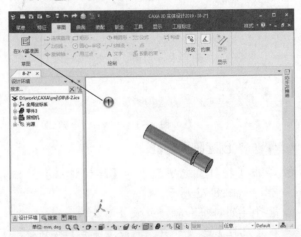

图 8-64

② 单击【草图】选项卡中的【2点线】按钮╱和【用
　三点】按钮┌，如图 8-65 所示。

③ 在绘图区中，绘制草图。

步骤 **04** 创建旋转特征

① 单击【特征】选项卡中的【旋转】按钮🗗，
　如图 8-66 所示。

② 选择轮廓草图，并设置旋转参数。

③ 在【属性】选项卡中，单击【确定】按钮✔，
　创建旋转特征。

步骤 **05** 绘制草图

① 单击【草图】选项卡中的【在 X-Y 基准面】
　按钮▣，进入草图绘制环境，如图 8-67 所示。

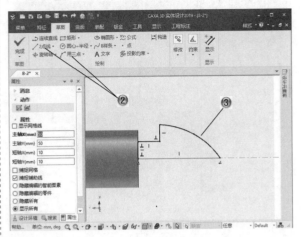

图 8-65

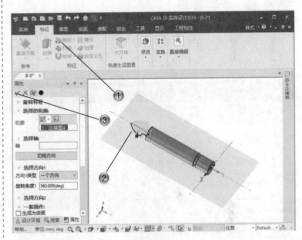

图 8-66

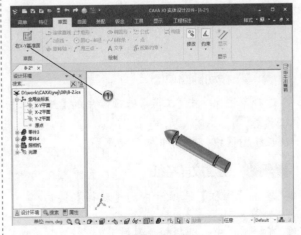

图 8-67

② 单击【草图】选项卡中的【2点线】按钮 ✏️，如图 8-68 所示。

③ 在绘图区中，绘制直线。

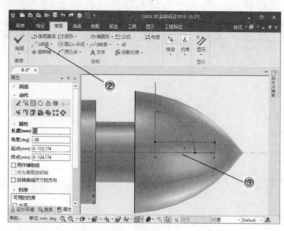

图 8-68

步骤 06 绘制椭圆

① 单击【草图】选项卡中的【椭圆形】按钮 ⊕，如图 8-69 所示。

② 在绘图区中，绘制椭圆。

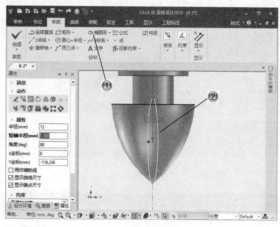

图 8-69

步骤 07 移动椭圆草图

① 选择草图，单击【工具】选项卡中的【三维球】按钮 🔵，如图 8-70 所示。

② 在绘图区中，拖动手柄移动草图。

步骤 08 创建放样特征

① 单击【特征】选项卡中的【放样】按钮 🔲，如图 8-71 所示。

② 在绘图区中，选择轮廓草图。

③ 在【属性】选项卡中，单击【确定】按钮 ✔，

创建放样特征。

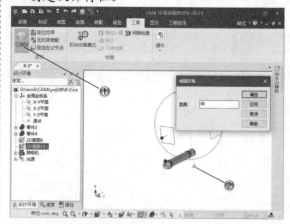

图 8-70

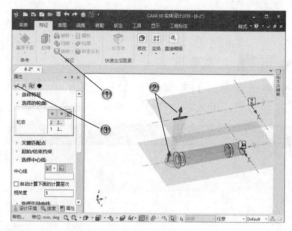

图 8-71

步骤 09 创建阵列特征

① 单击【特征】选项卡中的【阵列特征】按钮 🔳，如图 8-72 所示。

② 选择阵列特征和轴，并设置参数。

③ 在【属性】选项卡中，单击【确定】按钮 ✔，创建阵列特征。

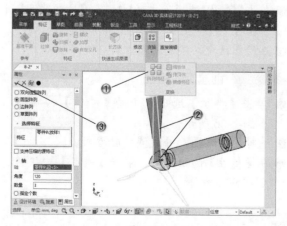

图 8-72

步骤 ⑩ 绘制草图

① 单击【草图】选项卡中的【在Y-Z基准面】按钮 ，进入草图绘制环境，如图8-73所示。

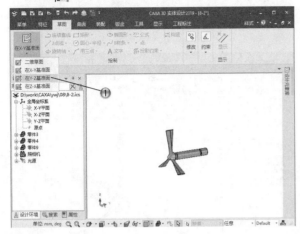

图8-73

② 单击【草图】选项卡中的【椭圆形】按钮 ，如图8-74所示。

③ 在绘图区中，绘制椭圆。

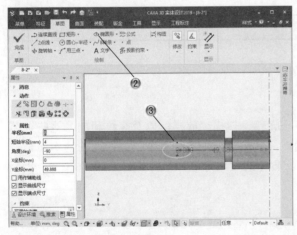

图8-74

步骤 ⑪ 绘制草图

① 单击【草图】选项卡中的【在Z-X基准面】按钮 ，进入草图绘制环境，如图8-75所示。

② 单击【草图】选项卡中的【2点线】按钮 ，如图8-76所示。

③ 在绘图区中，绘制直线图形。

步骤 ⑫ 移动草图

① 选择草图，单击【工具】选项卡中的【三维球】按钮 ，如图8-77所示。

② 在绘图区中，拖动手柄移动草图。

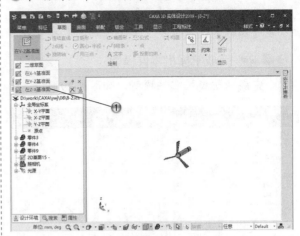

图8-75

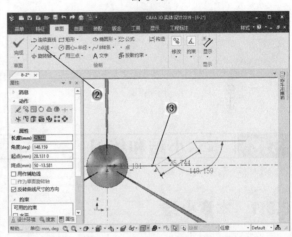

图8-76

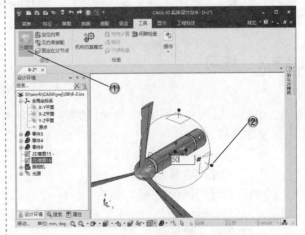

图8-77

步骤 ⑬ 创建扫描特征

① 单击【特征】选项卡中的【扫描】按钮 ，

如图 8-78 所示。

② 选择轮廓和路径，并设置参数。

③ 在【属性】选项卡中，单击【确定】按钮✔，创建扫描特征。

步骤 14 完成航模机零件模型

完成的航模机零件模型，如图 8-79 所示。

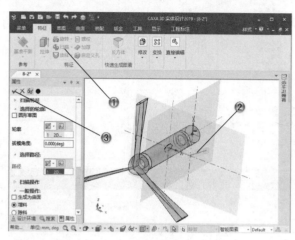

图 8-78

图 8-79

8.8　本章小结和练习

8.8.1　本章小结

本章主要讲解了实体特征的创建命令，有拉伸、旋转、扫描、放样，以及螺纹和加厚这些细节特征。这些命令这是 CAXA 创建三维特征的基础知识，这些特征是各种复杂模型特征的基本元素。通过学习本章的范例，读者可以进一步熟悉实体特征命令的使用方法。

8.8.2　练习

如图 2-80 所示，使用本章学过的各种命令来创建散热器。

一般创建步骤和方法如下。

（1）创建旋转基体特征。

（2）创建扫描特征并阵列。

（3）布尔减运算。

（4）创建孔特征。

图 2-80

第 9 章

特征的修改和编辑

本章导读

　　前面介绍了 CAXA 实体设计草绘和实体的一些命令操作，本章将介绍实体特征修改和编辑命令。利用【特征】选项卡中的【修改】、【变换】和【直接编辑】组中的命令，可以对实体造型进行操作、更正和后期编辑。

9.1 特征修改

　　CAXA 实体设计提供了对零件的编辑特征修改、直接编辑及变换工具。这些操作工具位于【特征】选项卡中，可以直接单击相应按钮；它们的相应命令位于【修改】菜单中。这些工具可对特征进行修改，包括圆角过渡、边倒角、面拔模、抽壳、分割、删除体、布尔运算等。

9.1.1 常用修改命令

1. 抽壳

　　抽壳功能是挖空一个实体特征。这一功能对于制作容器、管道和其他内空的对象十分有用。当对一个图素进行抽壳时，可以规定剩余壳壁的厚度。CAXA 实体设计提供了向里、向外及两侧抽壳等 3 种方式。

　　（1）【抽壳】命令。

　　单击【特征】选项卡中的【抽壳】按钮 📁或者选择【修改】|【抽壳】菜单命令。

　　（2）操作步骤。

　　选择要抽壳的实体零件，单击【特征】选项卡中的【抽壳】按钮📁，出现如图 9-1 所示的抽壳特征【属性】选项卡。

图 9-1

　　在【抽壳类型】选项组中指定抽壳类型，在零件上选择要开口的表面。在【厚度】文本框中指定壳体的厚度。

　　在抽壳特征【属性】选项卡中单击【预览】

按钮 👓，可以在模型中预览抽壳效果。

　　单击抽壳特征【属性】选项卡上方的【确定】按钮 ✔，生成抽壳特征。

　　（3）除了对零件进行抽壳操作外，还可以对智能图素进行抽壳操作。鼠标右键单击处于智能图素状态的实体，在弹出的快捷菜单中选择【智能图素属性】命令，在弹出的【拉伸特征】对话框中选择【抽壳】选项，如图 9-2 所示。在【抽壳】选项设置界面可以选中【对该图素进行抽壳】复选框，设置【壁厚】参数，单击【确定】按钮，完成对图素抽壳操作。

图 9-2

2. 过渡

　　【圆角过渡】命令可将零件中尖锐的边线结构设计成平滑的圆角。

　　在【特征】选项卡中单击【圆角过渡】按钮 🔲或者选择【修改】|【圆角过渡】菜单命令，单击鼠标右键选择需要圆角过渡的棱边，在弹出的快捷菜单中选择【圆角过渡】命令。其他特征修改、变换和编辑工具的打开方法与此工具类似，后面不再赘述。

　　在圆角过渡类型中有【等半径】、【两个点】、【变半径】、【等半径面过渡】、【边线】和【三面过渡】等 6 种造型方式。

（1）等半径圆角过渡。

等半径圆角过渡是一种常见的圆角过渡。下面结合一个长方体造型讲解如何创建圆角过渡。

在【特征】选项卡中单击【圆角过渡】按钮，在设计环境左侧弹出过渡特征【属性】选项卡。在过渡特征【属性】选项卡的【过渡类型】选项组中选中【等半径】单选按钮，在【半径】文本框中输入"2"，其他采用系统默认选项，如图9-3所示。

图 9-3

设置完成后，单击过渡特征【属性】选项卡上方的【确定】按钮，结果如图9-4所示。

图 9-4

（2）两个点圆角过渡。

两个点圆角过渡是变半径过渡中最简单的形式，过渡后圆角的半径值为所选择的过渡边

的两个端点的半径值。

在【特征】选项卡中单击【圆角过渡】按钮，在设计环境左侧弹出过渡特征【属性】选项卡。在【过渡类型】选项组中选中【两个点】单选按钮。选择需要圆角过渡的棱边，如图9-5所示。

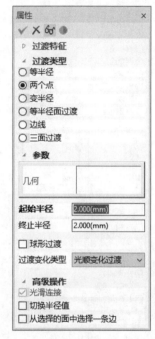

图 9-5

在【参数】选项组中，分别在【起始半径】和【终止半径】文本框中输入半径值，单击过渡特征【属性】选项卡上方的【确定】按钮，结果如图9-6所示。

图 9-6

（3）变半径圆角过渡。

变半径圆角过渡可以使一条棱边上的圆角

有不同的半径变化。

在【特征】选项卡中单击【圆角过渡】按钮，在设计环境左侧弹出过渡特征【属性】选项卡。在【过渡类型】选项组中选中【变半径】单选按钮，如图9-7所示。

图 9-7

激活【几何】筛选器，并选择要增加变半径的边，在【半径】文本框中设定该点处的圆角半径值，在【百分比】文本框中系统会自动生成该点至起始点的距离与棱边长度的比例。使用同样方法设定其他的变半径控制点，如图9-8所示。

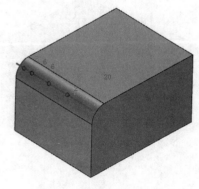

图 9-8

（4）等半径面过渡圆角过渡。

在【特征】选项卡中单击【圆角过渡】按

钮，在设计环境左侧弹出面过渡特征【属性】选项卡。在【过渡类型】选项组中选中【等半径面过渡】单选按钮，如图9-9所示。

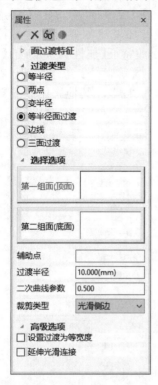

图 9-9

激活【第一组面】筛选器，并选择第一个面，激活【第二组面】筛选器，并选择第二个面，在【过渡半径】文本框中输入10。单击面过渡特征【属性】选项卡上方的【确定】按钮，结果如图9-10所示。

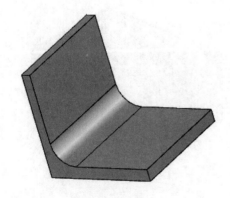

图 9-10

（5）边线圆角过渡。

指定边线面过渡可以在边线内生成面过渡。

在【特征】选项卡中单击【圆角过渡】按钮，在设计环境左侧弹出面过渡特征【属性】选项卡。在【过渡类型】选项组中选中【边线】单选按钮，如图9-11所示。

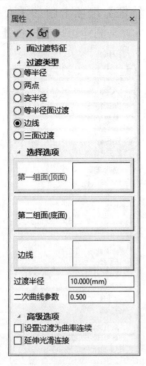

图 9-11

激活【第一组面】筛选器，并选择第一个面。激活【第二组面】筛选器，并选择第二个面。激活【边线】筛选器，并选择边线。

在【过渡半径】文本框中输入10，单击面过渡特征【属性】选项卡上方的【确定】按钮，结果如图9-12所示。

图 9-12

（6）三面过渡圆角过渡。

三面过渡功能将零件中的某一个面，经过圆角过渡变成一个圆曲面。

单击【特征】选项卡中的【圆角过渡】按钮，在设计环境左侧弹出面过渡特征【属性】选项卡。在【过渡类型】选项组中选中【三面过渡】单选按钮，如图9-13所示。

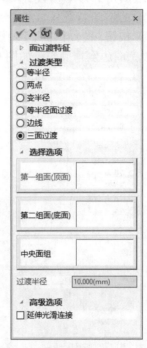

图 9-13

激活【第一组面】筛选器，并选择第一个面。激活【第二组面】筛选器，并选择第二个面。激活【中央面组】筛选器，并选择第三个面。单击面过渡特征【属性】选项卡上方的【确定】按钮，结果如图9-14所示。

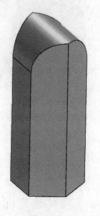

图 9-14

3. 边倒角过渡

边倒角过渡是指将尖锐的直角边线磨成平滑的斜角边线。CAXA 实体设计提供了 7 种倒角方式，其设置与圆角类似。

单击【特征】选项卡中的【边倒角】按钮，或者选择【修改】|【边倒角】菜单命令。

选择【边倒角】命令，设计环境中会出现如图 9-15 所示的倒角特征【属性】选项卡。选中【距离】单选按钮，设置【距离】参数，单击【确定】按钮，完成边倒角操作，如图 9-16 所示。

图 9-15

图 9-16

4. 面拔模

面拔模可以在实体选定面上形成特定的拔

模角度。CAXA 实体设计中有 3 种拔模形式：中性面拔模、分模线拔模和阶梯分模线拔模。

（1）中性面拔模。

中性面拔模是面拔模的基本方法。

单击【特征】选项卡中的【面拔模】按钮，在设计环境左侧弹出拔模特征【属性】选项卡，如图 9-17 所示。

图 9-17

在【拔模类型】选项组中选中【中性面】单选按钮。激活【选择选项】选项组中的【中性面】筛选器，并选择中性面。激活【选择选项】选项组中的【拔模面】筛选器，并选择拔模面。在【拔模角度】文本框中设置角度。

其他采用默认选项，单击拔模特征【属性】选项卡上方的【确定】按钮，生成的中性面拔模造型如图 9-18 所示。

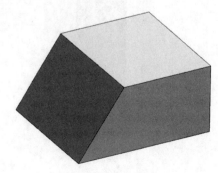

图 9-18

（2）分模线拔模。

分模线拔模是指在模型分模线处形成拔模面。分模线既可以在平面上，也可以不在平面上。除了可以使用已经存在的模型边作为分模线外，还可以在模型表面插入一条分模线，分模线可通过【分割实体表面】命令来实现。

（3）阶梯分模线拔模。

阶梯分模线拔模可以说是分模线拔模的一种变形。阶梯分模线拔模能够生成选择面的转折，即能够生成小阶梯。阶梯分模线拔模的使用方法与分模线拔模类似。

9.1.2 特殊修改命令

1. 分割零件

分割零件是指把一个零件整体分割开，可以单独对分割出的零件进行编辑修改。

【分割】命令是利用工具零件来分割零件。在【特征】选项卡中单击【分割】按钮，弹出分割零件【属性】选项卡，如图 9-19 所示。

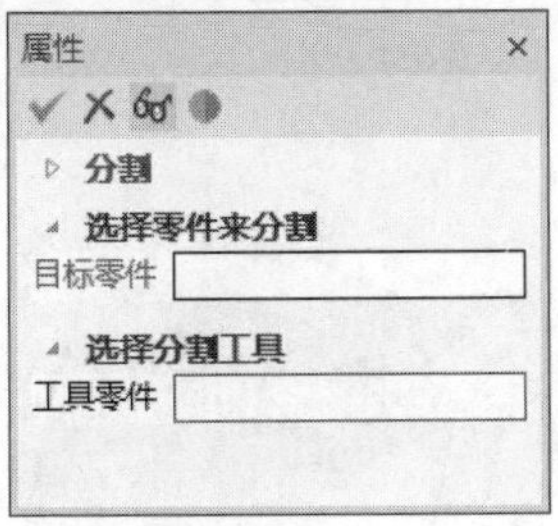

图 9-19

在绘图区分别选择目标零件和工具零件，单击【确定】按钮，即可完成分割，如图 9-20 所示。

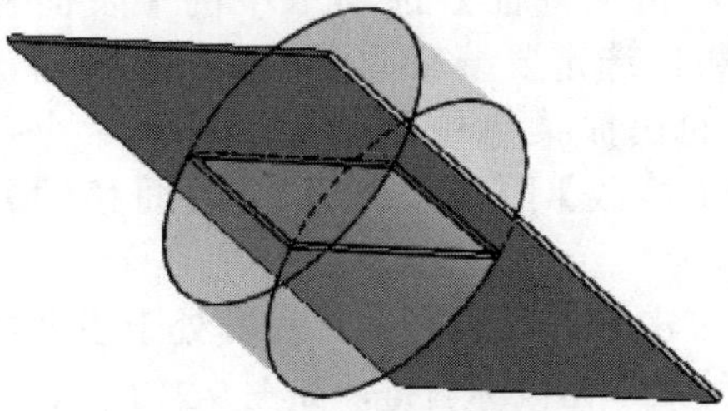

图 9-20

2. 拉伸零件 / 装配体

【拉伸零件 / 装配体】命令仅适用于创新模式下的零件。单击【特征】选项卡中的【拉伸零件 / 装配体】按钮，可将零件 / 装配的包围盒尺寸以设定的一个基准平面向外延伸一定的距离。因此，也可以称为【包围盒延伸】命令。这种智能延伸的方式，能够将设计完成的零件及装配在长度、宽度和高度方向快速地延伸一定的距离。

3. 布尔运算

布尔运算是指从组合零件和其他零件中提取一个零件的操作。布尔运算包括布尔加运算、布尔减运算和布尔相交运算。

单击【特征】选项卡中的【布尔】按钮，或者选择【修改】|【布尔】菜单命令。

（1）布尔加运算。

布尔加运算可以将多个零件组合成一个单独的零件。

（2）布尔减运算。

布尔减运算可以将一个零件与其他零件的相交部分裁剪掉，以获得一个新的零件。

9.2 特征编辑

9.2.1 特征修改

1. 表面移动

使用【表面移动】命令可以让单个零件的面独立于智能图素结构，生成的面可移动或旋转。

单击【特征】选项卡中的【表面移动】按钮 🔩，选定要编辑的面，单击鼠标右键并在弹出的快捷菜单中选择【平移】命令；或者选择【修改】|【面操作】|【表面移动】菜单命令。

单击长方体上表面，使其处于表面编辑状态，然后单击鼠标右键，如图9-21所示。

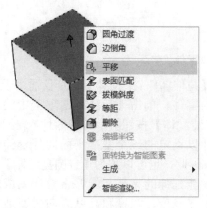

图 9-21

在弹出的快捷菜单中选择【平移】命令，此时，设计环境中弹出【移动面】选项卡，如图9-22所示。

图 9-22

其中主要选项含义如下。

（1）【重建正交】：利用该复选框可通过从零件表面延展新垂直面重新生成以移动面为基准的零件。

（2）【无延伸移动特征】：利用该复选框可移动特征面而不延伸到相交面。

（3）【特征拷贝】：利用该复选框可复制特征的选定面。

在面的中心处出现激活的三维球，可以利用三维球对面进行移动、旋转等操作（单击三维球的操作柄控制三维球旋转方向，编辑包围盒，输入相应尺寸等），如图9-23所示。

完成后单击【移动面】选项卡上方的【确定】按钮 ✔，弹出【面编辑通知】对话框，单击【是】按钮，即可完成移动面的操作。

2. 表面匹配

【表面匹配】命令应用于创新零件中。利用【表面匹配】命令可以实现两个面的共面、平行和垂直等几何转变。

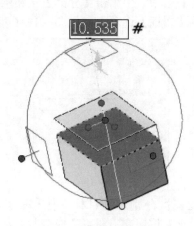

图 9-23

激活【表面匹配】命令的方法如下。

（1）单击【特征】选项卡中的【表面匹配】按钮 🔩。

（2）选择要匹配的面后单击鼠标右键，在弹出的快捷菜单中选择【表面匹配】命令。

选择【表面匹配】命令后，在设计环境左侧弹出【匹配面】选项卡，如图9-24所示。

单击【匹配面选项】选项组中的【选择匹配面】按钮 🔩，然后依次选择两个实体的表面，如图9-25所示。

图 9-24

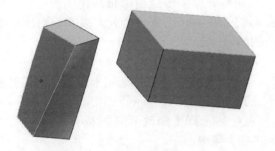

图 9-25

单击【匹配面】选项卡上方的【确定】按钮 ✓，弹出【面编辑通知】对话框，单击【是】按钮，即可生成如图 9-26 所示的表面匹配造型。

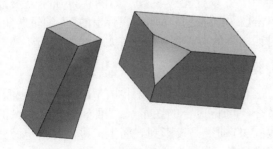

图 9-26

3. 表面等距

表面等距是指使一个面相对于原来的位置，精确地偏移一定距离来实现对实体特征的修改。

激活【表面等距】命令的方法如下。

（1）单击【特征】选项卡中的【表面等距】按钮 ✗。

（2）选择要匹配的面后单击鼠标右键，在弹出的快捷菜单中选择【表面等距】命令。

（3）选择【修改】|【面操作】|【表面等距】菜单命令。

选择平面使其高亮显示，如图 9-27 所示；单击【特征】选项卡中的【表面等距】按钮 ✗，在设计环境左侧弹出【偏移面】选项卡，如图 9-28 所示。

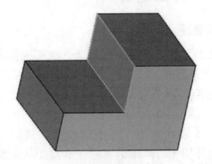

图 9-27

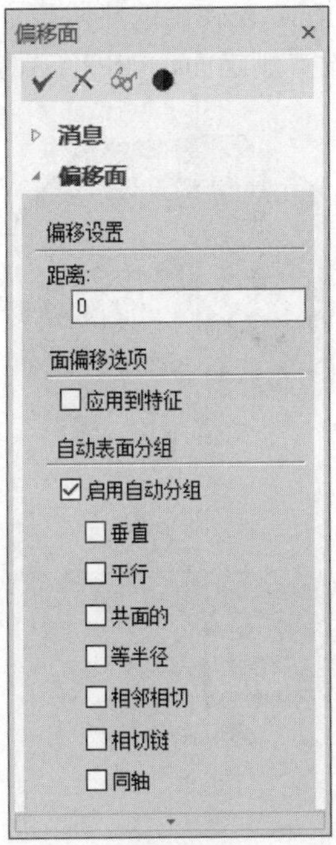

图 9-28

设置【距离】参数，单击【偏移面】选项卡上方的【确定】按钮 ✓，在弹出的【面编辑通知】对话框中单击【是】按钮，即可生成如图 9-29 所示的造型。

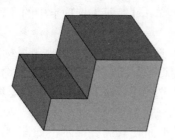

图 9-29

9.2.2 特征编辑

1. 删除表面

【删除表面】命令的激活方法与前面相同。在某些模型中，可将选定表面删除，而其相邻面将延伸，以弥补造成的缺口。当不能生成有效的实体时，就会出现错误提示。

从【设计元素库】中拖曳"多棱体"图素至设计环境中。单击前表面使其处于表面编辑状态，如图 9-30 所示。单击【特征】选项卡中的【删除表面】按钮，在弹出的删除表面特征【属性】选项卡中，设置删除面，如图 9-31 所示。

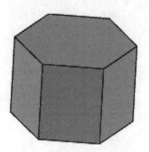

图 9-30

图 9-31

单击删除表面特征【属性】选项卡上方的【确定】按钮，在弹出的【面编辑通知】对话框中单击【是】按钮，则生成如图 9-32 所示的造型。

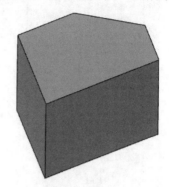

图 9-32

2. 编辑表面半径

编辑表面半径是指编辑圆柱面的半径或椭圆面的长轴半径、短轴半径，以实现对实体特征的编辑操作。

激活【编辑表面半径】命令的方法如下。

（1）单击【特征】选项卡中的【编辑表面半径】按钮。

（2）选择【修改】|【面操作】|【编辑表面半径】菜单命令。

（3）选择模型，单击右键，在弹出的快捷菜单中选择【编辑半径】命令。

编辑表面半径（变半径）的方法如下。

先选择一个圆柱面或椭圆面，激活【编辑表面半径】命令，在弹出的【编辑表面半径】选项卡中设置相应参数，如图 9-33 所示，最后单击【确定】按钮即可，在弹出的【面编辑通知】对话框中单击【是】按钮，如图 9-34 所示。

3. 分割实体表面

使用 CAXA 实体设计中的【分割实体表面】命令，可将适合的图形（二维草图、已存在的边或 3D 曲线）投影到表面上，进而将指定面分割成多个可以单独选择的小面。

激活【分割实体表面】命令的方法如下。

（1）单击【特征】选项卡中的【分割实体表面】按钮。

（2）选择【修改】|【面操作】|【分割实体表面】菜单命令。

图 9-33

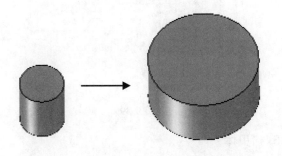

图 9-34

激活【分割实体表面】命令后，弹出分割实体表面【属性】选项卡，如图 9-35 所示。

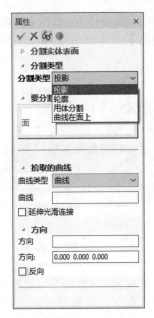

图 9-35

其中【分割类型】选项组中各选项的含义如下。

【投影】：将线投影到表面 / 面上，然后沿投影线将该表面分割成多个部分。

【轮廓】：将实体的轮廓投影到表面上来分割表面。

【用体分割】：类似于分割零件，选择两个零件，然后选择【分割实体表面】命令，第二个零件将确定分割第一个零件的分割线。【用体分割】命令在工程模式中用于在不同的体之间进行分割。

【曲线在面上】：用曲线分割表面。该曲线可以是封闭的曲线，也可以是一段曲线。

9.3 特征变换

9.3.1 三维球及命令菜单操作

1. 特征拷贝与链接

特征的拷贝与链接都是复制特征，其不同之处在于利用【链接】命令完成的特征之间存在内在的联系，修改其中一个特征时，其他的特征也随之修改，而拷贝的特征不存在这种联系。

在零件编辑状态下选定该零件，然后激活三维球工具。鼠标右键单击三维球外操作柄，并拖动三维球沿外操作柄移动一定距离后释放鼠标。在弹出的快捷菜单中选择【拷贝】命令，如图 9-36 所示，然后在弹出的【重复拷贝/链接】对话框中的【数量】和【距离】文本框中输入相应参数即可。

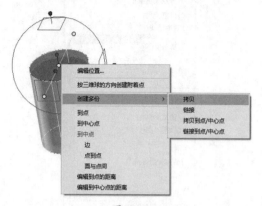

图 9-36

单击【重复拷贝/链接】对话框中的【确定】按钮，取消三维球，结果如图 9-37 所示。

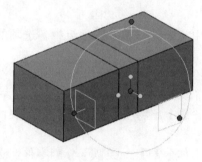

图 9-37

2. 镜像特征

镜像特征操作可使实体零件对一个基准面镜像，产生左右完全对称的两个实体。

选择模型，激活三维球，按 Space 键，在三维球中心单击鼠标右键，在弹出的快捷菜单中选择【到点】命令，如图 9-38 所示。将鼠标移至一边的中点处，待出现绿色圆点后单击鼠标，按 Space 键完成镜像。

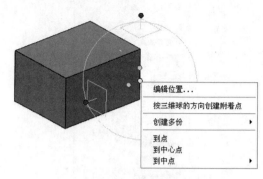

图 9-38

右键单击三维球右侧的内操作柄，在弹出的快捷菜单中选择【镜像】|【拷贝】命令，生成镜像特征，如图 9-39 所示。

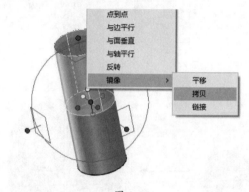

图 9-39

3. 拷贝体

拷贝体操作可以拷贝激活零件中的实体，拷贝后的造型与原始造型位置重合，通过设计树使用三维球进行位置移动，即可看到拷贝结果。

9.3.2 功能选项卡操作

1. 阵列特征

对于具有排列规律的特征，可采用阵列的方式来生成。阵列特征按照"线型""圆型""草图"等方式来复制特征。利用三维球工具可以很方便地实现阵列特征操作。

单击【特征】选项卡中的【阵列特征】按钮，在设计环境左侧弹出阵列特征【属性】选项卡，如图 9-40 所示。选择特征并设置参数后，单击【确定】按钮，生成预览中的实体，如图 9-41 所示。

图 9-40

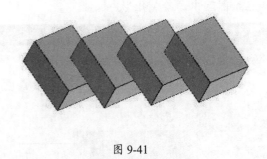

图 9-41

2. 缩放体

缩放体操作可使实体在参考点的 X、Y、Z 方向上按照一定比例放大或缩小。

单击【特征】选项卡中的【缩放体】按钮 ，在设计环境左侧弹出比例缩放特征【属性】选项卡，如图 9-42 所示。

图 9-42

选择参考点和 X、Y、Z 三个方向的比例，然后单击【属性】选项卡中的【确定】按钮 ，结果如图 9-43 所示。

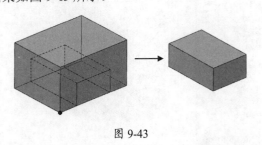

图 9-43

9.4 设计范例

9.4.1 轴零件范例

⚠ **案例分析**

本节的范例是创建一个轴零件模型，首先创建圆柱体，之后使用旋转命令切除部分实体，再创建孔特征，并进行阵列，最后创建一个圆柱特征。

⚠ **案例操作**

步骤 01 创建圆柱体

❶ 在【图素】选项卡中，选择【圆柱体】图素，如图 9-44 所示。

❷ 拖动图素到绘图区。

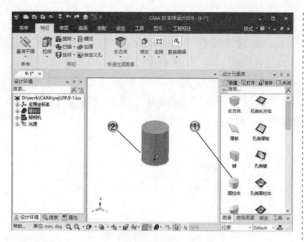

图 9-44

步骤 02 修改圆柱体尺寸

① 选择圆柱体，再次单击，拖动手柄修改直径，如图 9-45 所示。

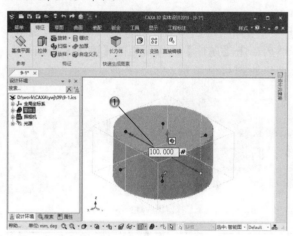

图 9-45

② 拖动手柄修改高度，如图 9-46 所示。

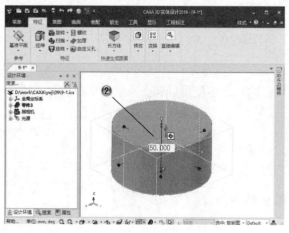

图 9-46

步骤 03 绘制草图

① 单击【草图】选项卡中的【在 Z-X 基准面】按钮，进入草图绘制环境，如图 9-47 所示。

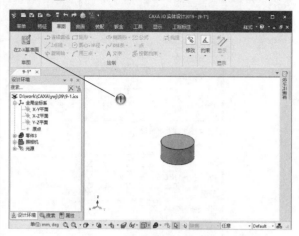

图 9-47

② 单击【草图】选项卡中的【矩形】按钮，如图 9-48 所示。

③ 在绘图区中，绘制矩形。

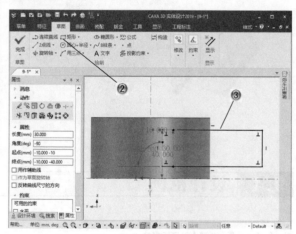

图 9-48

步骤 04 创建旋转特征

① 单击【特征】选项卡中的【旋转】按钮，如图 9-49 所示。

② 选择轮廓草图，并设置旋转参数。

③ 在【属性】选项卡中，单击【确定】按钮，创建旋转特征。

步骤 05 创建布尔减运算

① 单击【特征】选项卡中的【布尔】按钮，如图 9-50 所示。

② 选择【减】选项，选择主体和布尔减的零件。

③ 在【属性】选项卡中，单击【确定】按钮 ✓。

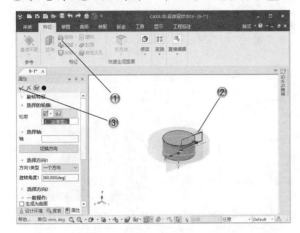

图 9-49

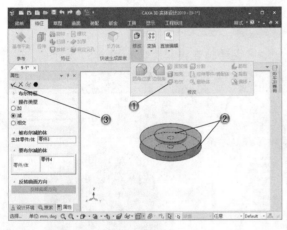

图 9-50

步骤 06 创建孔特征

① 单击【特征】选项卡中的【自定义孔】按钮 🔲，如图 9-51 所示。

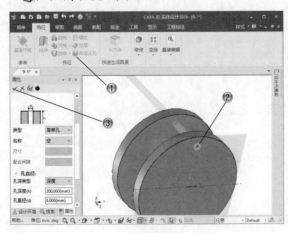

图 9-51

② 选择孔的位置，并设置参数。

③ 在【属性】选项卡中，单击【确定】按钮 ✓，创建孔特征。

步骤 07 阵列孔特征

① 单击【特征】选项卡中的【阵列特征】按钮 🔳，如图 9-52 所示。

② 选择阵列特征和轴，并设置参数。

③ 在【属性】选项卡中，单击【确定】按钮 ✓，创建阵列特征。

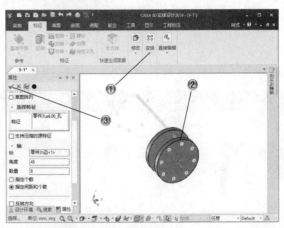

图 9-52

步骤 08 创建圆柱体

① 在【图素】选项卡中，选择【圆柱体】图素，如图 9-53 所示。

② 拖动图素到圆柱表面。

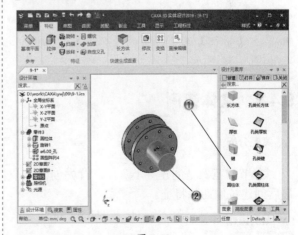

图 9-53

步骤 09 修改圆柱体尺寸

① 选择圆柱体，再次单击，拖动手柄修改高度，如图 9-54 所示。

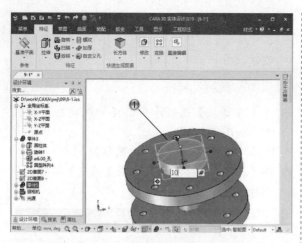

图 9-54

② 拖动手柄修改直径，如图 9-55 所示。

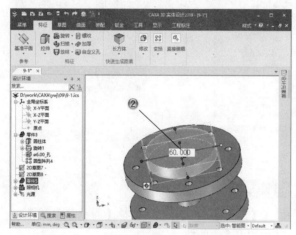

图 9-55

步骤 **10** 布尔加运算

⑪ 单击【特征】选项卡中的【布尔】按钮，如图 9-56 所示。

② 选择【加】选项，选择所有零件。

③ 在【属性】选项卡中，单击【确定】按钮。

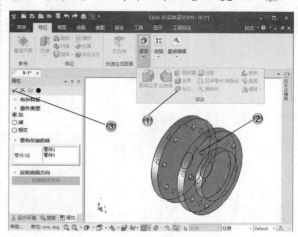

图 9-56

步骤 **11** 完成轴零件模型

完成的轴连接模型，如图 9-57 所示。

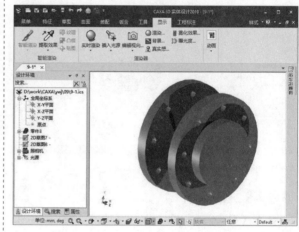

图 9-57

9.4.2 盒体范例

⚠ **案例分析**

本节的范例是创建一个盒体，首先创建一个长方体，之后创建拔模和圆角特征，并进行抽壳，最后创建拉伸切除特征。

⚠ **案例操作**

步骤 **01** 创建长方体

⑪ 在【图素】选项卡中，选择【长方体】图素，如图 9-58 所示。

② 拖动图素到绘图区。

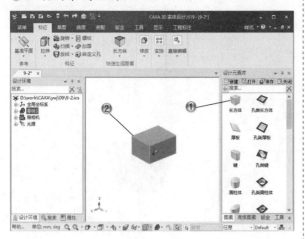

图 9-58

步骤 02 修改长方体尺寸

① 选择长方体，再次单击，拖动手柄修改高度，如图 9-59 所示。

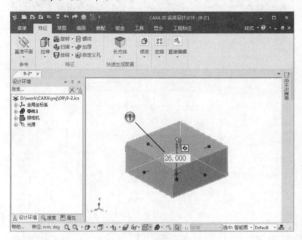

图 9-59

② 拖动手柄修改长和宽，如图 9-60 所示。

步骤 03 创建拔模特征

① 单击【特征】选项卡中的【面拔模】按钮，如图 9-61 所示。

② 选择中性面和拔模面，并设置参数。

③ 在【属性】选项卡中，单击【确定】按钮，创建拔模特征。

步骤 04 创建圆角 1 特征

① 单击【特征】选项卡中的【圆角过渡】按钮，如图 9-62 所示。

② 选择圆角的边线，并设置半径参数。

③ 在【属性】选项卡中，单击【确定】按钮，创建圆角特征。

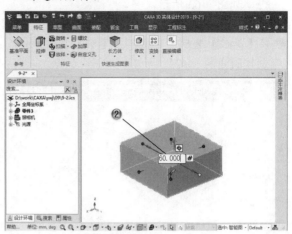

图 9-60

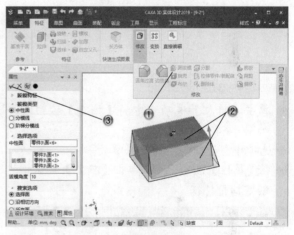

图 9-61

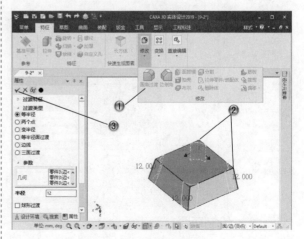

图 9-62

步骤 05 创建圆角 2 特征

① 单击【特征】选项卡中的【圆角过渡】按钮，如图 9-63 所示。

② 选择圆角的边线，并设置半径参数。

③ 在【属性】选项卡中，单击【确定】按钮，创建圆角特征。

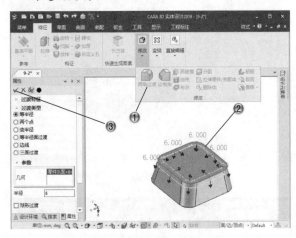

图 9-63

步骤 06 创建抽壳特征

① 单击【特征】选项卡中的【抽壳】按钮，如图 9-64 所示。

② 选择模型开放面，并设置参数。

③ 在【属性】选项卡中，单击【确定】按钮，创建抽壳特征。

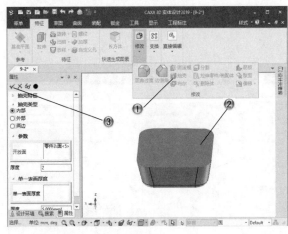

图 9-64

步骤 07 绘制草图

① 单击【草图】选项卡中的【在 X-Y 基准面】

按钮，进入草图绘制环境，如图 9-65 所示。

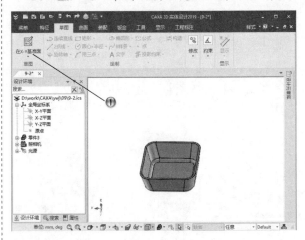

图 9-65

② 单击【草图】选项卡中的【矩形】按钮，如图 9-66 所示。

③ 在绘图区中，绘制矩形。

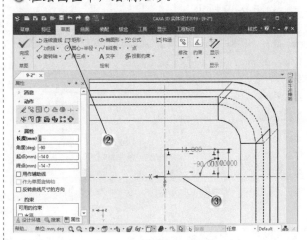

图 9-66

步骤 08 绘制圆角

① 单击【草图】选项卡中的【圆角过渡】按钮，创建圆角，如图 9-67 所示。

② 在绘图区中，绘制 4 个圆角。

步骤 09 创建拉伸特征

① 单击【特征】选项卡中的【拉伸】按钮，如图 9-68 所示。

② 选择草图轮廓，并设置拉伸参数。

③ 在【属性】选项卡中，单击【确定】按钮，创建拉伸特征。

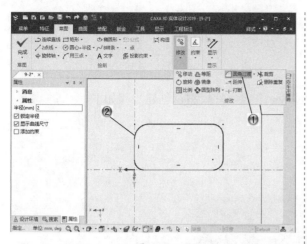

图 9-67

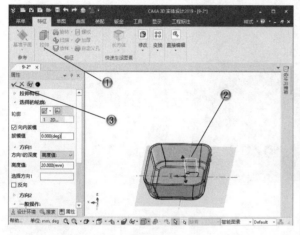

图 9-68

步骤 10 创建布尔减运算

① 单击【特征】选项卡中的【布尔】按钮，
如图 9-69 所示。

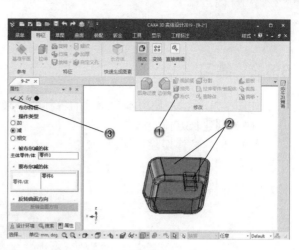

图 9-69

② 选择【减】选项，选择主体和布尔减的零件。

③ 在【属性】选项卡中，单击【确定】按钮 ✔。

步骤 11 完成盒体模型

完成的盒体模型，如图 9-70 所示。

图 9-70

9.5 本章小结和练习

9.5.1 本章小结

在进行基本实体特征设计后，需要对模型进行特征的修改和编辑。CAXA 实体设计提供了对零件的特征修改、直接编辑及变换工具。实体编辑过程中，选项卡的命令往往不能满足有些特殊需要，这时就要使用其他特征命令进行互相配合。

本章介绍的特征修改相关内容，其中抽壳、过渡、拔模等特征命令是经常用到且比较重要的命令，直接编辑针对特征模型，特征变换针对特征面，是对特征修改的有力补充，读者可以结合范例进行练习，融会贯通。

9.5.2 练习

如图 9-71 所示，使用本章学过的各种命令来创建一个定位件模型，创建步骤如下。
（1）创建长方体。
（2）创建拉伸切除特征。
（3）创建孔特征。
（4）创建镜像特征。

图 9-71

第10章

曲面设计和渲染

本章导读

　　曲线与曲面设计是三维设计的重要部分，可以利用曲线、曲面命令在设计环境中生成复杂的曲线、曲面。CAXA 实体设计提供了丰富的曲面造型手段。构造曲面的关键是搭建线架构，在线架构的基础上选用各种曲面的生成方法，构造所需定义的曲面来描述零件的外表面。

　　本章重点介绍创建三维曲线和三维曲面各种命令的应用方法，还将介绍如何对设计环境背景、装配／组件、零件、表面这些不同的渲染对象进行渲染，最后介绍了智能动画功能。

10.1 3D 点应用

在 CAXA 实体设计中，构造曲面的基础是线架构，搭建线架构的基础是 3D 曲线，而生成 3D 线的基础是构建 3D 点。3D 点是造型中最小的单元，通常在造型时可将 3D 曲面作为参考来搭建线架构。3D 点在造型设计中起着重要作用。

10.1.1 生成 3D 点

3D 点是 3D 曲线下的一种几何单元，CAXA 提供了以下几种生成点的方式。

1. 读入点数据文件

点数据文件是指按照一定格式输入点的文本文件。文件中的坐标为（X，Y，Z）的形式，坐标值用逗号或空格分隔开。

单击【曲面】选项卡中的【三维曲线】按钮，或选择【文件】|【输入】|【3D 曲线中输入】|【导入参考点】命令，在弹出的【导入参考点】对话框中输入点数据文件所在的路径，即可读入点数据文件并生成 3D 点。

2. 坐标点

坐标点功能可以通过输入 3D 坐标值确定点的精确位置。在【三维曲线】选项卡中，单击【插入参考点】按钮，然后在【坐标输入位置】文本框中输入坐标值。

3. 任意点及相关点

CAXA 实体设计提供了在 3D 空间任意绘制点的方式，再加上其强大的智能捕捉及三维球变换的功能，可绘制出曲线上点、平面上点、曲面上点、圆心点、交点、中点和等分点等种类的点。

10.1.2 编辑点

设计时可能会出现很多反复，当绘制完成的几何元素需要更改时，可通过编辑点的方式进行修改后重新生成几何元素。

CAXA 实体设计提供了 3 种编辑点的方式。

1. 利用右键快捷菜单编辑

在曲线编辑状态下，右键单击 3D 点，在弹出的快捷菜单中选择【编辑】命令，然后在弹出的【编辑绝对点位置】对话框中修改点的坐标值，如图 10-1 所示。

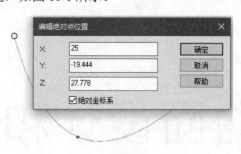

图 10-1

2. 利用三维球编辑

选中 3D 点，按 F10 键或单击【三维球】按钮激活三维球，右键单击三维球中心点，在弹出的快捷菜单中选择【编辑位置】命令，然后在弹出的【编辑中心位置】对话框中修改点的坐标值，如图 10-2 所示。

图 10-2

3. 利用 3D 曲线属性表编辑

CAXA 实体设计的 3D 点属于 3D 曲线中的几何元素，可右键单击曲线，在弹出的快捷菜单中选择【3D 曲线属性】命令，通过【3D 曲线】对话框的【位置】选项设置界面中的 3D 曲线属性表编辑点的坐标值，通过【3D 曲线】选项设置界面设置曲线长度，如图 10-3 和图 10-4 所示。

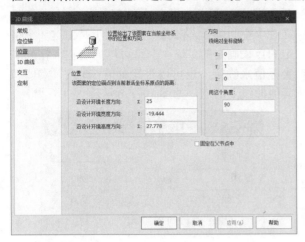

图 10-3

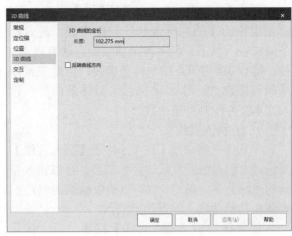

图 10-4

10.2 创建和编辑三维曲线

在【曲面】选项卡中，有多种生成 3D 曲线的方法可供选择：【三维曲线】、【提取曲线】、【曲面交线】、【等参数线】、【公式曲线】、【组合投影曲线】、【曲面投影线】和【包裹曲线】，如图 10-5 所示。也可在【曲线】菜单中选择这些命令。

图 10-5 【曲面】选项卡

10.2.1 创建三维曲线

CAXA 实体设计中常用的生成 3D 曲线的方式有绘制 3D 曲线、由曲面及实体边生成 3D 曲线、生成曲面交线和生成等参数线等。

1. 绘制 3D 曲线

单击【曲面】选项卡中的【三维曲线】按钮，在设计界面左侧弹出【三维曲线】选项卡，如图 10-6 所示。

选中【使用局部坐标系】复选框可以在绝对坐标系与局部坐标系之间进行切换。一般情况下是以绝对坐标输入，但有时为了方便设计，也会采用局部坐标系。在输入 3D 曲线时，系统总会提示输入一个定位点，这个点就是前面讲过的锚点，这一点也是局部坐标系的原点。

图 10-6

（1）插入样条曲线。

单击【三维曲线】选项卡的【三维曲线工具】选项组中的【插入样条曲线】按钮，进入样条曲线输入状态。插入样条曲线的方法有以下 4 种：捕捉 3D 空间点绘制样条曲线，借助三维球绘制样条曲线，输入坐标点绘制样条曲线，读入文本文件绘制样条曲线。

（2）插入直线。

单击【三维曲线】选项卡中的【插入直线】按钮，输入空间直线的两个端点。可以输入精确的坐标值确定端点，也可以拾取绘制的 3D 点、实体和其他曲线上的点确定端点。

如果在单击【插入直线】按钮后，按住 Shift 键选择曲面上任意一点或曲面上线的交点作为直线的第一点，则可以很方便地绘制出曲面上指定点的法线，如图 10-7 所示。

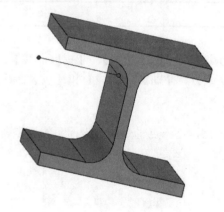

图 10-7

（3）插入多义线。

单击【三维曲线】选项卡中的【插入多义线】按钮。进入绘制连续直线状态。单击鼠标依次设置连续直线段的各个端点，可以生成连续的直线。在多义线中间端点的手柄处右键单击，在弹出的快捷菜单中选择【编辑】命令，可以在弹出的【编辑绝对点位置】对话框中设置线段端点的精确坐标值。

在多义线端点的手柄处右键单击，在弹出的快捷菜单中选择【延伸】|【距离】命令，弹出【3D 曲线延伸】对话框，可以将多义线延伸，如图 10-8 所示。

（4）插入圆弧。

单击【三维曲线】选项卡中的【插入圆弧】

按钮，进入插入圆弧状态。首先指定圆弧的两个端点，再指定圆弧上的其他任意一点来建立一个空间圆弧。圆弧半径的大小是由这 3 个指定的点来确定的。这 3 个点可以通过输入精确的坐标值来确定，也可以是绘制的 3D 点、实体和其他曲线上的点，如图 10-9 所示。

图 10-8

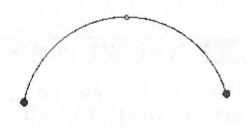

图 10-9

（5）插入圆。

单击【三维曲线】选项卡中的【插入圆】按钮，进入插入圆状态。首先指定圆上两点，再指定圆上的其他任意一点来建立一个空间圆。圆半径的大小是由这 3 个指定的点来确定的。这 3 个点可以通过输入精确的坐标值来确定，也可以是绘制的 3D 点、实体和其他曲线上的点。

（6）插入圆角过渡。

单击【三维曲线】选项卡中的【插入圆角过渡】按钮，进入插入圆角过渡状态。插入圆角过渡时要求两曲线是具有公共端点的两条直线。

（7）插入参考点与显示参考点。

单击【三维曲线】选项卡中的【插入参考点】按钮，在弹出的【坐标输入位置】文本框中输入坐标值后，可以插入 3D 参考点。

单击【三维曲线】选项卡中的【显示参考点】按钮可用于设置是否显示参考点。

（8）用三维球插入点。

在利用【三维曲线】选项卡中的工具绘制三维曲线时，单击【三维球】按钮，此时【用三维球插入点】按钮 被激活。它能够配合三维球完成空间布线。

（9）插入螺旋线。

单击【三维曲线】选项卡中的【插入螺旋线】按钮 ，在设计环境中选择一点作为螺旋线的中心，在弹出的【螺旋线】对话框中设置螺旋线的参数，如图 10-10 所示，单击【确定】按钮，即可生成螺旋线。

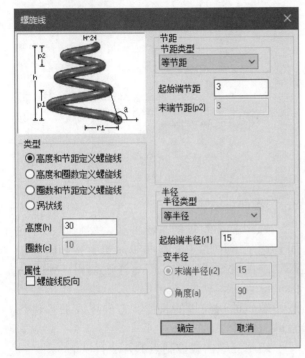

图 10-10

（10）曲面上的样条曲线。

单击【三维曲线】选项卡中的【曲面上的样条曲线】按钮 ，可在平面或曲面上绘制样条曲线，如图 10-11 所示。

图 10-11

（11）插入连接。

单击【三维曲线】选项卡中的【插入连接】按钮 ，进入插入连接状态。在互不相连的两条曲线间插入光滑的连接，这个功能给互不相连的两条曲线的光滑连接提供了一个很好的工具。插入光滑的连接功能根据两条曲线自身的情况和相对位置的不同以及给定的插入条件的不同，系统生成若干段曲线组成连接曲线。连接分为两种情况：平面连接和非平面连接。

（12）分割曲线。

单击【三维曲线】选项卡中的【分割曲线】按钮 ，接着选择第一条曲线，并选择裁剪者（曲线或曲面），然后单击【确定】按钮即可实现所选曲线的分割。

（13）生成光滑连接曲线。

单击【三维曲线】选项卡中的【生成光滑连接曲线】按钮 ，可双击需要搭接的曲线。进入曲线编辑状态下，利用样条曲线可自动连接成光滑搭接的曲线。

2．生成公式曲线

公式曲线是用数学表达式表示的曲线图形，也就是根据数学公式（参数表达式）绘制出相应的曲线，公式既可以是直角坐标形式的，也可以是极坐标形式的。公式曲线提供了一种更方便、更精确的作图手段，以完成某些精确的形状、轨迹线形的作图设计。只要交互输入数学公式、给定参数，系统便会自动绘制出该公式描述的曲线。

3．曲面投影线

曲面投影线是指将一条或多条空间曲线按照给定的方向，向曲面投影而生成的曲线。

4．等参数线

可将曲面看成是由 U、V 两个方向的参数形式确立的，对于 U、V 每一个确定的参数，曲面上都有一条确定的曲线与之对应。生成曲面等参数线的方式有过点和指定参数值两种。在生成指定参数值的等参数线时，给定参数值后选取曲面即可。在生成曲面上给定点的等参数线时，选取曲面后输入点即可。

5. 组合投影曲线

组合投影曲线是指两条不同方向的曲线，沿各自指定的方向作拉伸曲面，这两个曲面所形成的交线就是组合投影曲线。在实体设计中可以选择沿两种投影方向生成组合投影曲线，系统默认状态是法向。

6. 包裹曲线

包裹曲线功能可将草图曲线或位于同一平面内的三维曲线包裹到圆柱体上。

包裹曲线可以是封闭曲线，也可以是不封闭的曲线；可以是二维草图上的曲线，也可以是一个平面上的三维曲线。

> **提示**
>
> 二维草图曲线包裹规则：X 方向沿回转面的切向伸展，Y 方向与回转面的轴向平行。

10.2.2　编辑三维曲线

三维曲线编辑主要有【裁剪/分割 3D 曲线】、【拟合曲线】和【三维曲线编辑】三种。除以上三种编辑方法外，还有矢量、曲率等编辑方法。

1. 裁剪/分割 3D 曲线

裁剪/分割 3D 曲线时，可以使用其他的三维曲线或几何图形（实体表面或曲面）来打断需要裁剪/分割的三维曲线。利用分割曲线功能对输入的曲线分割后，也可以删除不需要的曲线段。

2. 拟合曲线

使用拟合曲线工具，可以将多条首尾相接的空间曲线或模型边界拟合为一条曲线，并且可以根据设计需要来决定是否删除原来的曲线。

单击【曲面】选项卡中的【拟合曲线】按钮，弹出拟合曲线【属性】选项卡，如图 10-12 所示。

该功能可将多条首尾相接的空间曲线以及

模型边界线拟合为一条曲线，以便后续操作中进行选取及查询，并提供两种拟合的方式：当多条首尾相接的曲线是光滑连接时，使用拟合曲线功能的结果是不改变曲线的状态，只是把多条曲线拟合为一条曲线。当多条首尾相接的曲线不是光滑连接时，使用拟合曲线功能的结果是改变曲线的形状，将多条曲线拟合为一条曲线并保证光滑连续。

图 10-12

3. 三维曲线编辑

选中需要编辑的三维曲线，然后单击【曲面】选项卡中的【三维曲线编辑】按钮，进入三维曲线编辑状态，即可通过编辑三维曲线的关键点来编辑曲线。可以对三维曲线的控制点和端点的切矢量的长度、方向以及曲率进行编辑。

编辑三维曲线控制点的方法有以下 3 种。

（1）把鼠标移到三维曲线的控制点处（小圆点处），此时鼠标指针变为手柄形状。通过手柄可以直接拖动控制点到需要的位置，或捕捉实体和曲线上的点。

（2）把鼠标移到样条曲线的控制点处，这时鼠标指针变为手柄形状。右键单击鼠标，在弹出的快捷菜单中选择【编辑】命令，弹出【编辑绝对点位置】对话框，在该对话框的文本框中输入正确的值，然后单击【确定】按钮，完成点的编辑，如图 10-13 所示。

（3）在生成三维曲线后，也可以使用三维球确定控制点的精确位置。其操作方式为：单击样条曲线控制点，按 F10 键或单击【三维球】按钮激活三维球，通过三维球可精确控制曲线的位置和状态。

图 10-13

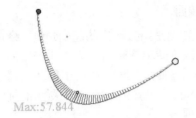

图 10-15

4．编辑样条曲线的端点和控制点的切矢量

单击样条曲线，样条曲线的端点和控制点处将会出现切向矢量手柄。将鼠标移动到端点或切向矢量手柄处，右键单击鼠标，弹出如图 10-14 所示的快捷菜单。快捷菜单提供了多种用于编辑曲线端点和切向矢量的方式。通过快捷菜单中的【编辑】命令可以设定切向矢量的精确值。

图 10-14

5．显示和编辑样条曲线的曲率

选择【显示】|【显示曲率】菜单命令，然后选择样条曲线；或者右键单击样条曲线，在弹出的快捷菜单中选择【显示曲率】命令，样条曲线上显示出曲率，如图 10-15 所示。显示曲率后，右键单击鼠标，在弹出的快捷菜单中可选择是否显示包络线，是否显示最大曲率等。

鼠标指向已显示曲率的样条曲线，右键单击鼠标，弹出快捷菜单，选择【编辑曲率】命令，弹出【编辑曲率】对话框。在该对话框中，可通过输入曲率的缩放值和密度值来编辑样条曲线的曲率，如图 10-16 所示。

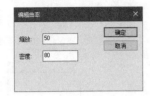

图 10-16

6．曲线属性表的编辑及查询

利用曲线属性表可以对曲线进行位置及方向的编辑，并且能够通过曲线属性查询曲线的长度。曲线长度的查询在布线设计中是非常重要的功能。图 10-17 所示为【3D 曲线】对话框中的曲线属性表的位置编辑。

图 10-17

10.3 创建曲面

根据曲面特征线的不同组合方式，可以有不同的曲面生成方式。CAXA 实体设计提供了多种曲面生成、编辑及变换的功能。创建曲面的工具按钮位于【曲面】选项卡的【曲面】选项组中。

1. 旋转面

旋转面是指按给定的起始角度、终止角度，将曲线绕旋转轴旋转而生成的轨迹曲面。

单击【曲面】选项卡中的【旋转面】按钮 ，在设计界面左侧弹出如图 10-18 所示的旋转面【属性】选项卡。

图 10-18

创建旋转面的方法如下。

（1）激活【轴】筛选器，并选择一条草图线或一条空间直线作为旋转轴。

（2）激活【曲线】筛选器，并拾取空间曲线为母线。

（3）在【旋转起始角度】文本框中设置生成曲面的起始位置。

（4）在【旋转终止角度】文本框中设置生成曲面的终止位置。

（5）选中【反向】复选框。当给定旋转的起始角度和终止角度后，确定旋转的方向是顺时针还是逆时针。

（6）选中【拾取光滑连接的边】复选框。如果旋转面的截面是由两条以上光滑连接的曲线组成，选中该复选框，将成为链拾取状态，多个光滑连接曲线将被同时拾取。

（7）如果屏幕上已经存在一个曲面，并且需要把生成的旋转面与这个面作为一个零件来使用，那么在【增加智能图素】选项组的【曲面】筛选框中选择已存在的曲面，系统会把这两个曲面作为一个零件来处理。

（8）单击【旋转面】选项卡上方的【确定】按钮 ，即可生成旋转面。图 10-19 所示为起始角为 60°，终止角为 320°的旋转面。

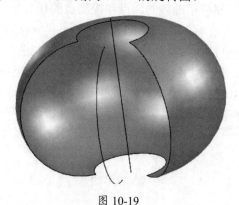

图 10-19

2. 网格面

以网格曲线为骨架，蒙上自由曲面生成的曲面称为网格面。而网格曲线是指由特征线组成的横竖相交的曲线。

创建方法如下。

（1）构造曲面的特征网格曲线，以确定曲面的初始骨架形状。

（2）用自由曲面插值特征网格曲线，即可生成曲面。

（3）由于一组截面线只能反映一个方向的变化趋势，所以引入另一组截面线来限定另一个方向的变化，这就形成了一个网格骨架，此时就能控制住两个方向（U 和 V 两个方向）的变化趋势，使特征网格曲线能够基本反映出理想的曲面形状，在此基础上插值网格骨架生成的曲面就是理想的曲面。

3. 直纹面

直纹面是指一条直线的两个端点分别在两条曲线上匀速运动而形成的轨迹曲面。

单击【曲面】选项卡中的【直纹面】按钮 ，在设计界面左侧弹出如图 10-20 所示的直纹面【属性】选项卡。

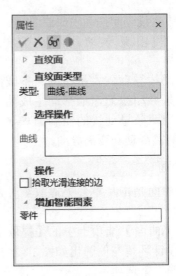

图 10-20

直纹面有 4 种生成方式：曲线 - 曲线、曲线 - 点、曲线 - 曲面和垂直于面。曲线 - 曲线方式是指在两条空间自由曲线之间生成曲面。曲线 - 点方式是指在一个点和一条曲线之间生成直纹面。曲线 - 面方式是指在一条曲线和一个曲面之间生成直纹面。垂直于面方式是指一条曲线沿曲面的法线方向生成一个直纹面。

生成的直纹面，如图 10-21 所示。

图 10-21

4．放样面

以一组互不相交、方向相同、形状相似的特征线（或截面线）为骨架进行形状控制，过这些曲线蒙面而生成的曲面称为放样面。

首先使用草图或 3D 曲线功能绘制放样面的各个截面曲线，单击【曲面】选项卡中的【放样面】按钮，在设计环境左侧弹出如图 10-22 所示的放样面【属性】选项卡。

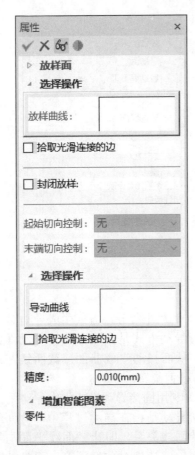

图 10-22

设置起始切向控制量和末端切向控制量的值，依次拾取各截面曲线。单击【放样面】选项卡上方的【确定】按钮，即可生成放样面。

此时生成的放样面边界是渐进的曲线，若要沿着自定义的导动线放样，则需要事先定义好导动线。另外，拾取完各截面曲线后，单击【属性】选项卡的【选择操作】选项组中的【导动曲线】筛选框，然后在设计环境中选择导动线。

在两个断开的曲面之间进行光滑曲面连接时，也可利用放样面【属性】选项卡来实现。

5．导动面

让特征截面线沿着特征轨迹线的某一方向扫动生成曲面，叫作导动面。导动面的生成类型有：平行、固接、导动线 + 边界和双导动线。

单击【曲面】选项卡中的【导动面】按钮，在设计环境左侧弹出如图 10-23 所示的导动面【属性】选项卡。

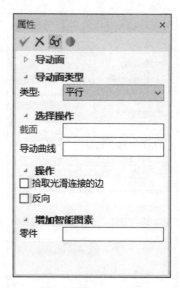

图 10-23

（1）利用平行导动方式生成导动面。

平行导动方式是指截面线沿导动线始终平行移动，从而扫动生成曲面，截面线在运动过程中没有任何旋转。

（2）利用固接导动方式生成导动面。

固接导动是指在导动过程中，截面线和导动线保持固接关系，即让截面线平面与导动线的切矢方向保持相对角度不变，而且截面线在自身相对坐标架中的位置关系保持不变，截面线沿导动线变化的扫动而生成曲面。

（3）利用"导动线＋边界"导动方式生成导动面。

截面线按规则沿一条导动线扫动生成曲面（这条导动线可以与截面线不相交，也可以作为一条参考导动线），截面线沿导动线运动时，就与两条边界线一起扫动生成曲面。

（4）利用双导动线导动方式生成导动面。

双导动线导动方式是指将一条或两条截面线沿着两条导动线匀速地扫动生成曲面。导动面的形状受两条导动线的控制。双导动线导动方式支持等高导动和变高导动。

6．提取曲面

提取曲面是指从零件上提取零件的表面，生成曲面。

单击【曲面】选项卡中的【提取曲面】按钮，在设计环境左侧弹出如图 10-24 所示的提取曲面【属性】选项卡。

从实体零件上选择要生成曲面的表面，这些表面的名称会列在【几何选择】筛选器中，单击提取曲面【属性】选项卡上方的【确定】按钮，即可生成所需的曲面。

图 10-24

10.4 编辑曲面

编辑曲面的工具按钮位于【曲面】选项卡的【曲面编辑】组中。

1．曲面过渡

曲面过渡分为在两曲面间进行等半径曲面过渡、变半径曲面过渡、曲线曲面过渡和曲面上线过渡 4 种过渡方式。

（1）等半径曲面过渡。

单击【曲面】选项卡中的【曲面过渡】按钮，在设计界面左侧弹出曲面过渡【属性】选项卡，如图10-25所示。在【曲面过渡类型】选项组的【类型】下拉列表中选择【等半径】选项。

渡命令生成过渡时，可通过曲线曲面过渡生成过渡，如图 10-27 所示。

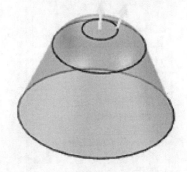

图 10-25

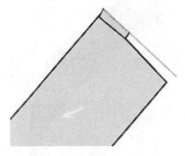

图 10-27

根据提示区的提示，拾取第一个面和第二个面，并在【半径】文本框中输入半径值。单击曲面过渡【属性】选项卡上方的【确定】按钮，即可生成两曲面的过渡面，如图10-26所示。

（4）曲面上线过渡。

曲面上线过渡是指使用两个曲面和一条曲线作为过渡边缘生成面过渡。这种过渡方式允许在曲面上生成较复杂的过渡，但这种过渡无法通过变半径的过渡实现。曲面上线过渡类似于控制线的面过渡。

2. 曲面延伸

曲面延伸是指将曲面按照给定长度进行延伸。

单击【曲面】选项卡中的【曲面延伸】按钮，在设计界面左侧弹出如图10-28所示的曲面延伸【属性】选项卡。

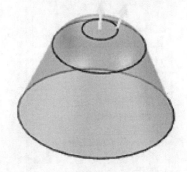

图 10-26

（2）变半径曲面过渡。

变半径曲面过渡的操作过程与等半径曲面过渡类似。

（3）曲线曲面过渡。

曲线曲面过渡是指使用单个曲面和一条曲线生成曲面过渡。当不能通过传统的相交或过

图 10-28

按照系统的"拾取一条边"提示信息，在曲面上拾取要延伸的边。在【长度】文本框中输入要延伸的长度值。设置好后单击【确定】按钮，曲面的一条边或多条边将按给定的值延伸。图10-29所示为曲面延伸效果。

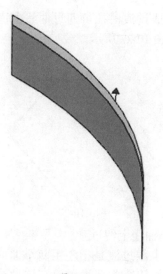

图 10-29

3．偏移曲面

偏移曲面是指将已有曲面或实体表面按照偏移一定距离的方式生成新的曲面。

单击【曲面】选项卡中的【偏移曲面】按钮，在设计界面左侧弹出偏移曲面【属性】选项卡，如图 10-30 所示。

图 10-30

选择一个要偏移的曲面，并设置偏移距离和偏移方向。继续选择其他需要偏移的曲面，并设置相应的偏移距离和偏移方向。设置【长度】为设计需要的长度。也可以选中【反向】复选框。单击偏移曲面【属性】选项卡上方的【确定】按钮即可生成偏移曲面，如图 10-31 所示。

图 10-31

4．裁剪

裁剪是指对生成的曲面进行修剪，去掉不需要的部分，保留需要的部分。在曲面裁剪时，也可以在曲面间进行修剪，以获得所需要的曲面形态。

单击【曲面】选项卡中的【裁剪】按钮，在设计环境左侧弹出裁剪【属性】选项卡，如图 10-32 所示。

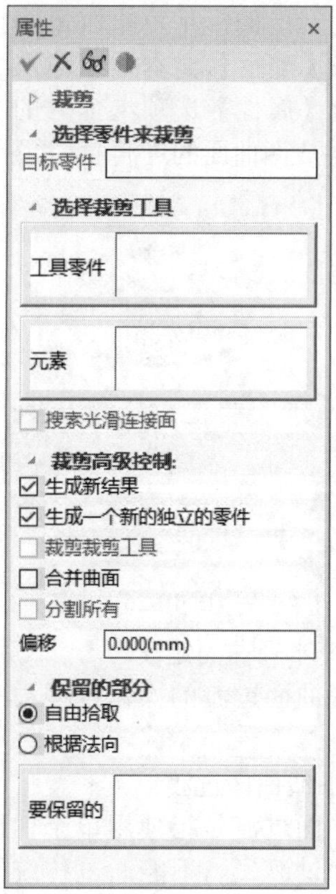

图 10-32

在【选择零件来裁剪】筛选器中选择裁剪的目标零件。在【选择裁剪工具】选项组中激活【工具零件】或【元素】筛选器。在【保留的部分】选项组的【要保留的】筛选器中选择裁剪后保留的部分。单击裁剪【属性】选项卡上方的【确定】按钮✔即可生成裁剪曲面。

5．还原剪裁表面

还原剪裁表面是指将拾取到的裁剪曲面去除裁剪环，恢复到原始曲面状态。如果拾取的曲面裁剪边界是内边界，系统将取消对该边界施加的裁剪。如果拾取的曲面是外边界，系统将把外边界恢复到原始边界状态。

还原剪裁表面不仅能恢复裁剪曲面，还能恢复实体的表面。

6．填充面

填充面是指由多条曲线边定义封闭区域。填充面的生成方法类似于边界面，但是它能由任意数目的边界线生成（最少为一条曲线、最多无限条）。此外，填充面作为曲面智能图素，当选择一个现有曲面的边缘作为它的边界时，可以设置填充面与已有曲面相接或接触。

单击【曲面】选项卡中的【填充面】按钮 ◈，在设计界面左侧弹出填充面【属性】选项卡，如图 10-33 所示。

在曲面内选择要补洞的边界线，这些边界线必须是封闭连接的曲线或边线。单击填充面【属性】选项卡上方的【确定】按钮✔即可生成填充面。

7．合并曲面

合并曲面是指将多个曲面合并为一个曲面。当多个连接曲面光滑连续时，使用合并曲面功能只能将多个曲面合并为一个曲面，而不能改变曲面的形状；当多个连接曲面不是光滑连续，使用合并曲面功能可以将曲面间的切矢方向自

动调整，并合并为一个光滑曲面。

单击【曲面】选项卡中的【合并曲面】按钮 ，在设计界面左侧弹出合并曲面【属性】选项卡，如图 10-34 所示。

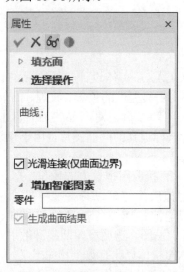

图 10-33

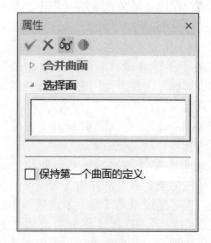

图 10-34

选择要进行合并的曲面。单击合并曲面【属性】选项卡上方的【确定】按钮✔即可生成曲面合并。

在设计树中将原先的曲面隐藏，即可看到生成的合并曲面。

10.5　渲染和动画设计

10.5.1　渲染

1. 渲染种类

利用 CAXA 实体设计完成产品的设计工作后，就可利用其提供的色彩、纹理、凸痕、贴图、背景和光照等参数，对产品进行渲染操作，生成像照片一样逼真的产品图片，用于市场宣传、设计审查等。

（1）直接应用拖放方式操作。

使用拖放操作可以直接在零件上应用智能渲染，智能渲染属性包括颜色和纹理、反射、表面光泽、贴图、透明度、凸痕和散射等内容。

CAXA 实体设计有数个预先定义好的智能渲染设计元素库，其中用于材质渲染的有金属、石头、样式、织物和抽象图案等。用于产生光照渲染效果的有颜色、纹理、光泽、凸痕和背景等。

（2）利用智能渲染属性表。

当处于零件编辑状态时，可以修改零件的智能渲染属性。这些属性用来优化零件的外观，使其更具真实感。

在零件编辑状态、图素编辑状态或面编辑状态下选择零件或装配对象。

右键单击零件，然后从弹出的快捷菜单中选择【智能渲染】命令，弹出【智能渲染属性】对话框，也可通过单击【显示】选项卡中的【智能渲染】按钮🖊，打开【智能渲染属性】对话框。将属性指定给某个零件后，可单击【应用】按钮预览渲染效果。

（3）应用智能渲染向导。

也可使用智能渲染向导对零件或图素进行渲染。

在设计环境中生成一个标准或自定义零件。

在零件编辑状态或面编辑状态下选择图素。

单击【显示】选项卡中的【智能渲染向导】按钮✖，或选择【生成】|【智能渲染】菜单命令，弹出【智能渲染向导】对话框。按照对话框提示逐步进行操作，完成渲染。

2. 智能渲染属性的应用

除了使用拖放方法、智能渲染向导，还可以直接在智能渲染选项卡中对零件和图素的渲染进行设置编辑。在 CAXA 实体设计中，零件和零件上的某一表面的智能渲染内容都可在【智能渲染属性】对话框中找到。在装配件和图素选择状态下智能渲染和智能渲染向导都是灰色的。

（1）应用实体颜色。

在零件编辑状态下选择所需的表面。

单击【显示】选项卡中的【智能渲染】按钮🖊，或右键单击所选零件或表面，在弹出的快捷菜单中选择【智能渲染】命令，在弹出的【智能渲染属性】对话框中选择【颜色】选项卡，并选中【实体颜色】单选按钮，如图 10-35 所示。

若需要更多颜色，可单击【更多的颜色】按钮，通过【颜色】对话框中的颜色调色板来自定义颜色。

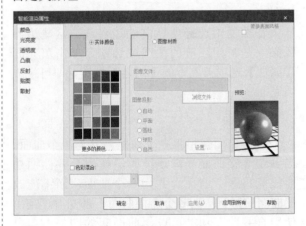

图 10-35

（2）应用图像材质。

选中【颜色】选项卡中的【图像材质】单选按钮，可以直接赋予零件或表面各种图像材质，但由于图像的真实感和零件的外形有关，所以必须确定图像投影方式。

从【透明度】选项卡中设置相关属性后，可生成能够看穿的对象。例如，在生成机加工中心的窗口时，可以通过设置透明度来使窗口透明。

为了使实体有真实感，在 CAXA 实体设计中某些表面是光滑的，有些表面则有凸痕，从而使粗糙度表面得以突出显示。如【凸痕】选项卡用来在零件或零件的单一表面上生成凸痕状外观，以增强立体感和真实感。

对零件应用反射效果，可使零件具有金属质感。利用【反射】选项卡中的选项可以设置零件或表面上的反射效果。

贴图与纹理一样，贴图是由图像文件中的图像生成的。但是它与纹理的不同之处在于贴图图像不能在零件表面上重复。应用贴图时，只有图像的一个副本显示在规定表面上。

应用散射属性，可以使零件表面看起来有散射效果。

3. 光源与光照

光束是二维和三维世界之间最重要的区别之一，提供光照可以明显提高三维效果。

（1）插入光源。

插入光源时，选择【生成】|【插入光源】菜单命令，鼠标指针变成光源图标。在设计环境中放置光源的地方单击鼠标，弹出【插入光源】对话框。选用一种光源，单击【确定】按钮，弹出【光源向导】对话框，跟随向导依次设置相应参数后，单击【完成】按钮。

在默认状态下，虽然设置的光源产生了光照效果，但系统会将设计环境中的光源隐藏。如果要显示光源，单击【显示】|【渲染器】功能面板中的【显示光源】按钮，即可显示设计环境中的所有光源。

（2）调整光照。

右键单击设计环境中的光源，或者右键单击设计树中展开的光源图标，在弹出的快捷菜单中选择【光源向导】命令，即可利用弹出的【光源向导】对话框调整光照。

【光源向导 - 第 1 页，共 2 页】对话框用于调整光源亮度和颜色，【光源向导 - 第 2 页，共 2 页】对话框用于设置阴影，如图 10-36 和图 10-37 所示。

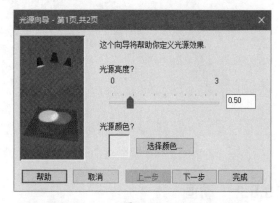

图 10-36

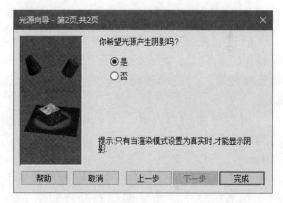

图 10-37

（3）设计环境渲染。

设计环境渲染是指综合利用背景设置、雾化效果和曝光设置渲染零件或产品的周围环境，使图像在此环境的衬托下更加形象逼真。

在【显示】选项卡的【渲染器】面板中单击【渲染】按钮，弹出【设计环境属性】对话框，其中包含【背景】、【真实感】、【渲染】、【显示】、【视向】、【雾化】和【曝光度】选项卡，如图 10-38 所示。可以在其中设置各种环境渲染属性。

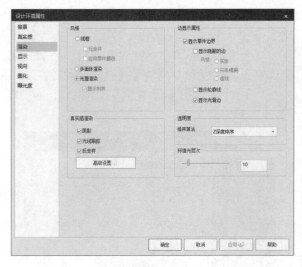

图 10-38

10.5.2 动画

1. 创建动画

创建自定义动画路径最简单的方法是使用智能动画向导。在设计环境中为某个零件创建新路径时，智能动画向导被激活，指导创建动画。

利用智能动画向导，可以创建三种类型的动画，这些动画的定义都是以定位锚为基准的。

从【动画】元素库中拖曳【宽度向旋转】图素到多棱体上，即可创建动画，如图 10-39 所示。

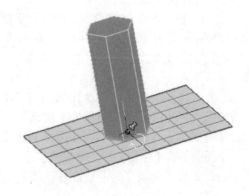

图 10-39

单击【显示】选项卡中的【智能动画编辑

器】按钮🖱，屏幕上显示智能动画编辑器，如图 10-40 所示。

单击【显示】选项卡中的【打开】按钮●，此时【播放】▶、【停止】■和【回退】按钮◀及滑块可操作。

单击【播放】按钮▶，多棱体沿宽度方向的轴旋转。通过移动多棱体的定位锚即可调整旋转轴的位置。

单击【停止】按钮■，动画停止播放。

单击【回退】按钮◀，返回初始状态。

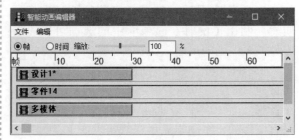

图 10-40

2. 编辑动画

智能动画编辑器允许调整动画的时间长度，使多个智能动画的效果同步。也可以使用智能动画编辑器来访问动画轨迹和关键属性表，以便进行高级动画编辑。

（1）编辑动画路径。

在实体设计的动画设计中，实体的运动路径是由动画路径控制的，而动画路径是由关键帧组成的。所以，改变关键帧的方向与位置，即可改变实体的运动路径。

除了旋转动画外，直线移动和定制动画都有一条动画路径。当零件处于被选择状态时，会出现一条动画路径，如图 10-41 所示。

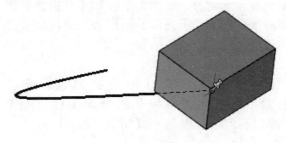

图 10-41

在动画路径上单击，则动画路径处于黄色

被选择状态，其上的关键帧则以蓝绿色带红点的定位锚形状显示出来，如图 10-42 所示。此时，可以修改动画路径的方向等属性。

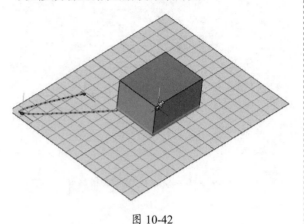

图 10-42

（2）分层动画。

假如要制作一个装配动画，动画必须应用于该装配中的所有零件，但如果又定义了一个零件的动画，这时就产生了装配体及其组成零件之间的分层或父子动画关系，设计环境浏览器可以帮助管理这种分层动画。所有应用于装配或父零件的动画，也应用于每个组件零件或子零件。如果制作了其中一个子零件的动画，则结果首先应用于父动画，然后应用于子动画。一些稍微复杂的动画效果包括分层动画以及同时制作装配、子装配和零件的动画进程。

如图 10-43 所示，在设计环境中包含 3 个独立零件。

在零件编辑状态下选择棱锥体。按下 Shift 键后选择球体，再选择多棱体，此时 3 个零件在零件编辑状态下呈高亮轮廓。选择【装配】|【装配】命令，生成一个装配的组件，装配的默认锚状图标是在创建时选择的第一个零件的锚状

图标，是在棱锥体上。从【动画】元素库中将【高度向旋转】图素拖放到装配的任意一个零件上。

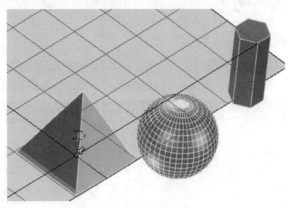

图 10-43

显示设计树，单击"+"号将其展开，以显示各组合零件。在设计环境中选择棱锥体，此时装配被选定。再次单击棱锥体，此时只有它高亮显示，表明它在零件编辑状态下作为子零件被选中。从【动画】元素库中将【宽度向旋转】图素拖放到棱锥体上，即可将【宽度向旋转】图素作为子装配应用于棱锥体的效果，如图 10-44 所示。

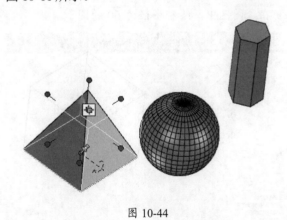

图 10-44

10.6 设计范例

10.6.1 限位轴范例

⚠ 案例分析

本节的范例是创建一个限位轴曲面，首先绘制草图，创建拉伸曲面，之后进行填充，再创建拉

伸曲面与投影曲线，最后创建导动面。

⚠ **案例操作**

步骤 01 绘制草图

① 单击【草图】选项卡中的【在 X-Y 基准面】
按钮▣，进入草图绘制环境，如图 10-45 所示。

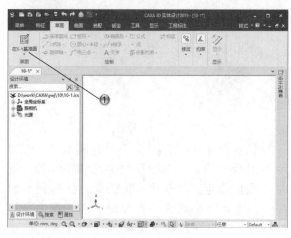

图 10-45

② 单击【草图】选项卡中的【圆心＋半径】按
钮⊘，如图 10-46 所示。

③ 在绘图区中，绘制半径为 50 的圆形。

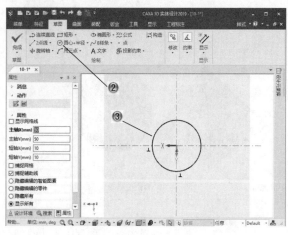

图 10-46

步骤 02 创建拉伸曲面

① 单击【特征】选项卡中的【拉伸】按钮▥，
如图 10-47 所示。

② 选择草图轮廓，并设置拉伸参数。

③ 在【属性】选项卡中，单击【确定】按钮✔，

创建拉伸曲面。

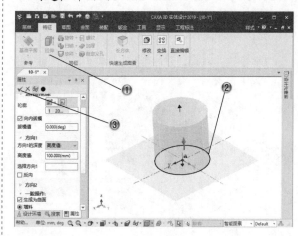

图 10-47

步骤 03 创建填充曲面

① 单击【曲面】选项卡中的【填充面】按钮◈，
如图 10-48 所示。

② 选择曲面边线。

③ 在【属性】选项卡中，单击【确定】按钮✔，
填充拉伸曲面。

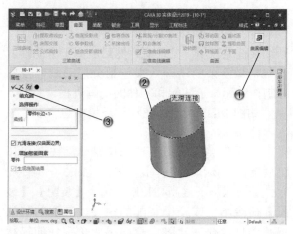

图 10-48

步骤 04 绘制草图

① 单击【草图】选项卡中的【在 X-Y 基准面】
按钮▣，进入草图绘制环境，如图 10-49 所示。

② 单击【草图】选项卡中的【圆心＋半径】按
钮⊘，如图 10-50 所示。

③ 在绘图区中，绘制半径为 14 的圆形。

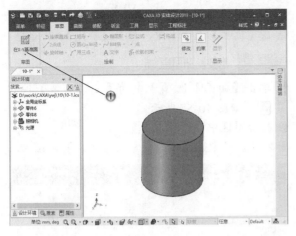

图 10-49

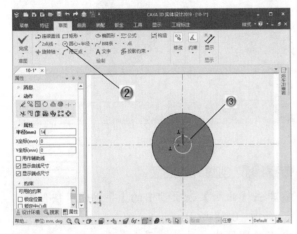

图 10-50

步骤 05 移动草图

① 选择草图，单击【工具】选项卡中的【三维球】按钮，如图 10-51 所示。

② 在绘图区中，拖动手柄移动草图。

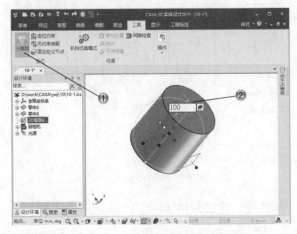

图 10-51

步骤 06 创建拉伸曲面

① 单击【特征】选项卡中的【拉伸】按钮，如图 10-52 所示。

② 选择草图轮廓，并设置拉伸参数。

③ 在【属性】选项卡中，单击【确定】按钮，创建拉伸曲面。

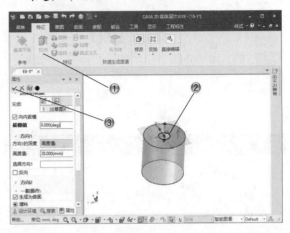

图 10-52

步骤 07 绘制草图

① 单击【草图】选项卡中的【在 Y-Z 基准面】按钮，进入草图绘制环境，如图 10-53 所示。

图 10-53

② 单击【草图】选项卡中的【2 点线】按钮，如图 10-54 所示。

③ 在绘图区中，绘制直线。

步骤 08 移动草图

① 选择草图，单击【工具】选项卡中的【三维球】按钮，如图 10-55 所示。

② 在绘图区中，拖动手柄移动草图。

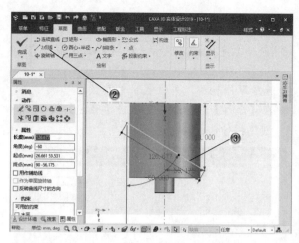

图 10-54

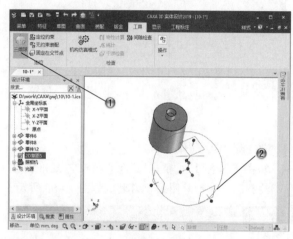

图 10-55

步骤 09 创建包裹曲线

① 单击【曲面】选项卡中的【包裹曲线】按钮 🔳，如图 10-56 所示。

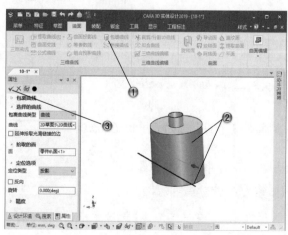

图 10-56

② 在绘图区中，选择曲线和面。

③ 在【属性】选项卡中，单击【确定】按钮 ✔️。

步骤 10 创建空间直线

① 单击【曲面】选项卡中的【三维曲线】按钮 🔳，如图 10-57 所示。

② 在绘图区中，绘制 3D 直线。

③ 在【属性】选项卡中，单击【确定】按钮 ✔️。

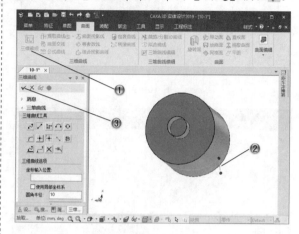

图 10-57

步骤 11 创建导动曲面

① 单击【曲面】选项卡中的【导动面】按钮 🔳，如图 10-58 所示。

② 在绘图区中，选择截面和导动曲线。

③ 在【属性】选项卡中，单击【确定】按钮 ✔️，创建导动面。

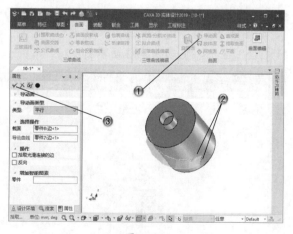

图 10-58

步骤 12 完成限位轴曲面模型

完成的限位轴曲面模型，如图 10-59 所示。

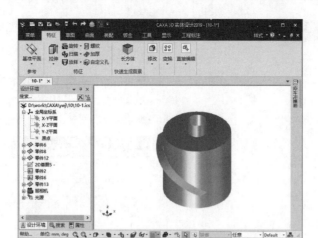

图 10-59

10.6.2　把手范例

⚠ 案例分析

　　本节的范例是创建一个把手曲面模型，首先创建拉伸和放样曲面，再绘制草图，创建导动曲面把手，最后进行裁剪和延伸。

⚠ 案例操作

步骤 01　绘制草图

❶ 单击【草图】选项卡中的【在 Y-Z 基准面】按钮，进入草图绘制环境，如图 10-60 所示。

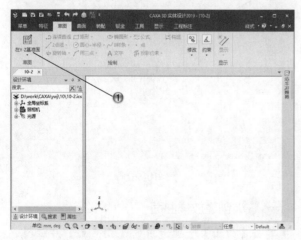

图 10-60

❷ 单击【草图】选项卡中的【2 点线】按钮，如图 10-61 所示。

❸ 在绘图区中，绘制直线图形。

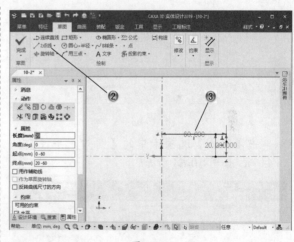

图 10-61

步骤 02　创建旋转曲面

❶ 单击【曲面】选项卡中的【旋转面】按钮，如图 10-62 所示。

❷ 选择草图轮廓，并设置旋转参数。

❸ 在【属性】选项卡中单击【确定】按钮，创建旋转曲面。

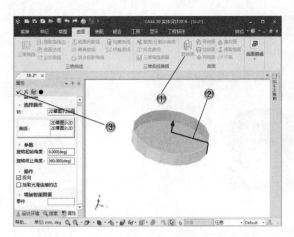

图 10-62

步骤 03 绘制草图

① 单击【草图】选项卡中的【在 X-Y 基准面】按钮，进入草图绘制环境，如图 10-63 所示。

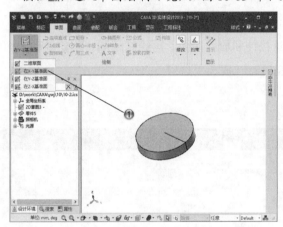

图 10-63

② 单击【草图】选项卡中的【圆心＋半径】按钮，如图 10-64 所示。

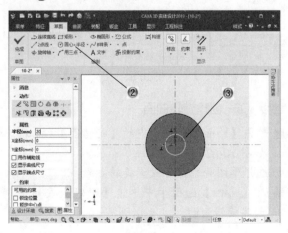

图 10-64

③ 在绘图区中，绘制半径为 20 的圆形。

步骤 04 绘制小圆

① 单击【草图】选项卡中的【圆心＋半径】按钮，如图 10-65 所示。

② 在绘图区中，绘制半径为 10 的圆形。

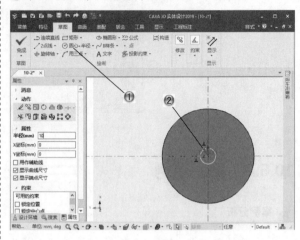

图 10-65

③ 选择草图，单击【工具】选项卡中的【三维球】按钮，如图 10-66 所示。

④ 在绘图区中，移动草图。

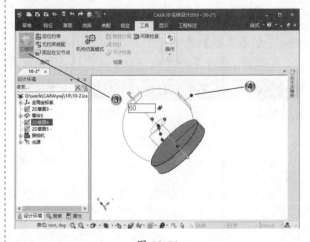

图 10-66

步骤 05 创建放样曲面

① 单击【曲面】选项卡中的【放样面】按钮，如图 10-67 所示。

② 在绘图区中，选择放样曲线。

③ 在【属性】选项卡中，单击【确定】按钮，创建放样曲面。

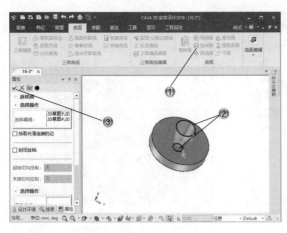

图 10-67

步骤 **06** 绘制草图

① 单击【草图】选项卡中的【在 Y-Z 基准面】
按钮▨，进入草图绘制环境，如图 10-68 所示。

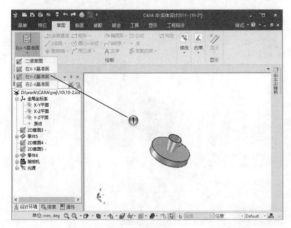

图 10-68

② 单击【草图】选项卡中的【椭圆形】按钮⊕，
如图 10-69 所示。

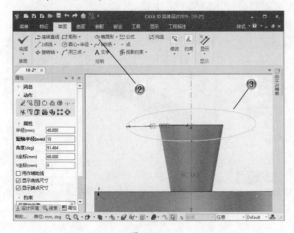

图 10-69

③ 在绘图区中，绘制椭圆形。

步骤 **07** 绘制草图

① 单击【草图】选项卡中的【在 X-Y 基准面】
按钮▨，进入草图绘制环境，如图 10-70 所示。

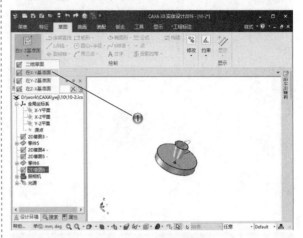

图 10-70

② 单击【草图】选项卡中的【B 样条】按钮∿，
如图 10-71 所示。

③ 在绘图区中，绘制样条曲线。

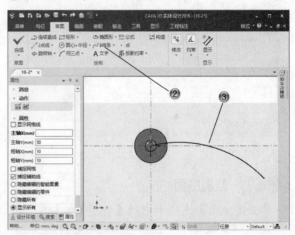

图 10-71

步骤 **08** 移动草图

① 选择草图，单击【工具】选项卡中的【三维球】
按钮，如图 10-72 所示。

② 在绘图区中，拖动手柄移动草图。

步骤 **09** 创建导动曲面

① 单击【曲面】选项卡中的【导动面】按钮，
如图 10-73 所示。

② 在绘图区中，选择截面和导动曲线。

③ 在【属性】选项卡中，单击【确定】按钮✔，创建导动面。

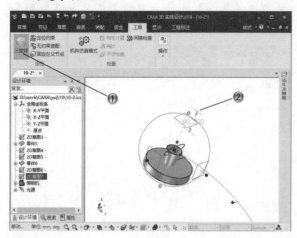

图 10-72

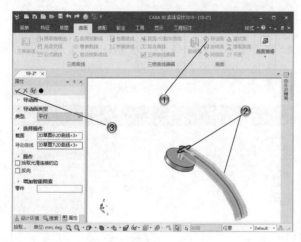

图 10-73

步骤 10 裁剪曲面

① 单击【曲面】选项卡中的【裁剪】按钮（曲面编辑下级命令），如图 10-74 所示。

② 在绘图区中，选择目标和工具零件。

③ 在【属性】选项卡中，单击【确定】按钮✔，裁剪曲面。

步骤 11 延伸曲面

① 单击【曲面】选项卡中的【曲面延伸】按钮（曲面编辑下级命令），如图 10-75 所示。

② 在绘图区中，选择边并设置参数。

③ 在【属性】选项卡中，单击【确定】按钮✔，延伸曲面。

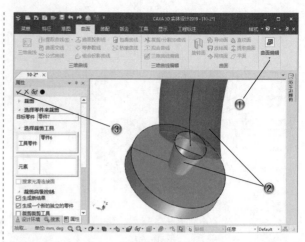

图 10-74

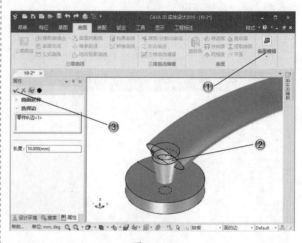

图 10-75

步骤 12 完成把手曲面模型

完成的把手曲面模型，如图 10-76 所示。

图 10-76

10.7 本章小结和练习

10.7.1 本章小结

本章讲解的内容包括了多样的曲面造型及处理方式，包括网格面、直纹面、拉伸面、旋转面、偏移面等强大曲面生成功能，还有曲面延伸、曲面过渡、曲面裁剪、填充面、还原裁剪面、曲面加厚等曲面编辑功能，运用这些命令能够完成各种高品质复杂曲面及实体曲面混合造型的设计。

10.7.2 练习

如图 10-77 所示，使用本章学过的各种命令来创建一个瓶子曲面模型，创建步骤如下。
（1）绘制空间曲线。
（2）创建旋转曲面。
（3）绘制截面草图。
（4）创建导动曲面。

图 10-77

第**11**章

钣金件设计

本章导读

　　钣金是将金属薄板通过手工或模具冲压，使其产生塑性变形，形成所希望的形状，并可进一步通过焊接或少量的机械加工形成更复杂的零件。CAXA 实体进行钣金件设计时，既可以使用【设计元素库】|【钣金】选项卡中的智能图素进行创建，也可以在一个已有零件的空间中单独创建。

　　钣金件设计的命令和操作方法包括在钣金特征设计中的生成钣金、钣金切割、钣金展开/还原、闭合角、法兰等，还有编辑钣金属性等功能。

11.1 钣金件设计入门

CAXA 实体设计可以根据需要生成标准钣金件和自定义钣金件。标准钣金件的设计同其他设计一样，可以从基本智能图素目录开始，也可以通过拖曳方式在设计环境中拖入板料开始，然后添加各种孔、缝和成型结构等。

11.1.1 钣金设计默认参数设置

在开始钣金件设计之前，必须定义某些钣金件默认参数，如默认板料、弯曲类型和尺寸单位等。

选择【工具】|【选项】命令，在弹出的【选项】对话框中选择【板料】选项卡。【缺省钣金零件板料】列表框中列出了 CAXA 实体设计中所有可用的钣金毛坯的型号。利用滚动条可浏览该列表框，并从中选择适合设计的板料型号，如图 11-1 所示。

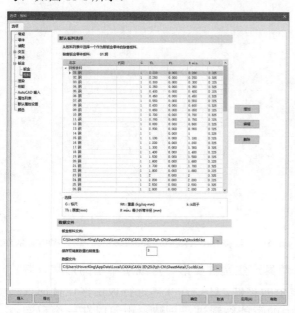

图 11-1

在【钣金】选项卡中可设定弯曲切口类型、切口的宽度和深度以及折弯半径，这些设定值将作为新添弯曲图素的默认值；此外，可指定建立成型及型孔的约束条件。在设定成型和孔约束条件后，新加入成型或孔图素时，系统自动显示约束对话框，而且成型或孔图素会自动建立对弯曲图素、板料图素、顶点图素和倒角图素之间的约束。如果单击【板料】选项卡中

的【高级选项】按钮，则弹出【高级钣金选项】对话框，如图 11-2 所示。在该对话框中可以设置高级钣金的相关选项，设定参数后单击【确定】按钮。

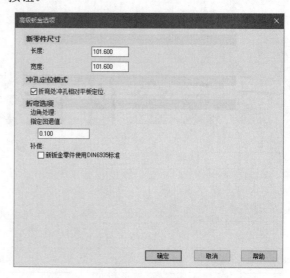

图 11-2

如果想要更改默认的单位设置，可选择【设置】|【单位】菜单命令，在弹出的【单位】对话框中设置长度、角度、质量和密度单位参数，如图 11-3 所示。

图 11-3

11.1.2 钣金图素的应用

钣金零件的钣金图素的分类如图11-4所示。在【钣金】选项卡中，拖动钣金图素到板料上，即可产生钣金图素特征，并可修改参数。

11.1.3 选择设计技术

在CAXA实体设计中，可将钣金件作为一个独立零件进行设计，即在开始设计阶段。先把标准智能图素拖放到钣金件的设计环境中以生成最初的设计，然后利用可视化编辑方法和精确编辑方法对钣金件进行自定义和精确设计。

尽管可以在后面的设计流程中将一个独立零件添加到现有零件上，但是有时在适当位置设计往往更容易、更快，并且可利用相对于现有零件上参考点的智能捕捉反馈，对尺寸进行精确的设定。若要对独立零件进行精确编辑，就必须进入编辑对话框并输入确定的值。

图 11-4

11.2 生成钣金件

11.2.1 添加基础板料图素与圆锥图素

CAXA实体设计提供基本的板料图素。生成钣金件的第一步是把一个基础图素拖放到设计环境中作为设计的基础，然后按需要添加其他图素，从而生成需要的基本零件。CAXA实体设计中有两种板料图素：基础板料图素和增加板料图素，这两种图素都有平直型和弯曲型两类。

从钣金元素库中拖曳板料图素至设计环境中。基础平面板料图素将出现在设计环境中并成为钣金件设计的基础图素。如果要重新设定图素的尺寸，则应在智能图素编辑状态下选定该图素。按需要编辑平面板料图素。拖曳包围盒或图素手柄对图素进行可视化尺寸重设。若要精确地重新设置图素的尺寸，可在编辑手柄上右键单击鼠标，并分别从弹出的快捷菜单中

选择【编辑包围盒】或【编辑距离】命令，输入准确的值，然后单击【确定】按钮，如图 11-5 所示。

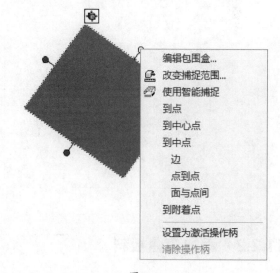

图 11-5

CAXA 实体设计的板料图素允许把扁平板料添加到已有钣金件设计中。板料图素将自动设定尺寸，使图素在添加载体边沿的宽度或长度匹配。只需从钣金元素库中选择板料图素，并把它拖曳到添加表面的一条边上，直至该边上显示出一个绿色的智能捕捉显示区。该显示区一旦出现，即可释放【板料】图素，如图 11-6 所示。

图 11-6

在某些设计场合下，需要将圆锥板料作为基础板料图素，利用其相应的智能图素手柄可以调整高度、上下部的半径以及旋转半径等。右键单击圆锥板料，并从弹出的快捷菜单中选择【智能图素性质】命令，打开如图 11-7 所示的【圆锥钣金图素】对话框。相关的内部、外部及中间半径，可以指定底部锥形相关的内部、外部及中间半径，也可以在图素的中间指定锥形的高度，还可以指定锥形钣金的旋转角度。

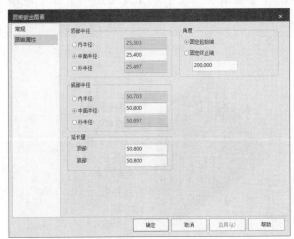

图 11-7

11.2.2 添加弯曲板料

从钣金元素库中拖曳弯曲板料图素至基础

图素的其他边上，此图素在释放前是扁平的。

在智能图素编辑状态下，右键单击弯曲板料图素并在弹出的快捷菜单中选择【编辑草图截面】命令，并编辑弯曲图素的轮廓。待弯曲截面完成后，在【编辑草图截面】对话框的【编辑轮廓位置】选项组中选中【顶部】、【中心线】或【底部】单选按钮，从而确保得到平滑连接的相切截面。在【编辑草图截面】对话框中单击【完成造型】按钮，如图 11-8 所示。

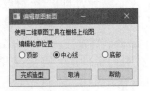

图 11-8

11.2.3 顶点过渡与顶点倒角

在钣金件中可以添加顶点过渡和顶点倒角。两者的操作方法类似，都是从钣金元素库中，将相应的顶点图素拖放到设计环境中钣金件的顶点处释放，并可以使用相应的手柄对其进行可视化或精确编辑。

添加顶点过渡效果如图 11-9 所示，添加顶点倒角效果如图 11-10 所示。

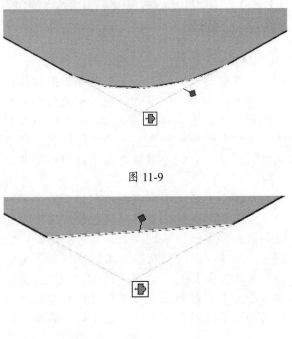

图 11-9

图 11-10

11.2.4 成型图素

成型图素以绿色图标显示，代表通过生产过程中的压力成型操作，产生的板料变形特征，如图 11-11 所示。

成型图素添加到钡金件上后，将使现有板料变形，其作用是对已有板料或弯曲图素进行除料操作。如果其中有任何一种设计添加到钡金件图素上，约束条件将自动显示出来，系统默认显示在新图素和添加该设计的图素上最近的两条边上。

成型图素有一个特别针对钡金件设计的编辑系统，该系统通过按钮在预置默认设计中选择其他备用尺寸。CAXA 实体设计还提供【形状属性】对话框，在特殊情况下可自定义某些参数的值。若要使用【形状属性】对话框，应在智能图素编辑状态下右键单击成型图素，并从弹出的快捷菜单中选择【形状属性】命令。【形状属性】对话框底部是一些用于为图素生成自定义尺寸的选项，如图 11-12 所示。用户可在相应文本框中输入值对某个图素进行定义，然后单击【确定】按钮即可把输入值应用到图素中。

图 11-11

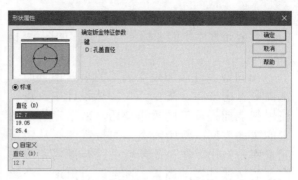

图 11-12

型孔图素以蓝色图标显示，它们代表除料冲孔在板料上生产的型孔，如图 11-13 所示。

将型孔图素添加至板料图素的操作要点与添加成型图素类似。例如，从钡金元素库中拖曳板料图素至设计环境中。将弯曲板料图素拖曳至板料图素一侧，边缘以绿色亮显后释放鼠标。调整折弯半径，形成弯曲板料基础钡金。将型孔图素拖曳至折弯处，并选择【加工属性】命令对其进行编辑即可。

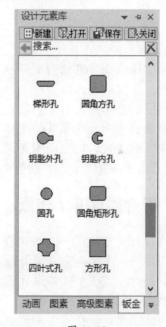

图 11-13

11.2.5 折弯图素

在 CAXA 实体设计中，折弯图素可以满足钡金件常见的一些特定设计要求，而且折弯图素的类型较多。各种折弯图素的特点，通过它们在钣金元素库中的图标便可知道，如图 11-14 所示。

在向钣金件添加任意类型的折弯图素时，都需要考虑方向。在 CAXA 实体设计中，可以使用智能捕捉反馈的操作技巧，来指定折弯图素的弯曲方向：将所需类型的折弯图素从钣金元素库中拖出，在设计环境中已有板料相应曲面上的边线处拖动图素，直到该边出现一个绿色智能捕捉提示，然后释放鼠标，即可添加一个向上的折弯。

图 11-14

11.3 编辑钣金件

11.3.1 钣金切割

CAXA 实体设计具有修剪展开状态下的钣金件的功能，并支持展开钣金件的精确自定义设计。要使用钣金切割工具，当前设计环境必须包含需要修剪的钣金件和其他用作切割图素的钣金件或标准图素。切割图素必须放置在钣金件中，完全延伸到需要切割的所有曲面上。

11.3.2 钣金件展开 / 还原

钣金件设计完成后，下一步操作是生成零件的二维工程图。由于钣金件设计需要展开工程图视图，为此，CAXA 实体设计提供了两个命令来展开已完成零件。

要运用此工具，可在零件编辑状态下选定钣金件，在【钣金】选项卡中单击【展开】按钮，钣金展开示例如图 11-15 所示。

对于已经展开的钣金件，可在设计环境中选择处于展开状态的钣金件，在【钣金】选项卡中单击【还原】按钮，恢复其原来的钣金效果。

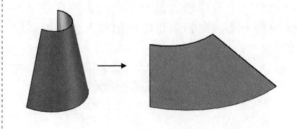

图 11-15

11.3.3 钣金闭合角工具

钣金设计过程中经常需要在折弯钣金的地方增加闭合角，如果用手工方式去处理是比较困难的。CAXA 实体设计提供了一个钣金闭合角的工具，以提高钣金设计的效率。该功能支持斜角的封闭处理。

单击【钣金】选项卡中的【闭合角】按钮，在设计界面左侧弹出如图 11-16 所示的闭合角【属性】选项卡，在该选项卡中提供了 3 种角封闭方式。选择【延伸】目标，并设置【缝隙】参数后，就可以完成闭合角。

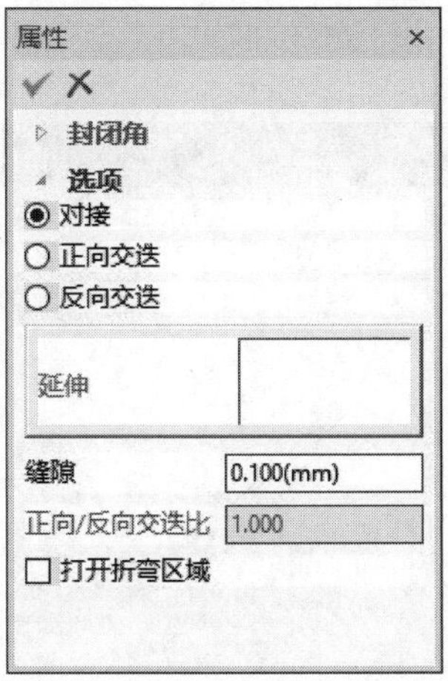

图 11-16

11.3.4 斜接法兰

【斜接法兰】命令可以给选定的薄金属毛坯添加斜接法兰。

单击【钣金】选项卡中的【斜接法兰】按钮，在设计界面左侧弹出如图 11-17 所示的斜接法兰【属性】选项卡。

图 11-17

按提示要求，选择【折弯】部分，接着在斜接法兰【属性】选项卡中单击【直边】选择框，系统提示"选择一个面或边，来生成斜接法兰"，此时可选择与折弯相邻的面或边生成法兰，如图 11-18 所示。

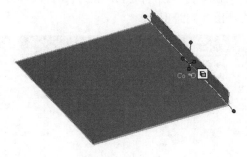

图 11-18

11.3.5 钣金件属性

在零件编辑状态下右键单击钣金件上任意一点，在弹出的快捷菜单中选择【零件属性】命令，在弹出的【钣金件】对话框中选择【钣金】选项卡，其中各选项可定义钣金件的板料属性，如图 11-19 所示。

图 11-19

11.4 设计范例

11.4.1 支撑板范例

⚠ **案例分析**

本节的范例是创建一个支撑板钣金，首先创建板料，之后创建折弯部分，最后添加冲孔。

⚠ **案例操作**

步骤 01 创建板料

① 在【设计元素库】的【钣金】选项卡中,选择【板料】图素,如图 11-20 所示。

② 拖动图素到绘图区。

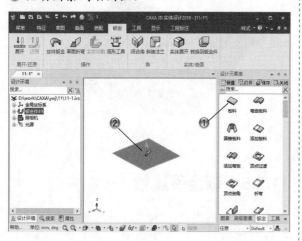

图 11-20

步骤 02 修改板料尺寸

① 选择板料,再次单击,拖动手柄修改长度,如图 11-21 所示。

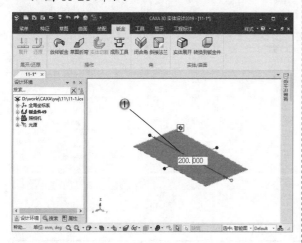

图 11-21

② 拖动手柄修改宽度,如图 11-22 所示。

步骤 03 创建折弯 1

① 拖动【钣金】选项卡中的【折弯】图素到边上,如图 11-23 所示。

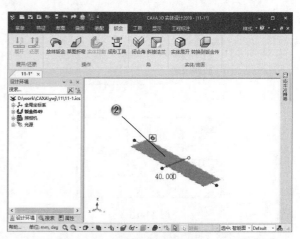

图 11-22

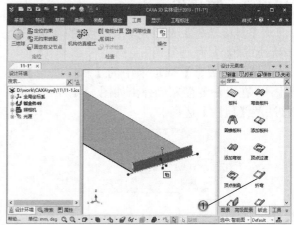

图 11-23

② 右键单击手柄并选择【编辑折弯板料】命令,在弹出的对话框中修改参数,如图 11-24 所示。

③ 在对话框中,单击【确定】按钮。

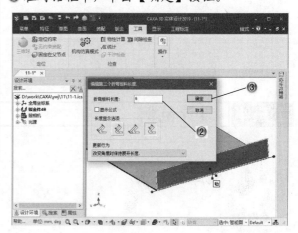

图 11-24

步骤 **04** 创建折弯 2

① 拖动【钣金】选项卡中的【折弯】图素到边上，
　如图 11-25 所示。

② 在绘图区中，修改折弯参数。

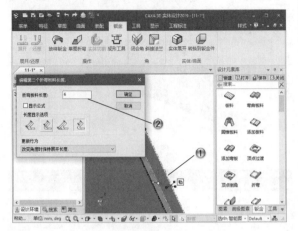

图 11-25

步骤 **05** 创建折弯 3

① 拖动【钣金】选项卡中的【折弯】图素到边上，
　如图 11-26 所示。

② 在绘图区中，修改折弯参数。

步骤 **06** 创建折弯 4

① 拖动【钣金】选项卡中的【折弯】图素到边上，
　如图 11-27 所示。

② 在绘图区中，修改折弯参数。

步骤 **07** 创建圆孔

① 拖动【钣金】选项卡中的【圆孔】图素到面上，
　如图 11-28 所示。

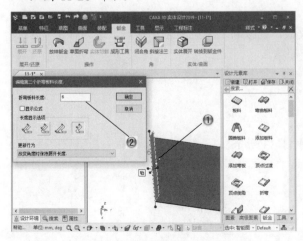

图 11-26

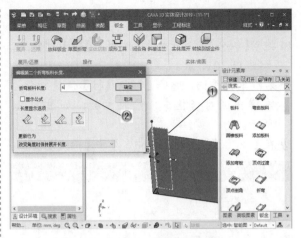

图 11-27

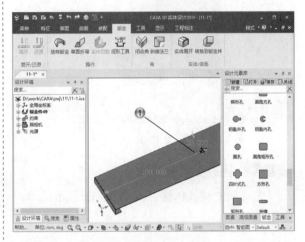

图 11-28

② 右键单击手柄并选择快捷命令，在弹出的对
　话框中，修改参数，如图 11-29 所示。

③ 在【冲孔属性】对话框中，单击【确定】按钮。

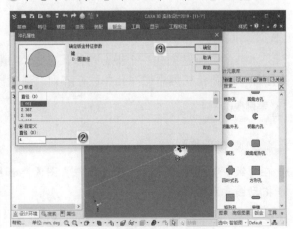

图 11-29

步骤 **08** 创建方形孔

① 拖动【钣金】选项卡中的【方形孔】图素到面上，如图 11-30 所示。

② 右键单击手柄，选择【形状属性】快捷命令，在弹出的对话框中，修改参数，如图 11-31 所示。

③ 在【冲孔属性】对话框中，单击【确定】按钮。

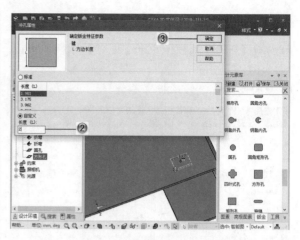

图 11-31

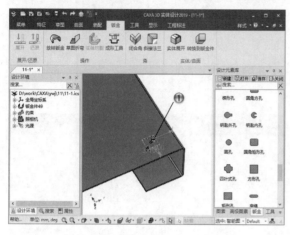

图 11-30

步骤 **09** 完成支撑板钣金

完成的支撑板钣金，如图 11-32 所示。

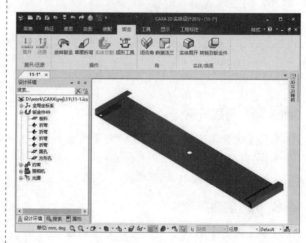

图 11-32

11.4.2 箱体范例

⚠ **案例分析**

本节的范例是创建一个钣金箱体，首先添加板料，在板料的基础上创建折弯，之后在钣金上依次添加一组圆孔，再添加冲孔并进行阵列，最后添加弯边。

⚠ **案例操作**

步骤 **01** 创建板料

① 在【钣金】选项卡中，选择【板料】图素，如图 11-33 所示。

② 拖动图素到绘图区。

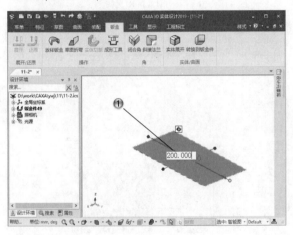

图 11-33

步骤 02 修改板料尺寸

① 选择板料，再次单击，拖动手柄修改长度，如图 11-34 所示。

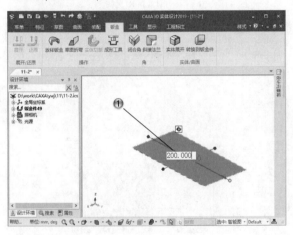

图 11-34

② 拖动手柄修改宽度，如图 11-35 所示。

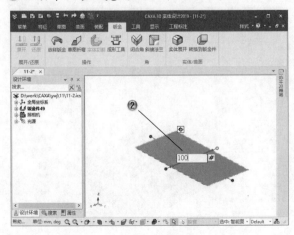

图 11-35

步骤 03 创建折弯

① 拖动【钣金】选项卡中的【折弯】图素到边上，如图 11-36 所示。

② 在绘图区中，修改折弯参数。

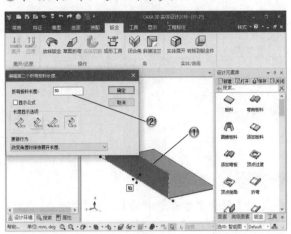

图 11-36

步骤 04 创建一组圆孔

① 拖动【钣金】选项卡中的【一组圆孔】图素到边上，如图 11-37 所示。

② 在绘图区中，添加多组圆孔。

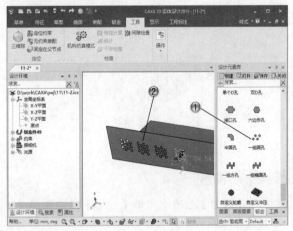

图 11-37

步骤 05 创建折弯 2

① 拖动【钣金】选项卡中的【折弯】图素到边上，如图 11-38 所示。

② 在绘图区中，修改折弯参数。

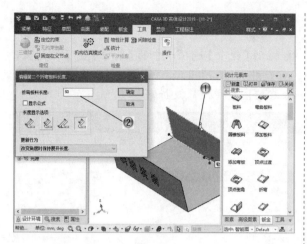

图 11-38

步骤 06 创建折弯 3

❶ 拖动【钣金】选项卡中的【折弯】图素到边上，如图 11-39 所示。

❷ 在绘图区中，修改折弯参数。

图 11-39

步骤 07 创建折弯 4

❶ 拖动【钣金】选项卡中的【折弯】图素到边上，如图 11-40 所示。

❷ 在绘图区中，修改折弯参数。

步骤 08 创建圆孔

❶ 拖动【钣金】选项卡中的【圆孔】图素到面上，如图 11-41 所示。

❷ 在绘图区中，修改圆孔参数。

步骤 09 阵列孔

❶ 单击【特征】选项卡中的【阵列特征】按钮

⿰，如图 11-42 所示。

❷ 选择阵列特征和轴，并设置参数。

❸ 在【属性】选项卡中，单击【确定】按钮✔，创建阵列特征。

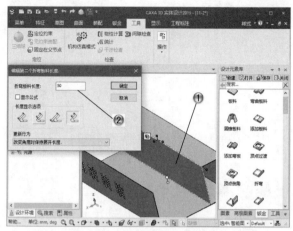

图 11-40

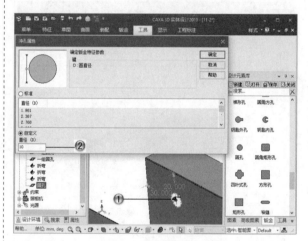

图 11-41

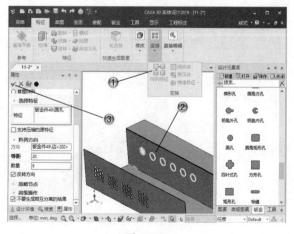

图 11-42

步骤 ⑩ 创建卷边

① 拖动【钣金】选项卡中的【卷边】图素到边上，
如图 11-43 所示。

② 在绘图区中，修改卷边参数。

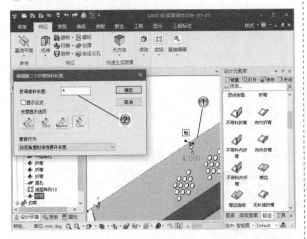

图 11-43

步骤 ⑪ 创建卷边 2

① 拖动【钣金】选项卡中的【卷边】图素到边上，
如图 11-44 所示。

② 在绘图区中，修改卷边参数。

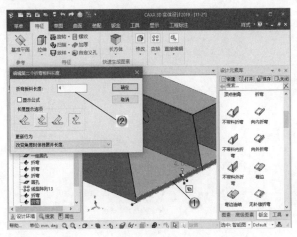

图 11-44

步骤 ⑫ 创建卷边 3

① 拖动【钣金】选项卡中的【卷边】图素到边上，
如图 11-45 所示。

② 在绘图区中，修改卷边参数。

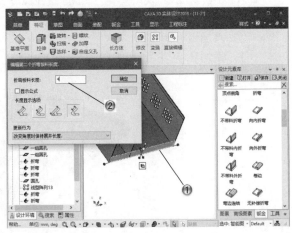

图 11-45

步骤 ⑬ 完成箱体钣金

完成的箱体钣金，如图 11-46 所示。

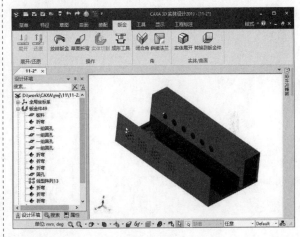

图 11-46

11.5 本章小结和练习

11.5.1 本章小结

钣金加工即金属板料加工，主要工序是剪切、折弯扣边、弯曲成型、焊接、铆接等，需要一定几何知识。本章介绍的是钣金的设计部分，钣金件的设计命令位于【钣金】选项卡中，命令多种多样，在设计时可以结合范例灵活运用。

11.5.2　练习

如图 11-47 所示，使用本章学过的各种命令来创建钣金盖板，练习步骤和方法如下。

（1）添加钣金板料。

（2）添加钣金折弯。

（3）添加孔特征。

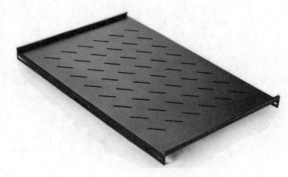

图 11-47

第12章

装配设计

本章导读

CAXA实体设计系统具有强大的装配功能。它将装配设计与零件造型设计集成在一起，不仅提供了一般三维实体建模所具有的刚性约束能力，同时还提供了三维球装配的柔性装配方法，并保证方便、迅速、精确地利用零件上的特征点、线和面进行装配定位。利用CAXA实体设计可以生成装配件、在装配件中添加或删除图素或零件，对装配件中的全部构件进行移动或尺寸重设。

本章将介绍装配环境及装配的基础、装配定位和检验，如何对设计环境背景、装配/组件、零件、表面这些不同的渲染对象进行渲染，使用智能渲染向导来完成颜色、纹理、凸痕、贴图、光洁度、透明度以及反射的指定与修改。

12.1 装配基础

装配建模不仅能够将零部件快速组合，还可以参考其他部件进行部件的相关联设计，并可以对装配模型进行间隙分析、重量管理等操作。在装配模型生成后，可建立爆炸视图，并可以将其引入到装配工程图中去。在装配工程图中可自动生成装配明细表，并能够对轴测图进行局部的剖切。

在装配中建立部件间的链接关系，就是通过配对条件在部件间建立约束关系，来确定部件在产品中的位置。在装配中，部件的几何体被装配引用，而不是复制到装配图中，不管如何对部件进行编辑以及在何处编辑，整个装配部件间都保持着关联性。如果某部件被修改，则引用它的装配部件将会自动更新，实时反映部件的最新变化。下面首先介绍一下装配的基础知识。

12.1.1 装配的基本术语

装配设计中常用的概念和术语有多组件装配、虚拟装配、装配部件、子装配、组件对象、组件、主模型、单个零件、上下文中设计和配对条件等，下面将对其分别介绍。

1. 装配的模式

在 CAXA 系统中，包含有两种不同的装配模式。

（1）多组件装配。

该装配模式是将部件的所有数据复制到装配图中，装配中的部件与所引用的部件没有关联性，在部件被修改时，不会反映到装配图中去，所以称这种装配为非智能装配，同时，由于装配时要引用所有部件，因此需要占用较大的内存空间，影响装配的速度。

（2）虚拟装配。

在 CAXA 中通常使用虚拟的装配模式进行装配，该装配模式是利用部件间的相互链接关系来建立的，它有以下优点。

- 装配时所需要的内存空间少。因为它是对部件的链接而不是将部件复制到装配图中。
- 装配速度高。在装配中不需要编辑的底层部件可以简化显示。
- 装配可以自动更新。尤其是在对部件进行修改时。
- 能定义装配中部件之间的位置关系。
- 其他应用（二维绘图、加工的等）能使用主模型数据。

- 仅仅用一个几何体数据备份，所以对零件的编辑和修改都反映在引用那个零件的所有装配中。

2. 装配部件

装配的部件是由零件和子装配构成的部件，在 CAXA 系统中，可以向任何一个部件文件中添加部件来构成装配。所以说任何一个部件文件都可以作为一个装配的部件，也就是说，零件和部件在这个意义上说是相同的。

3. 子装配

子装配是在高一级装配中被用作组件的装配，所以子装配包含自己的组件，因此，子装配是一个相对的概念，任何一个装配部件可在更高级的装配中用作子装配。图 12-1 所示为装配结构。

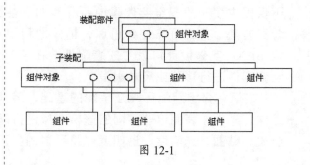

图 12-1

4. 组件对象

组件对象是从装配部件链接到部件主模型的指针实体，一个组件对象记录的信息包括部件的名称、层、颜色、线型、线宽、引用集、配对条件，在装配中每一个组件仅仅包含一个指向它的几何体的指针。

5. 组件

组件是装配中由组件对象所指的部件文件，组件可以是单个部件也可以是一个子装配，组件是由装配部件引用而不是复制到装配部件中的。

6. 主模型

主模型是供 CAXA 各功能模块共同引用的部件模型。同一主模型可以被装配、工程图、数控加工、CAE 分析等多个模块引用。当主模型改变时，其他模块如装配、工程图、数控加工、CAE 分析等跟着进行相应的改变。

7. 单个零件

在装配外存在的零件几何模型，它可以添加到一个装配中去，但它本身不能含有下级组件。

8. 上下文中设计

上下文中设计是指，当装配部件中某组件设置为工作组件时，可以在装配过程中对组件几何模型进行创建和编辑。这种设计方式主要用于装配过程中，参考其他零部件的几何外形进行设计。

9. 配对条件

配对条件是用来定位一组件在装配中的位置和方位。配对是由装配部件中两组件间特定的约束关系来完成。在装配时，可以通过配对条件来确定某组件的位置。当具有配对关系的其他组件位置发生变化时，组件的位置也跟着改变。

12.1.2　装配环境介绍

CAXA 3D 实体设计进行装配设计是在【装配】选项卡下完成的。新建一个文件，打开【装配】选项卡，即可进行装配设计，如图 12-2 所示。

【装配】选项卡包含了大多数装配命令和操作功能，其中【生成】选项组包括组件创建和装配的一些命令，【操作】选项组包括对装配体进行编辑的命令，【定位】选项组包括对装配模型进行位置确定的功能。

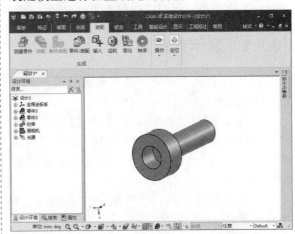

图 12-2

12.1.3　装配流程介绍

在 CAXA 中，系统提供了以下几种装配流程。

1. 自底向上装配

自底向上装配是指首先创建部件的几何模型，再组合成子装配，最后生成装配部件。在这种装配设计方法中，在零件级上对部件进行的改变会自动更新到装配件中。

2. 自顶向下装配

自顶向下装配是指在装配中创建与其他部件相关的部件模型，是在装配部件的顶级向下产生子装配和部件的装配方法。在这种装配设计方法中，任何在装配级上对部件的改变都会自动反映到个别组件中。

3. 混合装配

混合装配指将自顶向下装配和自底向上装配结合在一起的装配方法。在实际的设计中，根据需要可以将两种方法同时使用。

12.2 装配基本操作

生成装配体，需首先选定装配需要的多个图素或零件，然后在【装配】选项卡中单击【装配】按钮，或选择【装配】|【装配】菜单命令，就可以将零件组合成一个装配件。【装配】菜单和【装配】选项卡中还包括解除装配、创建零件、打开零件/装配、存为装配件/装配以及装配树输出等内容。

单击快速启动工具栏中的【设计树】按钮，在设计环境的左侧将弹出【设计树】窗口，打开【属性】选项卡，也可以找到有关装配的各种按钮。

12.2.1 显示装配体

新建一个设计环境，插入所需零部件。在设计树中选择组成装配体的零部件。

在【装配】选项卡中单击【装配】按钮。此时，每个零部件周围都变成相同的颜色并高亮显示，并且只显示出一个锚状图标，贴在第一个选定的零部件上。

选择三维球工具，这时拖动三维球的一个手柄可重定位整个装配件。

在设计树中单击【装配件】选项左侧的"+"号，这时将出现一个下拉列表，显示生成装配件所用的所有零部件。

单击各零部件选项左侧的"+"号，显示出组成各个零部件的图素。

12.2.2 输入零部件

在 CAXA 实体设计，可以利用已有的零部件生成装配件。

单击【装配】选项卡中的【零件/装配】按钮，在弹出的【插入零件】对话框中选择所需的文件，如图 12-3 所示，然后单击【打开】按钮，则零部件插入当前设计环境中。

除了插入零部件的方法外，还可以直观地从设计环境中拷贝插入零部件。

图 12-3

在设计环境中选择要组成装配的零部件，右键单击鼠标右键，在弹出的快捷菜单中选择【拷贝】命令，然后在要插入此零部件的设计环境中，选择【编辑】|【粘贴】菜单命令；也可以选择某零件后右键单击鼠标，在弹出的快捷菜单中选择【粘贴】命令；也可以直接按Ctrl+V 键粘贴零部件，所需的零部件就拷贝到当前设计环境中了。

如果所需拷贝的对象是多个零部件，可用Shift 键选择多个零部件并进行拷贝，然后在新的装配环境中执行【粘贴】命令，所拷贝的多个零部件将自动作为一个装配体输入到装配环境中。

如果所需零部件在实体设计的设计元素库中，那么可以直接从图库中拖入。也可以把常用零部件组成装配体放入自定义的设计元素库中。

12.3 装配定位

从组合元素到编辑修改，零件设计过程中都涉及图素及零件的定位操作。CAXA 实体设计提供了大量的定位工具，它们不仅可以对图素进行精确定位，还可以对装配体中零件进行定位，如智能捕捉反馈定位、智能尺寸定位、定位锚定位和三维球工具定位等。

12.3.1 三维球工具定位

三维球是 CAXA 实体设计系统独特而灵活的空间定位工具，利用三维球工具可实现图素在零件中的定位和定向。

1. 三维球结构

三维球有 3 个外控制柄（长轴）、3 个定向手柄（短轴）和一个中心控制柄。在软件的应用中，其主要功能是解决元素、零件和装配体的空间点定位，空间角度定位的问题。三维球结构如图 12-4 所示。

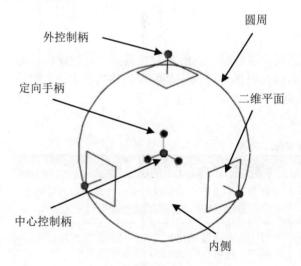

图 12-4

（1）外控制柄：单击它可用来对轴线进行暂时约束，使三维物体只能进行沿此轴线的线性方向平移或绕此轴线进行旋转。

（2）定向手柄：用来将三维球中心作为一个固定的支点，进行对象的定向。主要有两种使用方法：拖动控制柄，使轴线对准另一个位置；右击，然后从弹出的菜单中选择一个选项进行移动和定位。

（3）中心控制柄：主要用来进行点到点的移动。使用的方法是将它直接拖至另一个目标位置，也可以右击，从弹出的菜单中选择一个选项。它还可以与约束的轴线配合使用。

（4）圆周：拖动这里，可以围绕一条从视点延伸到三维球中心的虚拟轴线旋转。

（5）二维平面：拖动这里，可以在选定的虚拟平面中自由移动。

（6）内侧：在这个空白区域内侧拖动进行旋转。也可以右键单击这里，从快捷菜单中选择相关选项，对三维球进行设置。

当在三维球内部及手柄上移动鼠标时，会看到图标不断地改变，指示不同的三维球动作。

2. 三维球定位操作

除外侧平移操纵柄外，三维球工具还有一些位于其中心的定位控制柄。这些工具为操作对象提供了相对于其他操作对象上的选定面、边或点的快速轴定位功能，也提供了操作对象的反向或镜像功能。这些控制柄定位操作可相对于操作对象的 3 个轴实施。

（1）使用定向手柄定位操作对象。

选定某个轴后，在该轴上单击鼠标右键，然后在弹出的快捷菜单中选择相应的命令，即可确定特定的定位操作特征，如图 12-5 所示。

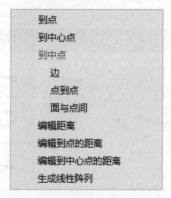

图 12-5

（2）使用三维球的中心控制柄定位操作对象。

在三维球的中心手柄上单击鼠标右键，然后在弹出的快捷菜单中选择相应命令，即可将操作对象定位到指定位置，如图 12-6 所示。

（3）使用三维球的一维手柄复制操作对象。

在三维球的一维手柄上单击鼠标右键，移至指定位置后释放鼠标，然后在弹出的快捷菜单中选择相应命令，即可复制操作对象，如图 12-7 所示。

图 12-6

图 12-7

12.3.2　约束工具定位

1. 无约束装配工具

　　使用无约束装配工具可参照源零件和目标零件之间的点、线、面的相对位置关系，快速定位源零件，CAXA 在指定源零件重定位和重定向操作方面极为灵活。无约束装配仅仅移动了零件之间的空间相对位置，没有添加固定的约束关系，即没有约束零件的空间自由度。

　　无约束装配工具定位符号的意义及操作结果见表 12-1。

表 12-1　无约束装配工具表

源零件定位 / 移动选项	目标零件定位 / 移动选项	定位结果
	●→	相对于一个指定点和零件的定位方向，将源零件重定位至目标零件，获得与指定平面贴合装配效果
●→	◯	相对于指定点及其定位方向，把源零件重定位至目标零件，获得与指定平面对齐装配效果
	→	相对于源零件上指定点及定位方向，针对目标零件指定定位方向，重定位源零件
➤	→	相对于源零件定位方向和目标零件定位方向，重定位源零件，获得与指定平面平行的装配效果
	✕	相对于源零件定位方向和目标零件定位方向，重定位源零件，获得与指定平面垂直的装配效果
	．	相对于目标零件但不考虑定位方向，把源零件重定位到目标零件上
．	◯	相对于源零件指定点，把源零件重定位到目标零件的指定平面上
	→	相对于源零件的指定点和目标零件的指定定位方向，重定位源零件

2. 约束装配工具

CAXA 实体设计的约束装配工具以约束条件对零件和装配件进行定位和装配。约束装配工具类似于无约束装配工具，但约束装配能形成一种"永恒的"约束。利用约束装配工具可保留零件或装配件之间的空间关系。

激活约束装配工具并选定一个源零件单元，即可显示出可用定向 / 移动选项的符号，该选项可通过 Space 键切换。显示出需要的移动 / 定向选项并选定需要的目标零件单元后，就可以应用约束装配条件了。

约束装配工具有几种约束可供选用，其符号的意义及操作结果见表 12-2。

表 12-2　约束装配工具表

约束装配符号	定位结果
🔳	对齐：重定位源零件，使其平直面既与目标零件的平直面对齐（采用相同方向）又与其共面对齐
🔳	贴合：重定位源零件，使其平直面既与目标零件的平直面贴合（采用反方向）又与其共面贴合
✛	重合：重定位源零件，使其平直面既与目标零件的平直面重合（采用相同方向）又与其共面重合
✦	同轴：重定位源零件，使其直线边或轴在其中一个零件有旋转轴时与目标零件的直线边或轴对齐
∥	平行：重定位源零件，使其平直面或直线边与目标零件的平直面或直线边平行
⊥	垂直：重定位源零件，使其平直面或直线边与目标零件的平直面（相对于其方向）或直线边垂直
◥	相切：重定位源零件，使其平直面或旋转面与目标零件的旋转面相切
◰	距离：重定位源零件，使其与目标零件相距一定的距离
✉	角度：重定位源零件，使其与目标零件成一定的角度
🐞	随动：定位源零件，使其随目标零件运动。常用于凸轮机构运动

12.3.3　其他定位方法

1. 智能标注工具定位

利用智能标注工具可以在图素或零件上标注尺寸，可以标注不同图素或零件上两点之间的距离。如果零件设计中对距离或角度有精确度要求，就可以采用 CAXA 实体设计的智能标注工具定位。智能标注各命令位于【工程标注】选项卡中，装配定位时的智能标注如图 12-8 所示。

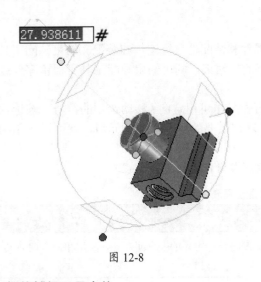

图 12-8

2．智能捕捉工具定位

CAXA实体设计具有强大的智能捕捉功能，除用于尺寸修改外，还具有强大的定位功能，通过智能捕捉反馈，可使图素组件沿边或角对齐，也可以把零件的图素组件置于其他零件表面的中心位置。利用智能捕捉，可使图素组件相对于其他表面对齐。

3．附着点工具定位

在默认状态下，CAXA实体设计以对象的定位锚为对象之间的结合点，但是可以通过添加附着点，使操作对象在其他位置结合。可以把附着点添加到图素或零件的任意位置，然后直接将其他图素贴附在该点。

4．定位锚工具定位

定位锚决定了图素的默认连接点和方向。定位锚以带两条绿色短线的绿点表示。利用三维球工具，可以对定位锚进行重新定位，以指定其他的连接点和方向。

12.4 装配检验

12.4.1 装配检验命令

在软件中进行三维设计的一个重要作用，就是可以通过装配检验提前检验一个产品结构的合理性。所以，装配检验是实体设计中一个重要的组成部分，主要包括干涉检查、物性计算和零件统计等。装配检验工具位于【工具】选项卡中，如图 12-9 所示。

图 12-9

1．干涉检查

装配件中的两个独立零件的组件可能会在同一位置时发生相互干涉。所以，在装配件中要经常检查零件之间的相互干涉。如果存在不合理或不允许的干涉情况，则要根据设计要求对产品结构进行细节设计或重新审查装配过程，最终解决零部件间不合理或不允许的干涉问题。

可以对装配件的部分或全部零件进行干涉检查，也可以对装配件和零件的任何组合进行干涉检查。

单击【工具】选项卡中的【干涉检查】按钮，弹出【干涉报告】对话框，如图 12-10 所示。进行干涉检查，检查结果高亮显示在绘图区，如图 12-11 所示。

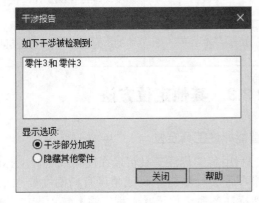

图 12-10

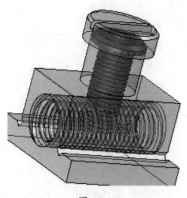

图 12-11

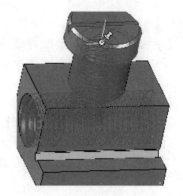

图 12-13

2. 机构仿真

在零件的三维实体设计中，干涉检查是很必要的，但它仅是一种静态的检查，不能检查机构运动状态下是否存在干涉。为此，CAXA实体设计提供了机构仿真的功能，可以模拟产品动态运行规律，对装配体的各零部件、各相对运动部分进行实际仿真，并在出现干涉碰撞时发出提示。此功能需通过机构动画来实现。

单击【工具】选项卡中的【机构仿真模式】按钮，弹出机构【属性】选项卡，如图 12-12 所示。仿真运动的结果高亮显示在绘图区，如图 12-13 所示。

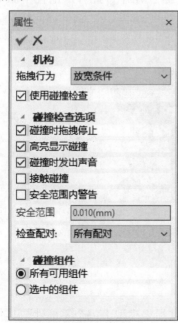

图 12-12

3. 物性计算

利用 CAXA 实体设计的物性计算功能，可测量零件和装配件的物理特性，如零件或装配件的表面面积、体积、重心和转动惯量。

单击【工具】选项卡中的【物性计算】按钮，弹出【物性计算】对话框，设置参数后，单击【计算】按钮，如图 12-14 所示。

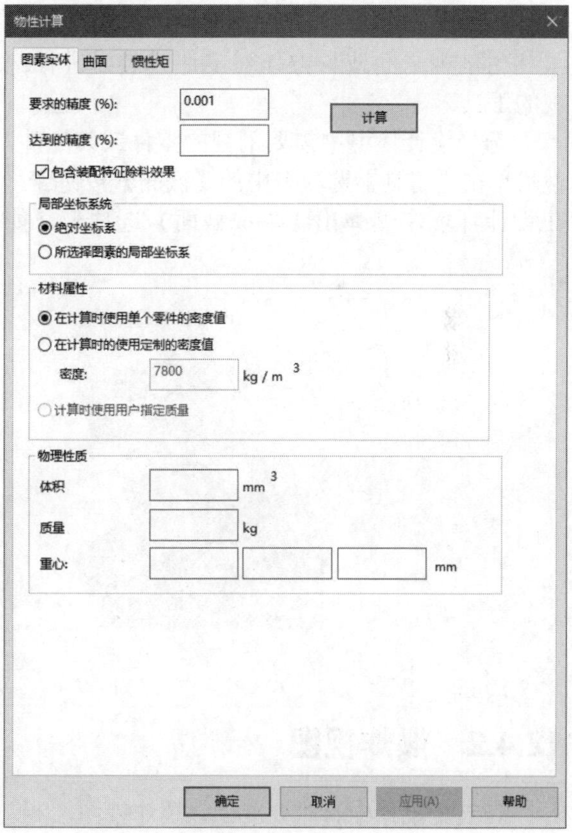

图 12-14

4. 零件统计

零件统计数据用于说明装配件或零件包含多少个面、环、边和顶点，这一命令还可报告零件中可能存在的问题。

首先将装配体文件输入设计环境中，然后单击【工具】选项卡中的【统计】按钮√ā，弹出【零件统计报告】对话框，报告零件出现的问题，该对话框中还显示统计文件的存放目录，如图 12-15 所示。

图 12-15

5. 截面剖视

CAXA 实体设计的截面工具为设计者提供了利用剖视平面或长方体对零件或装配进行剖视的工具。

选择设计环境中需要剖视的零件或装配件，然后单击【工具】选项卡中的【截面】按钮。在设计环境左侧弹出【生成截面】选项卡，如图 12-16 所示。

图 12-16

【生成截面】选项卡中各选项的含义如下。

（1）【截面工具类型】：工具后有一个下拉列表，用于选择截面工具类型。

（2）【定义截面工具】按钮：单击该按钮可确定放置剖视工具的点、面或零件。

（3）【反转曲面方向】按钮：单击该按钮可使剖视工具的当前表面方位反向。

剖视操作完成后，被选定零件的剖视平面或长方体剖面都以清晰的黑色出现在设计环境中，如图 12-17 所示。此外，剖视平面显示一个蓝绿色的"面法线"（默认）方向箭头。

 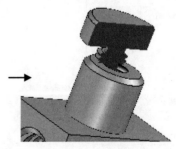

图 12-17

12.4.2 爆炸视图

在装配设计中有时要求创建爆炸视图，所谓爆炸视图，是指将模型中每个零部件与其他零件分开表示，通常可以较直观地表示各个零部件的装配关系和装配顺序，可用于分析和说明产品模型结构，还可用于零部件装配工艺等。

利用装配工具可生成各种装配件的爆炸图，并生成装配过程的动画。将"装配"图素拖曳至设计环境中的装配件上后，弹出装配【属性】选项卡，如图 12-18 所示。创建的爆炸图如图 12-19 所示。

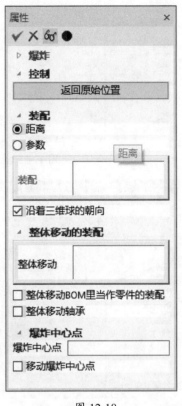

图 12-18

图 12-19

12.5 设计范例

12.5.1 夹紧器装配范例

⚠ 案例分析

本节的范例是创建夹紧器的装配模型，首先依次创建 3 个零件模型，再打开零件 1 添加装配，依次添加零件 2 和零件 3，并添加同轴约束。

⚠ 案例操作

步骤 01 绘制草图

⊕ 单击【草图】选项卡中的【在 X-Y 基准面】按钮，进入草图绘制环境，如图 12-20 所示。

② 单击【草图】选项卡中的【矩形】按钮□，如图 12-21 所示。

③ 在绘图区中，绘制矩形草图。

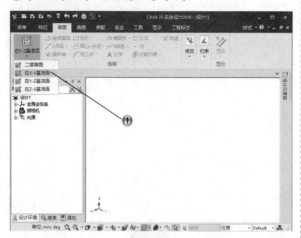

图 12-20

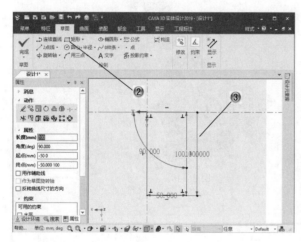

图 12-21

步骤 02 拉伸草图

① 单击【特征】选项卡中的【拉伸】按钮□，如图 12-22 所示。

② 选择草图轮廓，并设置拉伸参数。

③ 在【属性】选项卡中，单击【确定】按钮✔，创建拉伸特征。

步骤 03 创建圆角过渡

① 单击【特征】选项卡中的【圆角过渡】按钮□，如图 12-23 所示。

② 选择圆角的边线，并设置半径参数。

③ 在【属性】选项卡中，单击【确定】按钮✔，创建圆角特征。

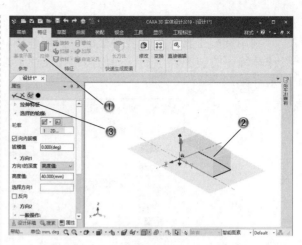

图 12-22

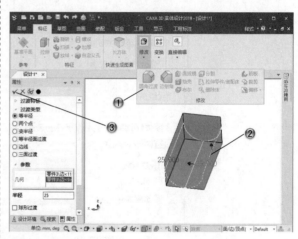

图 12-23

步骤 04 创建孔

① 单击【特征】选项卡中的【自定义孔】按钮□，如图 12-24 所示。

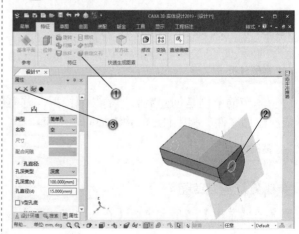

图 12-24

② 选择孔的位置，并设置参数。

③ 在【属性】选项卡中，单击【确定】按钮✔，创建孔特征。

步骤 05 绘制草图

① 单击【草图】选项卡中的【在 Y-Z 基准面】按钮▨，进入草图绘制环境，如图 12-25 所示。

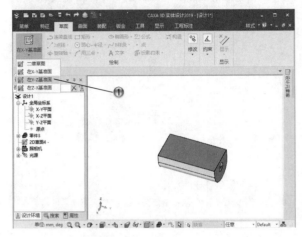

图 12-25

② 单击【草图】选项卡中的【2 点线】按钮✎，如图 12-26 所示。

③ 在绘图区中，绘制梯形。

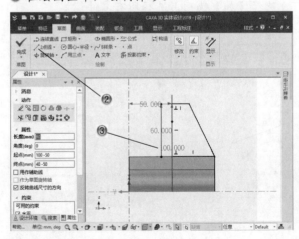

图 12-26

步骤 06 移动草图

① 选择草图，单击【工具】选项卡中的【三维球】按钮▣，如图 12-27 所示。

② 在绘图区中，拖动手柄移动草图。

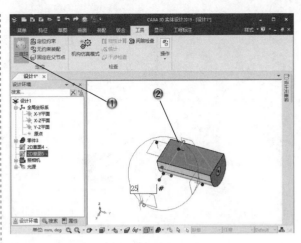

图 12-27

步骤 07 拉伸草图

① 单击【特征】选项卡中的【拉伸】按钮▯，如图 12-28 所示。

② 选择草图轮廓，并设置拉伸参数。

③ 在【属性】选项卡中，单击【确定】按钮✔，创建拉伸特征。

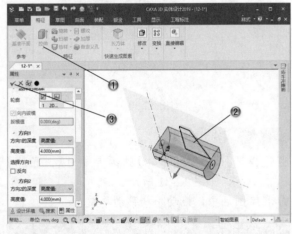

图 12-28

步骤 08 绘制草图

① 单击【草图】选项卡中的【在 X-Y 基准面】按钮▨，进入草图绘制环境，如图 12-29 所示。

② 单击【草图】选项卡中的【圆心+半径】按钮◔，如图 12-30 所示。

③ 在绘图区中，绘制半径为 10 的圆形。

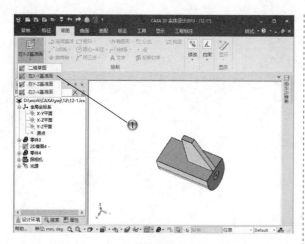

图 12-29

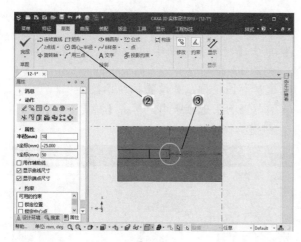

图 12-30

步骤 09 移动草图

① 选择草图，单击【工具】选项卡中的【三维球】
按钮，如图 12-31 所示。

② 在绘图区中，拖动手柄移动草图。

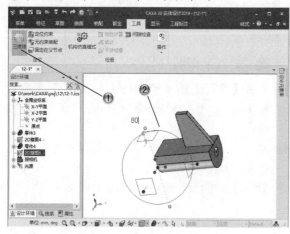

图 12-31

步骤 10 拉伸草图

① 单击【特征】选项卡中的【拉伸】按钮，
如图 12-32 所示。

② 选择草图轮廓，并设置拉伸参数。

③ 在【属性】选项卡中，单击【确定】按钮，
创建拉伸特征。

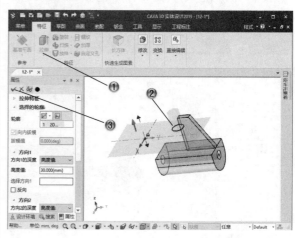

图 12-32

步骤 11 布尔加运算

① 单击【特征】选项卡中的【布尔】按钮，
如图 12-33 所示。

② 选择【加】选项，选择所有零件。

③ 在【属性】选项卡中，单击【确定】按钮。

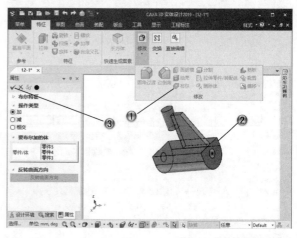

图 12-33

步骤 12 创建孔

① 单击【特征】选项卡中的【自定义孔】按钮
，如图 12-34 所示。

② 选择孔的位置，并设置参数。

③ 在【属性】选项卡中，单击【确定】按钮 ✓，
创建孔特征。

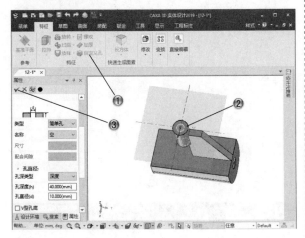

图 12-34

步骤 13 创建圆柱体

① 在【图素】选项卡中，选择【圆柱体】图素，
如图 12-35 所示。

② 拖动图素到绘图区。

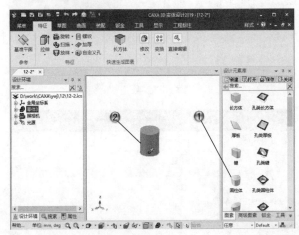

图 12-35

步骤 14 修改圆柱体尺寸

① 选择圆柱体，再次单击，拖动手柄修改直径，
如图 12-36 所示。

② 拖动手柄修改高度，如图 12-37 所示。

步骤 15 创建圆柱体

① 在【图素】选项卡中，选择【圆柱体】图素，
如图 12-38 所示。

② 拖动图素到平面上。

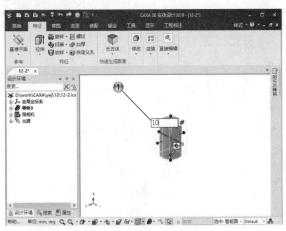

图 12-36

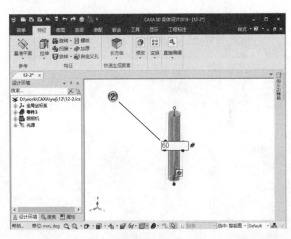

图 12-37

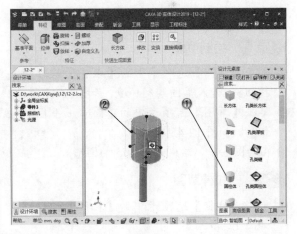

图 12-38

步骤 16 修改圆柱体尺寸

① 选择圆柱体，再次单击，拖动手柄修改直径，

如图 12-39 所示。

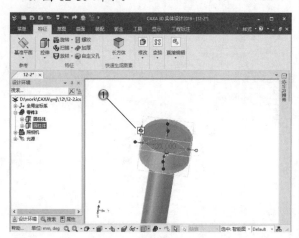

图 12-39

② 拖动手柄修改高度，如图 12-40 所示。

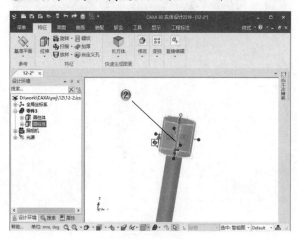

图 12-40

步骤 ⑰ 绘制草图

① 单击【草图】选项卡中的【在 Z-X 基准面】按钮，进入草图绘制环境，如图 12-41 所示。

② 单击【草图】选项卡中的【圆心＋半径】按钮，如图 12-42 所示。

③ 在绘图区中，绘制半径为 5 的圆形。

步骤 ⑱ 拉伸草图

① 单击【特征】选项卡中的【拉伸】按钮，如图 12-43 所示。

② 选择草图轮廓，并设置拉伸参数。

③ 在【属性】选项卡中，单击【确定】按钮，创建拉伸特征。

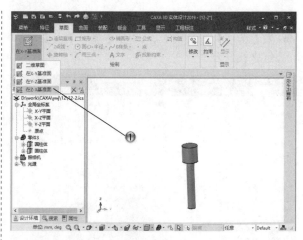

图 12-41

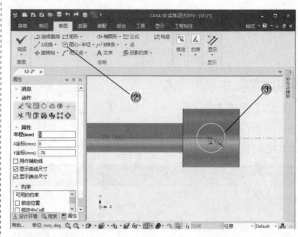

图 12-42

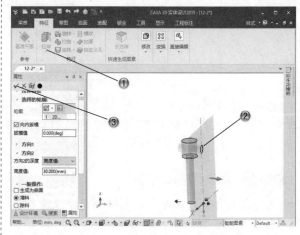

图 12-43

步骤 ⑲ 布尔减运算

① 单击【特征】选项卡中的【布尔】按钮，

如图 12-44 所示。

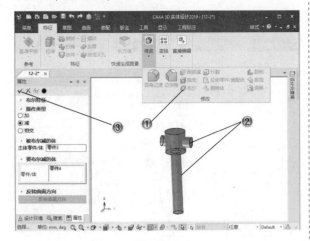

图 12-44

② 选择【减】选项，选择主体和布尔减的零件。

③ 在【属性】选项卡中，单击【确定】按钮 ✔。

步骤 20 创建圆柱体

① 在【图素】选项卡中，选择【圆柱体】图素，如图 12-45 所示。

② 拖动图素到绘图区。

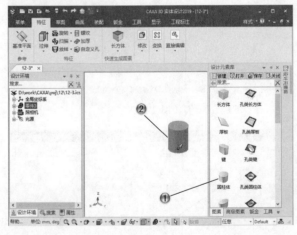

图 12-45

③ 拖动手柄修改高度，如图 12-46 所示。

步骤 21 创建球体

① 在【图素】选项卡中，选择【球体】图素，如图 12-47 所示。

② 拖动图素到绘图区。

③ 拖动手柄修改直径，如图 12-48 所示。

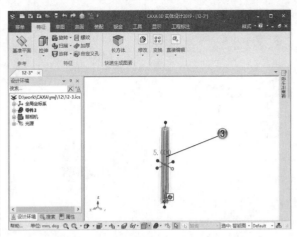

图 12-46

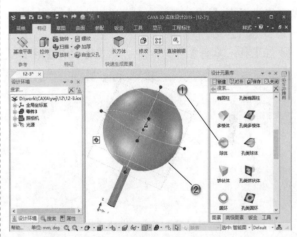

图 12-47

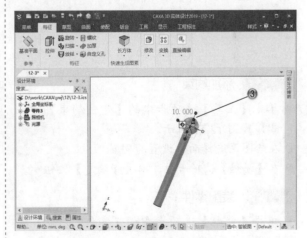

图 12-48

步骤 22 装配零件

① 打开零件 1，单击【装配】选项卡中的【零件 / 装配】按钮，如图 12-49 所示。

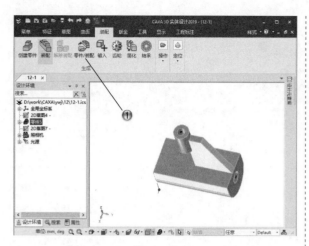

图 12-49

② 在打开的【插入零件】对话框中，选择零件，如图 12-50 所示。

③ 在【插入零件】对话框中，单击【打开】按钮。

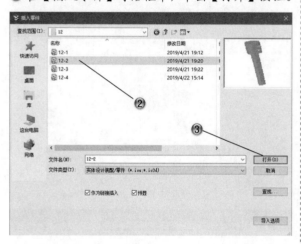

图 12-50

步骤 23 添加约束

① 单击【工具】选项卡中的【定位约束】按钮 ，如图 12-51 所示。

② 在绘图区选择面，设置为同轴约束。

③ 在【属性】选项卡中，单击【确定】按钮 ✔。

步骤 24 装配零件

① 单击【装配】选项卡中的【零件 / 装配】按钮，如图 12-52 所示。

② 在打开的【插入零件】对话框中，选择零件，如图 12-53 所示。

③ 在【插入零件】对话框中，单击【打开】按钮。

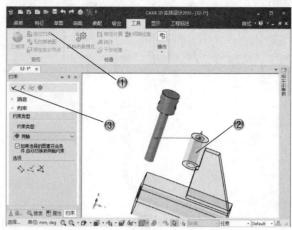

图 12-51

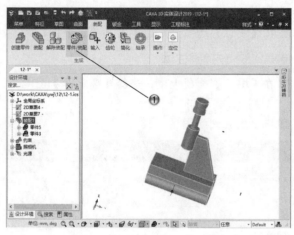

图 12-52

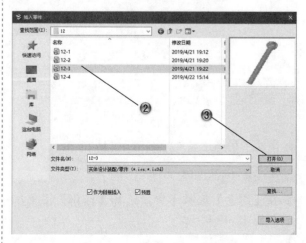

图 12-53

步骤 **25** 添加约束

① 单击【工具】选项卡中的【定位约束】按钮 🖳，如图 12-54 所示。

② 在绘图区选择面，设置为同轴约束。

③ 在【属性】选项卡中，单击【确定】按钮 ✔。

步骤 **26** 完成夹紧器装配模型

完成的夹紧器模型，如图 12-55 所示。

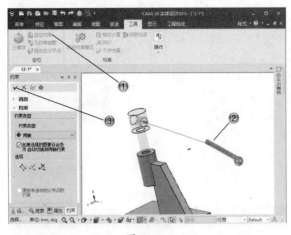

图 12-54

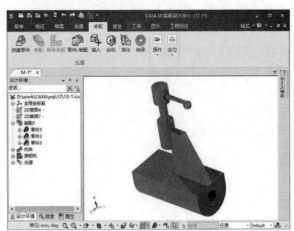

图 12-55

12.5.2 装配检验范例

⚠ **案例分析**

本节的范例是对夹紧器装配模型的操作，首先进行间隙检查，再进行干涉检查，之后创建爆炸图。

⚠ **案例操作**

步骤 **01** 修改组件参数

① 选择圆柱体，再次单击，拖动手柄修改直径，如图 12-56 所示。

② 选择球体，再次单击，拖动手柄修改直径，如图 12-57 所示。

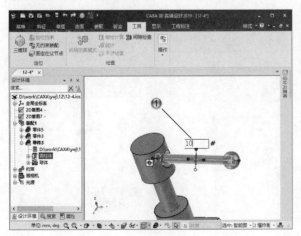

图 12-56

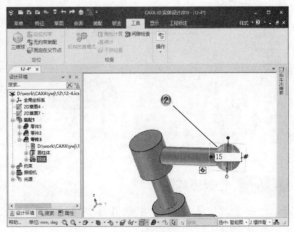

图 12-57

步骤 02 间隙检查

① 单击【工具】选项卡中的【间隙检查】按钮 ⚄，如图 12-58 所示。

② 选择零部件，单击【计算】按钮。

③ 在【属性】选项卡中，单击【确定】按钮 ✓。

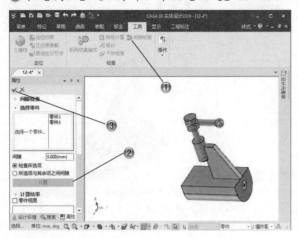

图 12-58

步骤 03 干涉检查

① 单击【工具】选项卡中的【干涉检查】按钮 ⬜，如图 12-59 所示。

② 弹出干涉报告对话框，查看报告，单击【确定】按钮。

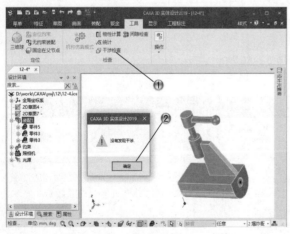

图 12-59

步骤 04 创建爆炸图

① 单击【装配】选项卡中的【爆炸】按钮 ⚄，如图 12-60 所示。

② 在绘图区中，移动组件 1。

③ 在绘图区中，移动组件 2，如图 12-61 所示。

④ 在【属性】选项卡中，单击【确定】按钮 ✓。

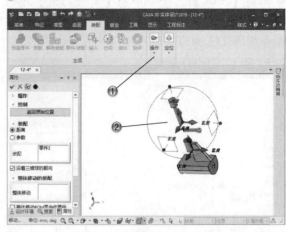

图 12-60

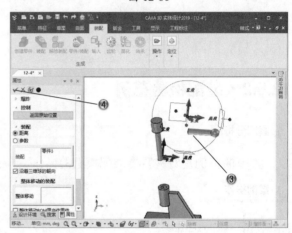

图 12-61

步骤 05 完成爆炸图

完成的爆炸图，如图 12-62 所示。

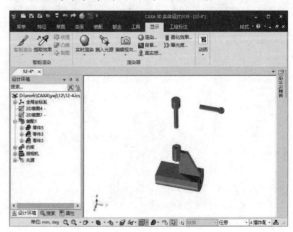

图 12-62

12.6 本章小结和练习

12.6.1 本章小结

工业产品都是由若干零件和部件组成的。按照规定的技术要求，将若干零件组合成部件或将若干零件和部件组合成产品的过程，称为装配。本章介绍了 CAXA 的装配整个流程，包括装配入门、装配基本操作、装配定位和装配检验，读者可以通过范例深入学习。

12.6.2 练习

如图 12-63 所示，使用本章学过的各种命令来创建一个轴承装配模型，操作步骤和方法如下。

（1）创建 3 个零部件。

（2）装配模型。

（3）设置装配约束。

图 12-63

第**13**章

工程图设计和标准件

本章导读

　　利用 CAXA 实体设计系统可以将构造好的三维零件或装配体，生成用二维方法表达的零件图或装配图，这些零件图或装配图又称为二维工程图。标准件和图库作为机械设计中必不可少的工具，能够使设计工作更加精细和快捷，用户不必另行设计复杂的标准件，而参数化设计更是为设计提供了精确的设计方法。

　　本章介绍的内容包括零件或装配模型的图纸创建、编辑工程图、标准件库、定制图库以及参数化设计，使用软件图纸模块可以快速生成需要的图纸。

13.1 创建工程图

CAXA 实体设计可生成各类二维工程图视图，生成后还可以对它们进行重新定位、加标注、补充其他的几何尺寸和文字，从而生成一个准确而全面的工程图。

视图命令位于【三维接口】选项卡中，此选项卡中也包括注释和标注命令，如图 13-1 所示。

图 13-1

13.1.1 标准视图

标准视图是工程制图过程中使用的典型视图，也是 CAXA 实体设计中的两种基础视图类型之一（另一种是普通视图）。

在【三维接口】选项卡中单击【标准视图】按钮，弹出【标准视图输出】对话框，如图 13-2 所示。

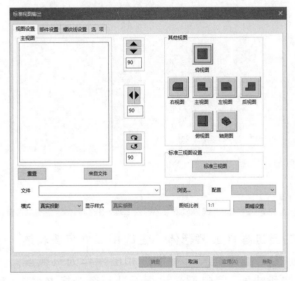

图 13-2

单击【浏览】按钮，弹出【打开】对话框。选择要投影的实体文件，然后单击【打开】按钮，返回【标准视图输出】对话框。

下面详细介绍【标准视图输出】对话框中的选项卡设置。

1. 视图设置

【视图设置】选项卡主要用来设置主视图

和选择要投影生成的标准视图。其中，【主视图】选项组主要用来调整主视图视向，以及预览当前设置的主视图。如果不满意这个主视图角度，可以通过右面的箭头按钮调节，单击【重置】按钮，恢复默认角度；单击【来自文件】按钮，则选择此时三维设计环境中的视角作为主视图方向。

其中 3 个选项的用途如下。

（1）【配置】：在三维设计环境中，可以添加不同的配置，其中零件的位置可以不同。此时，在该下拉列表中选择一个配置，就会投影这个配置的视图。

（2）【模式】：该下拉列表中包括真实投影和快速投影。其中，真实投影是精确投影。

（3）【图纸比例】：单击该下拉列表右边的【图幅设置】按钮，然后在弹出的【图幅设置】对话框中进行设置，如图 13-3 所示。

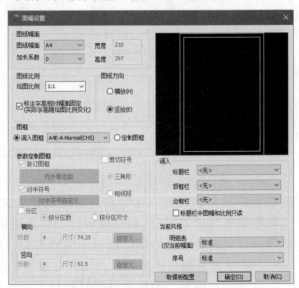

图 13-3

【其他视图】选项组主要用于由用户根据模型形状特点和设计要求选择需要投影生成的标准视图。在其下方的【标准三视图设置】选项组中，单击【标准三视图】按钮，即可选择主视图、俯视图和左视图。设置完成后，单击【确定】按钮生成视图，也可以选择后面两个选项卡进行其他设置。

2．部件设置

【部件设置】选项卡主要用来设置部件在二维图中是否显示，以及在剖视图中是否剖切，如图 13-4 所示。

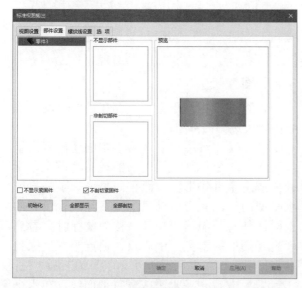

图 13-4

对于装配体，如果要设置不显示的零部件，则在最左边显示的设计树中选择零部件，双击该零部件后其名称就显示在【不显示部件】选项组的文本框中，同时，右边预览区域中的该零部件消失。这时，投影生成的标准视图中将不显示该零部件。

设置非剖切部件的方法也一样。选择零部件，双击该零部件后其名称就显示在【非剖切部件】选项组的文本框中。这样，生成剖视图时，该零件将不剖切。

【部件设置】选项卡下方有 3 个按钮，单击【初始化】按钮，则回到最初的显示和剖切设置状态，上面进行的不显示和非剖切零部件全部回归到显示和剖切状态，单击【全部显示】按钮，则设置的不显示零件全部可以显示，单击【全部剖切】按钮，则设置的不剖切零件全部被剖切。

3．选项

【选项】选项卡可进行投影几何、投影对象、剖面线、视图尺寸类型和单位等的设置，如图 13-5 所示。

图 13-5

（1）【投影几何】：设置投影生成二维图时，隐藏线和过渡线的处理。它们各自有 3 个选项。

（2）【投影对象】：设置生成投影二维图时，是否生成下列各项。

【中心线】：回转体非圆投影的对称中心。

【中心标志】：回转体圆形投影的十字中心标志。

【钣金折弯线】：钣金件展开投影时标注出来的折弯线。

【螺纹简化画法】：符合机械制图标准的简化画法。

【3D 尺寸】：三维环境中标注并且希望输出到二维环境中的尺寸。

【草图尺寸】：草图上标注的约束尺寸。

【特征尺寸】：生成特征时操作的尺寸，如拉伸的高度、旋转体的角度、抽壳的厚度、圆角过渡的半径和拔模角度等。

（3）【剖面线设置】：可以在该列表框中选择零件，然后在右边的【图案】下拉列表和【比例】、【倾角】、【间距】文本框中设置该零件剖切后的剖面线样式，然后单击【应用】按钮，完成该零件剖面线的设置。

（4）【视图尺寸类型】：可以选中【真实尺寸】和【测量尺寸】单选按钮。真实尺寸是指从三维环境中读到的尺寸，测量尺寸是指直接在二维图上测量出来的尺寸。

（5）【单位】选项组。

【3D 模型中的单位】：显示要投影的 3D 模型中的单位。

【视图的单位】：设置要生成的视图的单位，一般默认为毫米。

13.1.2　生成视图

1. 投影视图

投影视图是基于某一个已有视图，生成左视图、右视图、仰视图、俯视图和轴测图。进行投影视图操作的方法如下。

在【三维接口】选项卡中单击【投影视图】按钮，状态栏出现"请选择一个视图作为父视图"提示信息，此时选择一个视图，稍作等待，即跟随鼠标出现一个投影视图，并且状态栏出现"请单击或输入视图的基点"提示信息。

决定生成某个投影视图后，单击鼠标左键即可生成。可以生成多个投影视图，当不需要再生成投影视图时，可以单击鼠标右键或按 Esc 键退出命令。

2. 向视图

向视图是基于某一个存在视图的给定视向的视图。

在【三维接口】选项卡中单击【向视图】按钮，状态栏提示"请选择一个视图作为父视图"，单击选择一个视图，然后状态栏提示"请选择向视图的方向"，此时选择一条线作为投影方向，这条线可以是视图上的线或者单独绘制的一条线。

选择主视图中的一条竖直线，分两次生成左右两个向视图，如图 13-6 所示。若先绘单独的一条线，把它作为投影方向，可生成上下的两个向视图。

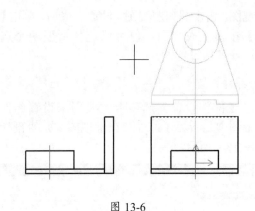

图 13-6

3. 剖视图

剖视图是指基于某一个存在视图绘制其剖视图以表达其内部结构。

单击【三维接口】选项卡中的【剖视图】按钮，将鼠标移至要剖切的现有视图上，指针变成十字准线形状，而且如果选择了竖直或水平截面线，其旁边会显示一条红线。所有的剖面线都有智能捕捉功能，移动鼠标时会看到现有视图的关键点（中心点、顶点等）呈绿色高亮显示，这将有利于剖面线的精确定位。

若要放置一条水平或竖直剖面线，在水平线或垂直线剖切面两端各自单击鼠标即可。

若要生成一条阶梯剖面线，可单击布局图视图上的一点，再单击所需阶梯线的第二点。重复操作便可得到阶梯剖面线，然后按 Enter 键。在剖面线上出现双向箭头，单击鼠标可选择剖视方向。

按需要设定相应的剖切线及剖切方向后，就可生成剖视图，如图 13-7 所示。

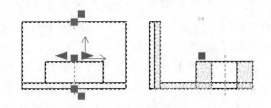

图 13-7

若要编辑剖视图的剖切线属性，可右键单击剖面线区域，在弹出的快捷菜单中选择【视图打散】命令；在剖切区域上右键单击，在弹出的快捷菜单中选择【剖切线编辑】命令，即可对剖切线相应属性进行设置。

4. 剖面图

剖面图是指基于某一个存在视图，绘制其剖面图以表达这个面上的结构。生成剖面图的过程和剖视图的过程有些相似。

在【三维接口】选项卡中单击【剖面图】按钮，此时状态栏提示"画剖切轨迹（画线）"，可以选择"正交"或"非正交"，然后用鼠标在视图上画线。

剖切线绘制完成后，单击右键结束。出现两个方向的箭头，选择其中一个方向，弹出【选择要剖切的视图】对话框，选择相应视图，然后单击【确定】按钮。接下来状态栏提示"指定剖面名称标注点"，并且立即菜单中显示了标注的字母，单击选择标注点，然后单击鼠标右键，生成剖面图，如图 13-8 所示，中间为剖视图，右边为剖面图。

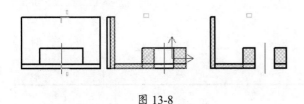

图 13-8

5. 局部剖视图

局部剖视图是指基于某一个存在视图给定封闭区域以及深度的剖切视图。局部剖视也可以是半剖。

在【三维接口】选项卡中单击【局部剖视图】按钮，在【立即菜单】中选择【普通局部剖】命令，此时状态栏提示"请依次拾取首尾相接的剖切轮廓线"。在生成局部剖视图之前，先使用绘图工具在需要局部剖视的部位绘制一条封闭曲线，拾取完毕后，单击鼠标右键，弹出【选择要剖切的视图】对话框，选择相应视图，然后单击【确定】按钮。

在弹出的【立即菜单】中可选择【直接输入深度】命令或【动态拖放模式】命令。选择【直接输入深度】命令后，可在第 4 项输入深度值，剖切位置在视图上有预显；如果选择【动态拖放模式】命令，则可在其他相关视图上选择剖切深度。

若选择【半剖】命令，此时状态栏提示"请拾取半剖视图中心线"。在生成半剖视图之前，先使用绘图工具在中心位置绘制一条直线。选择这条直线，出现两个方向的箭头，选择其中一个方向，弹出【选择要剖切的视图】对话框，选择相应视图，然后单击【确定】按钮，结果如图 13-9 所示。

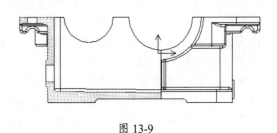

图 13-9

6. 截断视图

有时可能不需要或不可能将零件的整体投影在图纸上，这时可以选择截断视图功能，将整个零件截断后再投影显示在图纸上。截断视图是指将某一个存在视图打断显示。

在【三维接口】选项卡中单击【截断视图】按钮，弹出【立即菜单】。可以设置截断间距数值。状态栏提示"请选择一个视图，视图不能是局部放大图、局部剖视图或半剖视图"。这时单击一个视图，可弹出【立即菜单】。第一项用于设置截断线的形状，有直线、曲线和锯齿线 3 种。第二项用于设置是水平放置还是竖直放置。

状态栏接着提示"请选择第 1 条截断线位置"，单击视图上一点，然后根据状态栏的提示选择第二点，单击后生成如图 13-10 下图所示的截断视图。

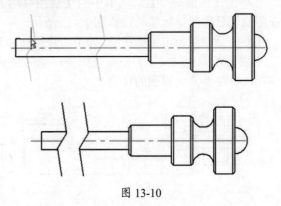

图 13-10

7. 局部放大视图

局部放大视图是指现有视图的选择区域的放大视图。

在【三维接口】选项卡中单击【局部放大】按钮 🔗，把鼠标十字准线移至局部放大视图的相应中心点上，然后单击选择位置。

将鼠标从该中心点移开，定义包围局部放大视图中局部几何形状的圆。当向外移动鼠标时，将出现一个红色的边界圆（具体边界圆的颜色可定义）。当局部放大视图的相应轮廓被包围在该圆内时，单击确定该圆的半径。

将鼠标移至要定位的局部放大视图的相应位置，然后单击鼠标，代表局部放大视图的一个红色轮廓将随鼠标一起移动，结果如图 13-11 所示。

执行【局部放大图】命令后，可使用【立即菜单】进行交互操作。局部放大根据边界设置不同，分为圆形边界和矩形边界两种方式。图 13-12 所示为将齿轮轴端部分用圆形边界和矩形边界两种方式进行放大。

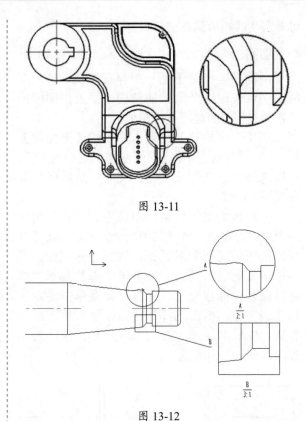

图 13-11

图 13-12

13.2 编辑工程图

视图生成以后，可以通过视图编辑功能对视图的位置进行编辑。视图编辑的相关工具和命令主要集中在【三维接口】选项卡的【视图编辑】组中，在图纸环境中对选定视图右键单击而弹出的快捷菜单中也有相关命令。

13.2.1 编辑视图

1. 视图移动

单击【三维接口】选项卡中的【视图移动】按钮 📑，然后拾取需要移动的视图，此时会有一个视图的预显跟随鼠标移动，如图 13-13 所示。

在合适位置单击鼠标左键，即可将视图移动到适当的位置。视图移动操作每次只能移动一个视图。

视图之间存在父子关系时，如果移动的是父视图，那么它的子视图也会跟随移动。比如移动主视图，会带动其他视图的移动。

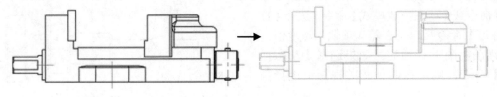

图 13-13

2. 复制／粘贴

复制／粘贴功能是配对使用的。在视图编辑状态下单击右键，在弹出的快捷菜单中选择【复制】命令（也可以对该视图或其中一部分进行复制）。选择该命令后再次单击右键，从弹出的快捷菜单中选择【粘贴】命令，此时立即菜单和需要粘贴的图形显示，状态栏提示"请输入定位点"，左键单击定位点后，状态栏提示"请输入旋转角度"，可输入角度，也可拖动鼠标使图形旋转，再次单击左键可以确定此次操作。也可以单击右键，在弹出的快捷菜单中选择【取消】命令来取消这次操作。

3. 平移复制

选择要平移复制的图形对象，然后单击右键，在弹出的快捷菜单中选择【平移复制】命令。根据左下角提示栏提示，设置立即菜单参数，即可完成图形对象的平移复制，如图 13-14 所示。

左键选择视图上一点作为第一点。然后可以按照自己的要求设置立即菜单，偏移量可通过键盘输入或者用鼠标左键单击作为第二点，都可以平移复制选定的图形。

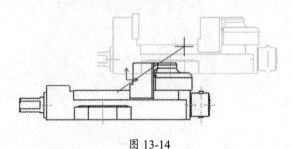

图 13-14

4. 带基点复制

在视图编辑状态的快捷菜单中，选择【带基点复制】命令，就可以选择基点作为基准，配合【立即菜单】对图形进行复制／粘贴。如图 13-15 所示，以台钳左上角为基点进行复制。

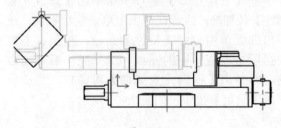

图 13-15

5. 视图旋转

在视图编辑状态的快捷菜单中选择【旋转】命令。

选择视图上一点作为旋转的基点。状态栏提示"旋转角"，此时输入旋转角度或者用鼠标左键单击，都可以确定旋转角度，如图 13-16 所示。

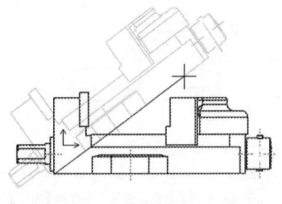

图 13-16

6. 镜像

在视图编辑状态的快捷菜单中选择【镜像】命令，可以对该视图进行镜像操作。

在【立即菜单】中，第一项可以选择【拾取轴线】或【拾取两点】命令，第二项可选择【镜像】或者【拷贝】命令。图 13-17 所示为选择【拾取两点】和【拷贝】命令时，在绘图区单击一点后出现的镜像视图。

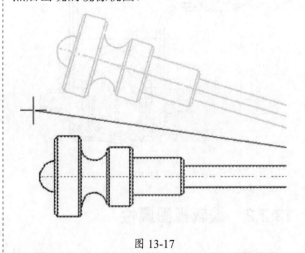

图 13-17

7. 阵列

在视图编辑状态的快捷菜单中选择【阵列】

命令，可以对该视图进行阵列操作。此时设置立即菜单参数，并根据状态栏提示选择中心点后，得到的结果如图 13-18 所示。

菜单命令，或者单击【三维接口】选项卡中的【隐藏图线】按钮▊，此时状态栏提示"请拾取视图中的图线"，单击或者框选图线，选择完毕后单击右键并单击【确定】按钮，即可隐藏这些图线，如图 13-20 所示。

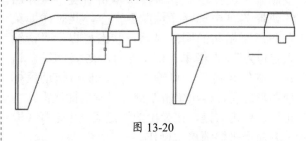

图 13-20

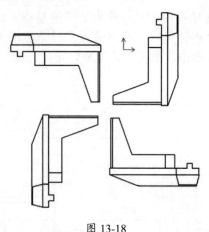

图 13-18

8. 缩放

在视图编辑状态的快捷菜单中选择【缩放】命令，可以对该视图进行缩放操作。设置立即菜单参数后，可以看到绘图区中有一个缩放图的预显，此时可用鼠标左键单击确定缩放系数，也可通过键盘输入比例因子确定缩放系数，结果如图 13-19 所示。

2. 视图打散

在视图上单击鼠标右键，在弹出的快捷菜单中选择【视图打散】命令，则该视图被打散成若干条二维曲线。此时，再单击选择视图中的曲线，则只能拾取单条曲线，如图 13-21 所示。也可以通过单击【三维接口】选项卡中的【分解】按钮▊将视图打散。

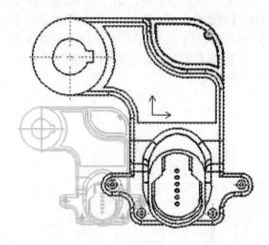

图 13-19

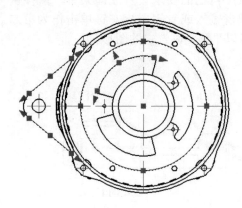

图 13-21

13.2.2 编辑视图属性

1. 隐藏图线

选择【工具】|【视图管理】|【隐藏图线】

3. 修改元素属性

使用修改元素属性功能可以修改视图上元素的属性，如层、线型、线宽和颜色等。

在【三维接口】选项卡中单击【修改元素属性】按钮▊，或者在视图上单击鼠标右键，在弹出的菜单中选择【特性】命令，按照状态栏的提示拾取视图中的图线，选择完毕后单击右键，即弹出【编辑元素属性】对话框，完成后单击【确定】按钮，如图 13-22 所示。

图 13-22

4. 编辑剖面线

在【三维接口】选项卡中单击【编辑剖面线】按钮后,状态栏提示"请拾取视图中的图线",拾取某区域内的剖面线,弹出【剖面图案】对话框,完成后单击【确定】按钮,如图 13-23 所示。

图 13-23

在【剖面图案】对话框的右上方是选中材质的剖面线预览,如果用户不满意,可以通过预览区域下方的选项进行修改。

设置【比例】可以修改图案的大小,【旋转角】选项可以设置图案与水平线的夹角,【间距错开】选项可以设置图案的交错距离。

在【剖面图案】对话框中,可以对该零件的剖面线进行设置,对话框的左边是一些工程建筑图中常用材质的剖面线名称,单击【高级浏览】按钮,弹出【浏览剖面图案】对话框,可以对各种图案进行预览,这样用户可以更直观地选择自己需要的剖面线形式。

5. 视图属性

在视图上单击鼠标右键,在弹出的快捷菜单中选择【三维视图编辑】|【视图属性】命令,弹出【视图属性】对话框,在此可以编辑视图的各项属性,如图 13-24 所示。这里进行的设置仅对当前视图有效。

图 13-24

13.3 工具标准件库

大多数"工具库"本身就是智能图素或由智能图素组成,这些智能图素可以标准 CAXA 实体设计方式拖放到设计环境中,生成新的零件和图素,也可添加到现有零件和装配件上。其中有些工具是与设计环境中的现有零件、图素或装配件结合使用的，有些用于添加图素和零件或用作动画设计。其中自定义工具生成后，可根据需要对其进行必要的修改。

1. BOM 工具

可通过 BOM 工具在当前设计环境中建立和修改 BOM 信息。

把 BOM 工具拖到设计环境中后，弹出一个窗口并显示当前设计环境中产品的设计树，如要增加和修改 BOM 信息，可选择零件和装配，这时零件号和描述等 BOM 信息将出现在 PROActive-BOM 对话框中，如图 13-25 所示。

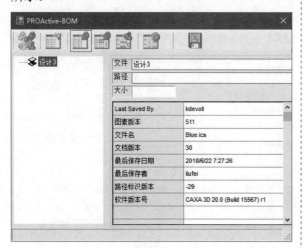

图 13-25

2. 齿轮工具

齿轮是机械产品中的常用零件。齿轮有直齿轮、斜齿轮、圆锥齿轮、齿条和蜗杆等不同结构类型。齿轮的齿形有渐开线、梯形、圆弧、样条曲线、双曲线及棘齿等不同轮廓。

齿轮工具库提供了大量可用于生成三维齿轮设计的参数配置和选项。把"齿轮"图素拖放到设计环境中后，就会弹出包含 5 种齿轮类型的【齿轮】对话框。

默认显示【直齿轮】选项卡，如图 13-26 所示。其中的选项含义如下。

（1）【尺寸属性】：利用该选项组中的选项可为选定类型的齿轮确定相关尺寸。

- 【厚度】：用于为齿轮输入相应的厚度值。

- 【孔半径】：用于为齿轮输入相应的孔半径。

- 【齿顶圆半径】：选择该选项可在相关的字段中为齿轮设定精确外半径值，并自动相应地重新调整节圆半径和齿根圆半径的值。

- 【分度圆半径】：选择该选项可在相关字段中确定齿轮的精确齿距半径，并相应地自动重新调整齿顶圆半径和齿根圆半径的值。

- 【齿根圆半径】：选择该选项可在相关的字段中确定齿轮的精确根半径，并相应地自动重新调整齿顶圆半径和节圆半径的值。

（2）【齿属性】：利用该选项组中的选项可为齿轮定义齿轮齿属性。

- 【齿数】：用于为齿轮输入相应的齿数。

- 【齿廓】：从该下拉列表中选择相应的选项确定齿轮的齿廓类型。这些选项对蜗杆不适用。

- 【压力角】：输入齿轮压力角采用的角度值。

- 【齿根圆角过渡】复选框：选中该复选框可为齿基部添加圆角过渡。该复选框对蜗杆不适用。

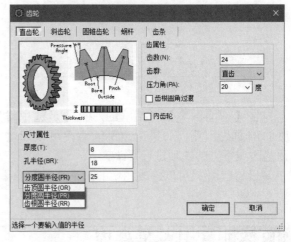

图 13-26

3. 弹簧工具

CAXA 实体设计中有大量可用于生成螺旋

的属性选项，它们为自定义螺旋的生成提供了便利，当从【工具】选项卡中拖曳【弹簧】图素至设计环境中，并释放鼠标后，将会出现一个只有一圈的弹簧造型。在智能图素编辑状态下选中该弹簧并右键单击鼠标，在弹出的快捷菜单中选择【加载属性】命令，然后在弹出的【弹簧】对话框中设置相应参数，即可得到所需弹簧，如图 13-27 所示。

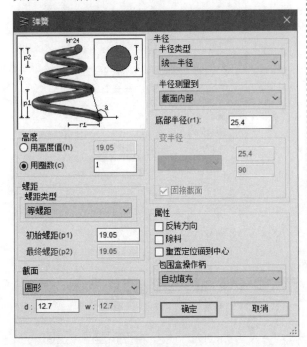

图 13-27

4. 筋板工具

CAXA 实体设计中的筋板工具，具有在同一零件上相对的两个面之间生成筋板的功能。这一过程包括选择相应的底面，以便在【筋板】对话框中显示并定义属性选项。设定参数并关闭对话框后，该筋板即可生成并自动延伸到两个面。如果该筋板被重新定位到其他位置，筋板的长度就自动调整到新的位置。

5. 紧固件工具

螺栓、螺钉、螺母和垫圈等紧固件是应用非常广泛的标准件，【工具】选项卡提供了构造这些标准紧固件的方法。将【紧固件】拖曳到绘图区后，弹出【紧固件】对话框，进行参数设置，如图 13-28 所示。

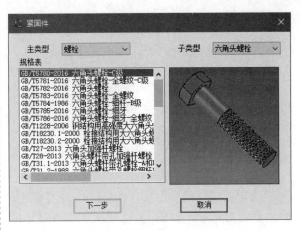

图 13-28

6. 拉伸工具

拉伸工具需要与设计环境中的一个或多个已有的二维草图轮廓结合起来使用。拉伸工具可通过定义各种参数，将选定的二维草图轮廓图形拉伸成三维实体。若要使用拉伸功能，可从【工具】选项卡中拖曳【拉伸】工具的图标，然后把它释放到任意位置即可。被选定用于拉伸的单个图素，系统弹出【拉伸】对话框，进行参数设置，如图 13-29 所示。

图 13-29

7. 冷弯型钢工具

从【工具】选项卡中拖曳【冷弯型钢】图素至设计环境中，弹出【冷弯型钢】对话框，如图 13-30 所示。

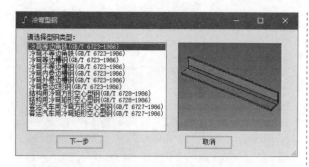

图 13-30

选定相应型钢类型后，单击【下一步】按钮，弹出相应对话框，如图 13-31 所示。在该对话框中选择相应规格后，单击【确定】按钮。

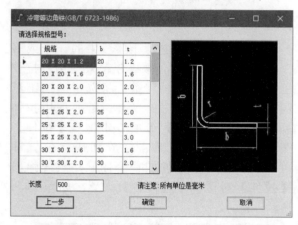

图 13-31

8. 阵列工具

阵列工具将在设计环境中生成由选定图素或零件的指定矩形阵列，组成一个新智能图素。随后只需通过拖动阵列包围盒手柄，或在智能图素编辑对话框中编辑包围盒尺寸，就可以按需要对阵列进行扩展或缩减。

使用阵列工具的操作比较简单，在设计环境中先选择要阵列的图素或零件，接着从【工具】选项卡中拖曳【阵列】工具的图标至设计环境中选定的图素或零件上，弹出【矩形阵列】对话框，从中进行参数设置，如图 13-32 所示。

9. 轴承工具

轴承是机械产品中的典型零件。常见的滚动轴承由轴承内圈外圈、滚动体和保持架等部分组成。

轴承工具提供生成 3 种轴承的工具：球轴承、滚子轴承和推力轴承。把【轴承】图素释

放到设计环境中后，弹出【轴承 [公制设计]】对话框，如图 13-33 所示。在该对话框中设置相应参数，然后单击【确定】按钮，在设计环境中即可生成相应的轴承造型。

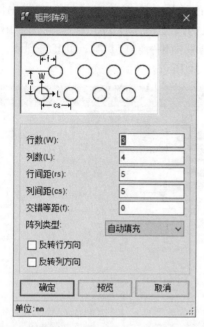

图 13-32

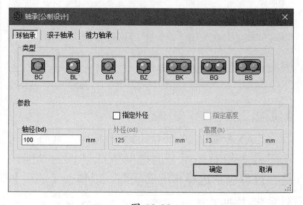

图 13-33

10. 装配工具

利用装配工具可生成各种装配件的爆炸图，并生成装配过程动画。将【装配】图素拖曳至设计环境中的装配件上后，弹出【装配爆炸工具】对话框，如图 13-34 所示。

其中的选项含义如下。

（1）【爆炸类型】选项组。

【爆炸（无动画）】：选中该单选按钮后，将只能观察到装配爆炸后的效果。该单选按钮

将在选定的装配中移动零件组件，使装配图以爆炸后的效果显示。

【装配→爆炸图】：该单选按钮通过把装配件从原来的装配状态变到爆炸状态来生成装配的动画效果。选中该单选按钮将删除选定装配件上已存在的动画效果。

【爆炸图→装配】：该单选按钮通过把装配件从爆炸状态变到原来的装配状态来生成该装配件的装配过程动画。

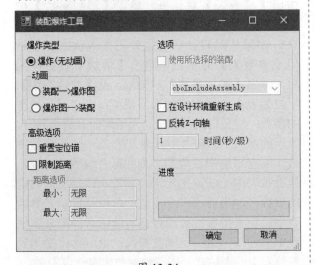

图 13-34

（2）【选项】选项组。

装配工具被拖放到设计环境中的装配件上，该选项组才会被激活。

【使用所选择的装配】：如果装配工具被拖曳到设计环境中的装配件上，那么选中该复选框只生成所选装配件的爆炸图。如果"装配"图素被拖曳到设计环境中或不选中该复选框，那么设计环境中的全部装配件都将被爆炸。

【在设计环境重新生成】复选框：该复选框用于在新的设计环境中生成爆炸视图或动画，从而使其不会在当前设计环境中被破坏。

【反转 Z- 向轴】：该复选框可使爆炸方向为选定装配件的高度方向的反方向。

【时间（秒 / 级）】文本框：用于指定装配件各帧爆炸图画面的延续时间。

（3）【高级选项】选项组。

【重置定位锚】复选框：该复选框可把装配件中组件的定位锚恢复到各自的原来位置。组件并不重新定位，被重新定位的只是定位锚。

【限制距离】复选框：该复选框可限制爆炸时装配件各组件移动的最小或最大距离。

【距离选项】：用于输入爆炸时各组件移动的【最小】或【最大】距离值。

13.4 定制图库

CAXA 实体设计除了提供工具标准库以外，还支持定制图库功能。可以把做好的零件放量在图库中，以便以后使用时选取。

现在有很多公司专门开发图库或零件库，插件（软件）安装后，就可以在 CAXA 实体设计中使用。

选择【设计元素】|【新建】菜单命令，在设计元素库中将新增一个元素库，如图 13-35 所示。将设计环境中的元素拖入自定义元素库。选择【设计元素】|【保存】菜单命令，在弹出的对话框中指定存储路径，并输入自定义图库的名称。

定义图库后，用户可根据自身需要对图库进行编辑处理。用户可用鼠标将图库元素拖曳到设计环境中。

图 13-35

13.5 参数化设计

　　CAXA 实体设计中可以使用参数来建立对象之间的关联关系，以便更有效地修改零件设计。参数表显示所有参数，用户还可以自定义参数，以便更有效地修改零件设计，而又满足特定的需求。参数表可用于设计环境、装配件、零件、形状或二维草图轮廓等造型。

13.5.1　参数表

　　在设计环境中右键单击，在弹出的快捷菜单中选择【参数】命令，弹出如图 13-36 所示的参数表。

　　可在 5 个状态面上访问【参数表】对话框，即设计环境、装配件、零件、形状或草图轮廓。

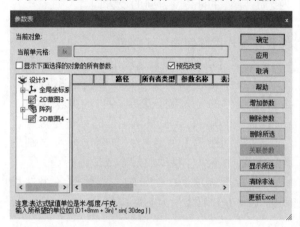

图 13-36

13.5.2　参数

　　CAXA 实体设计中的参数有以下两种类型。

　　定义型：这些参数由用户定义直接生成。

　　系统定义型：将锁定智能尺寸或二维草图轮廓几何图形进行尺寸约束时，CAXA 实体设计间接生成的参数。

1．定义型参数

　　定义型参数可通过单击【参数表】对话框中的【增加参数】按钮生成。在生成过程中，这些参数与任何二维草图轮廓几何图形、三维形状或零件无关。定义型参数必须手工连接。

　　其实现方法为：首先将定义型参数连接到某个包围盒参数，然后在参数表上插入一个表达式，以传递与定义型参数相关的另一个参数。定义型参数通常与包围盒参数相关。通过在智能图素编辑状态下右键单击零件或形状，然后在弹出的快捷菜单中选择【参数】命令，即可访问【参数表】对话框。单击【增加参数】按钮可将新生成的定义型参数添加到参数表中。

　　如果从除设计环境之外的其他状态面中访问【参数表】对话框，单击【增加参数】按钮后，弹出【增加参数】对话框，从【参数类型】下拉列表中选择相应的选项就可以定义两种类型的参数：定义型或压缩型。为压缩型参数命名时，所用的参数名最好能够反映出它是一个压缩型参数。所有压缩型参数都必须为标量参数，否则，从参数表中无法识别出来。参数一经定义，设定的参数名、当前值以及当前的单位就显示在参数表中。定义型参数可通过在智能图素包围盒属性表中的连接，赋给包围盒参数；也可通过输入到参数表中的表达式，同其他参数建立一定关系。

2．系统定义型参数

　　当在三维形状零件上生成锁定智能尺寸，在二维草图轮廓几何图形上生成约束尺寸或者设计环境中生成有／无约束装配尺寸时，CAXA 实体设计将自动生成系统定义型参数。系统定义型参数生成时，它将自动与相应尺寸的传递建立联系，这样，就不必生成连接。编辑系统定义型参数的值时，所做的修改将自动适用于适当的尺寸。

　　对锁定智能尺寸和贴合及对齐约束尺寸而言，它们的系统定义型参数的参数名、当前单位显示在参数表中，而参数表是在智能尺寸的父状态（或约束装配尺寸的父状态）进行访问的。由于二维约束尺寸是在智能图素编辑状态中在形状的二维草图上生成的，它们的系统定义型参数的参数名、当前值和当前单位显示在参数表中，而参数表是在轮廓状态及其设计状态进行访问的。

13.6 设计范例

13.6.1 轴零件图纸范例

⚠ **案例分析**

本节的范例是创建轴零件的三视图，首先加载零件，之后依次添加零件的主视图、俯视图和剖视图。

⚠ **案例操作**

步骤 01 创建主视图

① 单击【三维接口】选项卡中的【标准视图】
按钮，创建视图，如图 13-37 所示。

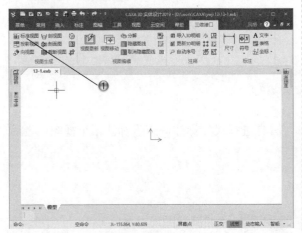

图 13-37

② 在弹出的【标准视图输出】对话框中，选择
主视图，如图 13-38 所示。

③ 单击【确定】按钮，将视图放置在绘图区中。

步骤 02 创建投影视图

① 单击【三维接口】选项卡中的【投影视图】
按钮，创建视图，如图 13-39 所示。

② 在绘图区中单击，放置视图。

步骤 03 创建剖视图

① 单击【三维接口】选项卡中的【剖视图】按
钮，创建视图，如图 13-40 所示。

② 在绘图区中单击，放置视图。

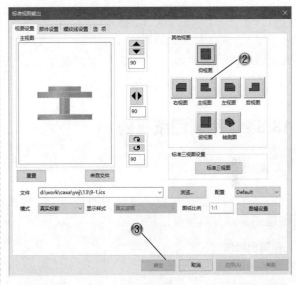

图 13-38

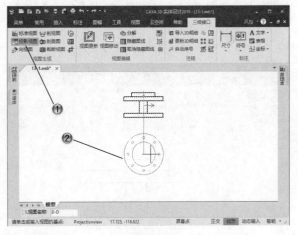

图 13-39

步骤 **04** 完成轴零件图纸

完成的轴零件图纸，如图 13-41 所示。

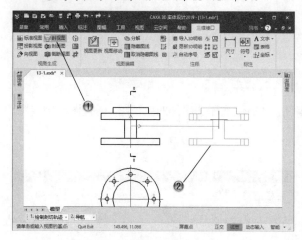

图 13-40

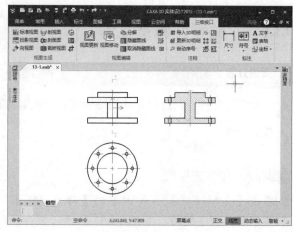

图 13-41

13.6.2 编辑图纸范例

⚠ **案例分析**

本节的范例是在零件三视图的基础上完善图纸，首先进行尺寸标注，依次标注三个视图，之后创建图幅，并填写标题栏。

⚠ **案例操作**

步骤 **01** 添加主视图尺寸

① 单击【三维接口】选项卡中的【尺寸】按钮 ⊨，如图 13-42 所示。

② 在绘图区中，标注主视图尺寸。

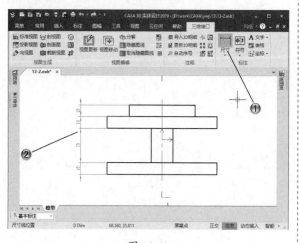

图 13-42

步骤 **02** 添加俯视图尺寸

① 单击【三维接口】选项卡中的【尺寸】按钮 ⊨，如图 13-43 所示。

② 在绘图区中，标注俯视图尺寸。

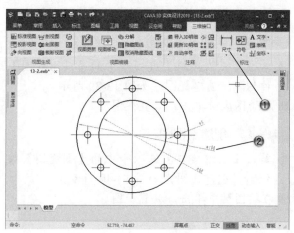

图 13-43

步骤 **03** 添加图幅

① 单击【图幅】选项卡中的【图幅设置】按钮 ▣，创建图幅，如图 13-44 所示。

② 在【图幅设置】对话框中，设置图幅参数。

③ 单击【确定】按钮。

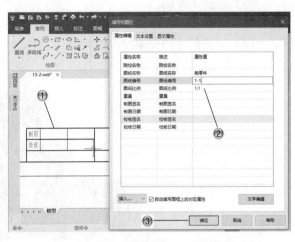

图 13-45

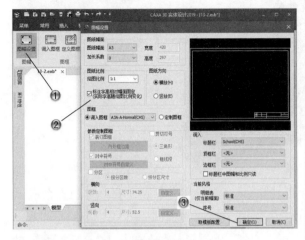

图 13-44

步骤 **04** 填写标题栏

① 在绘图区中，双击标题栏，如图 13-45 所示。

② 在弹出的【填写标题栏】对话框中，输入标题信息。

③ 在【填写标题栏】对话框中，单击【确定】按钮。

步骤 **05** 完成图纸编辑

完成的图纸，如图 13-46 所示。

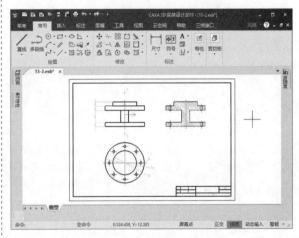

图 13-46

13.7 本章小结和练习

13.7.1 本章小结

工程图是一种用二维图像来描述建筑图、结构图、机械制图、电气图纸和管路的图纸。工程图通常打印在纸面上，但也可以存储为数码文件。工程图是生产实践中的一手图纸，因此它最重要的指标是准确性，本章主要介绍了 CAXA 实体设计软件的二维图纸创建编辑方法，以及标准件库、定制图库、参数化设计等内容。

13.7.2 练习

如图 13-47 所示，使用本章学过的各种命令来创建轴承座的工程图纸。练习步骤和方法如下。

（1）创建轴承座模型。

（2）创建工程图。
（3）添加各种视图。
（4）添加尺寸和图幅。

图 13-47